精通
伺服控制技术及应用

曹振华　主　编
王东艳　宋　强　副主编

化学工业出版社
·北京·

内 容 简 介

　　伺服驱动技术作为数控机床、工业机器人及其他产业机械控制的关键技术之一，在国内外普遍受到关注。本书从工控系统实际需要出发，通过大量典型的伺服驱动控制系统实例讲解，全面解读了伺服控制技术的基本概念、伺服驱动器的基本结构和工作原理，透彻讲解了各典型伺服驱动器的安装、接线及调试与维修，伺服电机的选型、应用、维修，以及伺服驱动系统的 PLC 控制与运动控制卡控制等，读者可以轻松入门，并通过应用实例和视频讲解，做到举一反三，切实解决工作现场遇到的各种问题。

　　本书可供工控、自动化领域技术人员、伺服控制初学者阅读，也可供电气工程及自动化、工业自动化、应用电子、计算机应用、机电一体化相关专业师生参考。

图书在版编目（CIP）数据

　　精通伺服控制技术及应用 / 曹振华主编. —北京：化学工业出版社，
2021.6（2024.6重印）
　　ISBN　978-7-122-39019-6

　　Ⅰ. ①精…　Ⅱ. ①曹…　Ⅲ. ①伺服控制 - 控制系统　Ⅳ. ① TP275

　　中国版本图书馆 CIP 数据核字（2021）第 078497 号

责任编辑：刘丽宏　　　　　　　　　　　　　　文字编辑：师明远
责任校对：王素芹　　　　　　　　　　　　　　装帧设计：王晓宇

出版发行：化学工业出版社（北京市东城区青年湖南街13号　邮政编码100011）
印　　装：河北延风印务有限公司
787mm×1092mm　1/16　印张24　字数632千字　2024年6月北京第1版第5次印刷

购书咨询：010-64518888　　　　　　　　　　　售后服务：010-64518899
网　　址：http://www.cip.com.cn
凡购买本书，如有缺损质量问题，本社销售中心负责调换。

定　　价：99.00元

前言

　　随着科学技术的进步，伺服驱动技术被广泛应用于工业机器人及数控加工中心、家用智能装备等各方面自动控制中，伺服驱动技术成为现代电气控制的重要核心组成部分。对于电气工作人员而言，伺服驱动技术也成为必须了解和掌握的知识。

　　伺服驱动的运动控制主要涉及步进电动机、伺服电动机的控制，控制结构模式一般是：控制装置＋驱动器＋（步进或伺服）电动机。本书从工程技术人员实际应用要求出发，从具体品牌结合实践进行介绍，系统说明了伺服驱动基本概念、步进电动机和伺服电动机结构原理知识、伺服驱动器结构及原理知识、伺服驱动控制装置（PLC/运动控制卡）知识，并以汇川 IS600P 伺服驱动器、SINAMICS V 80 经济型伺服驱动器、DM432C 数字式步进电动机驱动器、西门子 S7-200 PLC、DMC3000 系列运动控制卡的典型应用实例对伺服驱动技术的硬件安装、接线及调试与维修和软件的设置进行了系统介绍。

　　本书内容特色：

　　● 涵盖伺服控制全部实用知识与技术：书中从工控系统实际需要出发，通过大量典型的伺服驱动控制系统实例讲解，扫清读者学习伺服控制的障碍，既包括伺服/步进控制和伺服驱动、伺服电动机等基本概念的清晰解读，还有伺服驱动集成电路分析与电动机选型、接线、安装、检修，读者可以举一反三，直接用于工控系统的设计以及解决工作岗位现场安装、操作、控制等方面遇到的问题。

　　● 配套视频演示与讲解：透彻分析伺服驱动控制电路，实际案例展示具体电气控制细节与控制操作、接线、安装、检修技巧，直观、易懂。

　　由于伺服驱动技术知识面太广，涵盖内容太多，特别是不同厂家的产品有不同特点，因此书中内容的编写主要是以国内典型应用为例展开，而且鉴于伺服相关设备虽然品牌众多，但万变不离其宗，基本理论是一致的，所以，通过本书的学习，读者既可以掌握伺服驱动的通用原理与应用技术，还可以精通现有典型品牌伺服控制系统的使用方法，有效提高实际工作能力。

　　本书由曹振华主编，王东艳、宋强为副主编，参加本书编写的还有张校珩、董忠、王桂英、孔凡桂、张校铭、焦凤敏、张伯龙、张胤涵、张振文、赵书芬、曹祥、曹铮、孔祥涛、王俊华、张书敏、路朝、孟宏杰、王新蒙等，全书由张伯虎统稿。

　　由于作者水平有限，书中不足之处在所难免，敬请广大读者谅解。

编　者

目录

4 第四章

经济型伺服驱动器与数字式步进电动机驱动器及应用　/149

7　第七章
伺服电动机 / 步进电动机控制电路与驱动集成电路　　/ 270

8　第八章
伺服 / 步进控制系统典型应用与维修实例　　/ 324

第一章 伺服控制系统入门

第一节　伺服系统基本概念

一、什么是伺服

如图 1-1 所示，就像我们需要用手去抓住一样东西，我们的手（相当于伺服电动机）、眼睛（相当于伺服系统反馈信号部分）、大脑（相当于伺服驱动器）就构成了一个伺服。

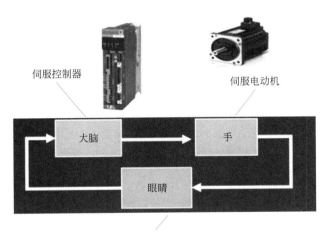

系统反馈部分(编码器位置反馈信号、电流反馈信号、速度反馈信号)

图 1-1　伺服描述

二、伺服系统

伺服系统又称随动系统，是用来精确地跟随或复现某个过程的反馈控制系统。伺服系统是使物体的位置、方向、状态等输出被控量能够跟随输入目标（或给定值）任意变化的自动控制系统。它的主要任务是按控制命令的要求，对功率进行放大、变换与调控等处理，使驱动装置输出的力矩、速度和位置控制灵活方便。在实际应用中，伺服系统的结构组成和其他形式的反馈控制系统没有原则上的区别。例如多轴数控机床工业机器人关节部分伺服系统，如图 1-2 所示。

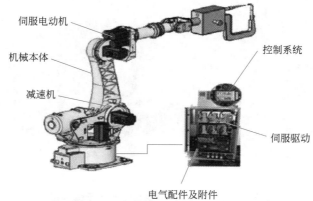

图 1-2　工业机器人关节部分伺服系统

三、伺服电动机

伺服电动机是指在伺服系统中控制机械元件运转的电动机。伺服电动机可使控制速度、位置精度非常准确，可以将电压信号转化为转矩和转速以驱动控制对象。伺服电动机转子转速受输入信号控制，并能快速反应，在自动控制系统中用作执行元件，且具有机电时间常数小、线性度高等特性，可把所收到的电信号转换成电动机轴上的角位移或角速度输出。伺服电动机分为直流和交流伺服电动机两大类，其主要特点是，当信号电压为零时无自转现象，转速随着转矩的增加而匀速下降。

伺服电动机各部分名称如图 1-3 所示。

伺服电机
拆装与测
量技术

伺服电机
与编码器
测量

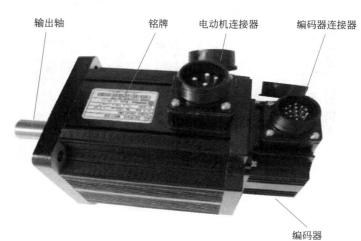

伺服电机
与编码器
结构

图 1-3　伺服电动机外形

伺服电动机主要靠脉冲来定位，基本上可以这样理解，伺服电动机接收到 1 个脉冲，就会旋转 1 个脉冲对应的角度，从而实现位移，因为伺服电动机本身具备发出脉冲的功能，所以伺服电动机每旋转一个角度，都会发出对应数量的脉冲，这样和伺服电动机接收的脉冲形成了呼应，或者叫闭环，如此一来，系统就知道发了多少脉冲给伺服电动机，同时又收了多少脉冲回来，这样，就能够很精确地控制电动机的转动，从而实现精确的定位，目前伺服电动机的定位精度可以达到 0.001mm。

四、伺服控制器

伺服控制器又称为"伺服驱动器""伺服放大器"，是用来控制伺服电动机的一种控制器，其作用类似于变频器作用于普通交流电动机，属于伺服系统的一部分，主要应用于高精度的定位系统，一般是通过位置、速度和力矩三种方式对伺服电动机进行控制，属于目前实现高精度的传动系统定位的高端产品。

伺服驱动器外形如图 1-4 所示。

伺服驱动
器结构与
端子

图 1-4　伺服驱动器外形

五、伺服控制系统三种工作模式

伺服控制系统三种工作模式如图 1-5 所示。

图 1-5　伺服控制系统三种工作模式

1. 转矩控制模式

转矩控制模式是通过外部模拟量的输入或直接的地址赋值来设定电动机轴对外的输出转

矩的大小，具体表现为例如 10V 对应 5N·m 的话，当外部模拟量设定为 5V 时电动机轴输出为 2.5N·m；电动机轴负载低于 2.5N·m 时电动机正转，外部负载等于 2.5N·m 时电动机不转，大于 2.5N·m 时电动机反转（通常在有重力负载情况下产生）。可以通过即时改变模拟量的设定来改变设定的转矩大小，也可通过通信方式改变对应的地址的数值来实现。

转矩控制模式应用主要是对材质的受力有严格要求的缠绕和放卷的装置中，例如绕线装置或拉光纤设备，转矩的设定要根据缠绕的半径的变化随时更改，以确保材质的受力不会随着缠绕半径的变化而改变。

以收卷控制为例：转矩控制模式如图 1-6 所示，进行恒定的张力控制时，由于负载转矩会因收卷滚筒半径的增大而增加，因此，需据此对伺服电动机的输出转矩进行控制。同时在转矩控制卷绕过程中材料断裂时，将因负载变轻而高速旋转，因此，必须设定速度限制值。

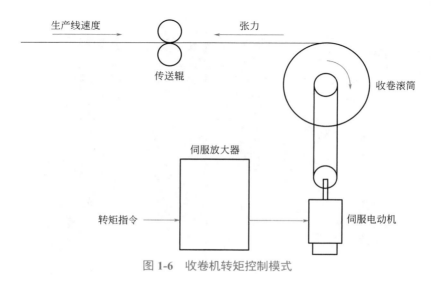

图 1-6 收卷机转矩控制模式

2. 位置控制模式

位置控制模式一般是通过外部输入的脉冲的频率来确定转动速度的大小，也有些伺服系统可以通过通信方式直接对速度和位移进行赋值。由于位置控制模式可以对速度和位置都有很严格的控制，因此一般应用于定位装置，应用领域如数控机床、印刷机械等。

伺服驱动的位置控制模式特点：

❶ 位置控制模式是利用上位机产生脉冲来控制伺服电动机，脉冲的个数决定伺服电动机转动的角度（或者是工作台移动的距离），脉冲频率决定电动机转速。如数控机床的工作台控制，属于位置控制模式。

❷ 对伺服驱动器来说，最高可以接收 500kHz 的脉冲（差动输入），集电极输入是 200kHz。

❸ 电动机输出的力矩由负载决定，负载越大，电动机输出力矩越大，当然不能超出电动机的额定负载。

❹ 急剧地加减速或者过载而造成主电路过流会影响功率器件，因此伺服放大器钳位电路以限制输出转矩，转矩的限制可以通过模拟量或者参数设置来进行调速。

位置控制模式如图 1-7 所示。

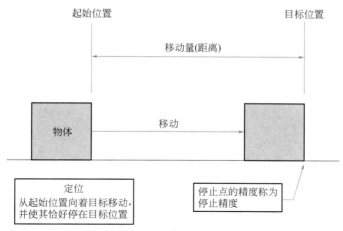

图 1-7　伺服驱动的位置控制模式

3.速度控制模式

通过模拟量的输入或脉冲的频率都可以进行转动速度的控制，在有上位控制装置的外环PID控制时速度模式也可以进行定位，但必须把电动机的位置信号或直接负载的位置信号给上位反馈以做运算用。位置控制模式也支持直接负载外环检测位置信号，此时的电动机轴端的编码器只检测电动机转速，位置信号就由直接的最终负载端的检测装置来提供了，这样的优点在于可以减少中间传动过程中的误差，增加了整个系统的定位精度。

速度控制模式是维持电动机的转速保持不变，当负载增大时，电动机输出的力矩增大；负载减小时，电动机输出的力矩减小。

速度控制模式速度的设定可以通过模拟量（0～±10V DC）或通过参数来调整，最多可以设置7速。控制方式和变频器相似。

伺服系统的速度控制特点：可"精细、速度范围宽、速度波动小"地运行。

（1）软启动、软停止功能　可调整加、减速运动中的加、减速度，避免加速、减速时的冲击。如图 1-8 所示。

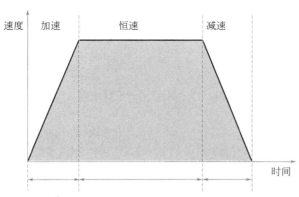

图 1-8　速度控制模式软启动、软停止功能

（2）速度控制范围宽　可进行从微速到高速的宽范围的速度控制［1：（1000～5000）左右］，速度控制范围为恒转矩特性。

（3）速度变化率小　即使负载有变化，也可进行小速度波动的运行。

4. 伺服系统三种控制模式比较

如果对电动机的速度、位置都没有要求，只要输出一个恒转矩，当然是用转矩控制模式。

如果对位置和速度有一定的精度要求，而对实时转矩不是很关心，用转矩控制模式不太方便，用速度或位置控制模式比较好。如果上位控制器有比较好的闭环控制功能，用速度控制效果会好一点。如果本身要求不是很高，或者基本没有实时性的要求，用位置控制模式对上位控制器没有很高的要求。

就伺服驱动器的响应速度来看，转矩控制模式运算量最小，驱动器对控制信号的响应最快；位置控制模式运算量最大，驱动器对控制信号的响应最慢。

对运动中的动态性能有比较高的要求时，需要实时对电动机进行调整。那么如果控制器本身的运算速度很慢（比如 PLC 或低端运动控制器），就用位置控制模式。如果控制器运算速度比较快，可以用速度控制模式，把位置环从驱动器移到控制器上，减少驱动器的工作量，提高效率（比如大部分中高端运动控制器）；如果有更好的上位控制器，还可以用转矩控制模式，把速度环也从驱动器上移开，这一般只是高端专用控制器才能这么干，而且，这时完全不需要使用伺服电动机。

六、伺服系统的位置环、速度环、电流环

伺服系统的三环结构如图 1-9 所示。

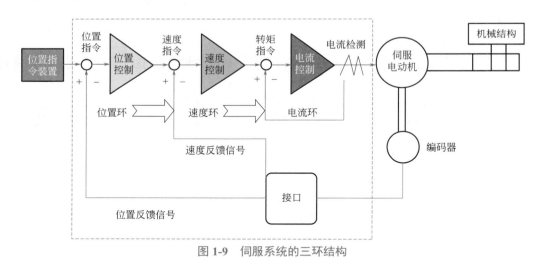

图 1-9　伺服系统的三环结构

（1）位置环　位置环也称为外环，其输入信号是计算机给出的指令和位置检测器反馈的位置信号。这个反馈是负反馈，也就是说与指令信号相位相反。

指令信号是向位置环送去加数，而反馈信号是送去减数。位置环的输出主要是速度环的输入。

（2）速度环　速度环也称为中环，这是一个非常重要的环，它的输入信号有两个：一个是位置环的输出，作为速度环的指令信号送给速度环；另一个是由电动机带动的测速发电机经反馈网络处理后的信息，作为负反馈送给速度环。速度环的两个输入信号也是反相的，一个是加，一个是减。

速度环的输出就是电流环的指令输入信号。

（3）电流环 电流环也叫做内环，电流环也有两个输入信号，一个是速度环输出的指令信号，另一个是经电流互感器并经处理后得到的信号，它代表电动机电枢回路的电流，它送入电流环的也是负反馈。

电流环的输出是一个电压模拟信号，用它来控制 PWM 电路，产生相应的占空比信号去触发功率变换单元电路。

伺服驱动系统的各环都朝着使指令信号与反馈信号之差为零的目标进行控制，各环的响应速度按照下述顺序渐高：位置环→速度环→电流环。

各控制模式中使用的环如表 1-1 所示。

表 1-1　各控制模式中使用的环

控制模式	使用的环
位置控制模式	位置环、速度环、电流环
速度控制模式	速度环、电流环
转矩控制模式	电流环（但是空载状态下必须限制速度）

七、伺服系统的分类

（1）伺服系统按照调节理论分类，分为开环伺服系统、闭环伺服系统、半闭环伺服系统，如图 1-10 所示。

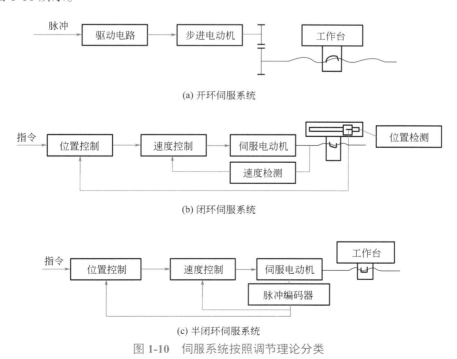

(a) 开环伺服系统

(b) 闭环伺服系统

(c) 半闭环伺服系统

图 1-10　伺服系统按照调节理论分类

❶ 开环数控系统。没有位置测量装置，信号流是单向的（数控装置—进给系统），故系统稳定性好，如图 1-11 所示。

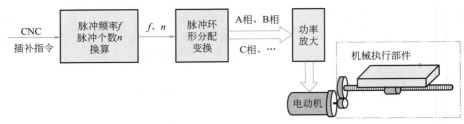

图 1-11 开环数控系统

开环控制系统的特点：无位置反馈，精度相对闭环系统来讲不高，其精度主要取决于伺服驱动系统和机械传动机构的性能和精度。一般以功率步进电动机为伺服驱动元件。这类系统具有结构简单、工作稳定、调试方便、维修简单、价格低廉等优点，在精度和速度要求不高、驱动力矩不大的场合得到广泛应用，一般用于经济型数控机床。

❷ 半闭环伺服控制系统。半闭环伺服控制系统的位置采样点如图 1-12 所示，是从驱动装置（常用伺服电动机）或丝杠引出，采样旋转角度进行检测，不是直接检测运动部件的实际位置。

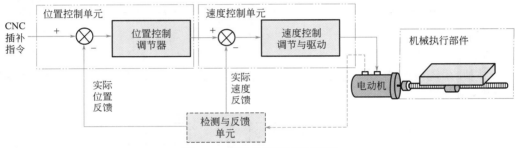

图 1-12　半闭环伺服控制系统

半闭环伺服控制系统特点：半闭环环路内不包括或只包括少量机械传动环节，因此可获得稳定的控制性能，其系统的稳定性虽不如开环系统，但比闭环要好。由于丝杠的螺距误差和齿轮间隙引起的运动误差难以消除，因此，其精度较闭环差，较开环好。但可对这类误差进行补偿，因而仍可获得满意的精度。

半闭环数控系统结构简单、调试方便、精度也较高，因而在现代 CNC 机床中得到了广泛应用。

❸ 闭环伺服控制系统。闭环数控系统的位置采样点如图 1-13 的虚线所示，直接对运动部件的实际位置进行检测。

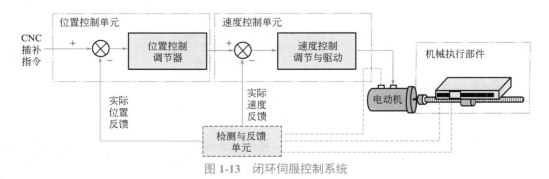

图 1-13　闭环伺服控制系统

闭环伺服控制系统特点：从理论上讲，可以清除整个驱动和传动环节的误差、间隙和失动量，具有很高的位置控制精度。由于位置环内的许多机械传动环节的摩擦特性、刚性和间隙都是非线性的，故很容易造成系统的不稳定，使闭环系统的设计、安装和调试都相当困难。

该系统主要用于精度要求很高的镗铣床、超精车床、超精磨床以及较大型的数控机床等。

（2）伺服控制系统按使用的执行元件分类如下。

❶ 电液伺服系统：电液脉冲马达和电液伺服马达。

优点：在低速下可以得到很高的输出力矩，刚性好，时间常数小，反应快和速度平稳。

缺点：液压系统需要供油系统，体积大，噪声大，漏油。

❷ 电气伺服系统：伺服电动机（直流伺服电动机和交流伺服电动机）。

优点：操作维护方便，可靠性高。

a. 直流伺服系统：进给运动系统采用大惯量宽调速永磁直流伺服电动机和中小惯量直流伺服电动机；主运动系统采用他励直流伺服电动机。

优点：调速性能好。

b. 交流伺服系统：交流感应异步伺服电动机（一般用于主轴伺服系统）和永磁同步伺服电动机（一般用于进给伺服系统）。

优点：结构简单，不需维护，适合于在恶劣环境下工作，动态响应好，转速高和容量大。

（3）伺服系统按照被控制对象分类。

❶ 进给伺服系统：指一般概念的位置伺服系统，包括速度控制环和位置控制环。

❷ 主轴伺服系统：只是一个速度控制系统。

（4）伺服系统按照反馈比较控制方式分类。

❶ 脉冲、数字比较伺服系统。

❷ 相位比较伺服系统。

❸ 幅值比较伺服系统。

❹ 全数字伺服系统。

第二节　伺服系统执行元件及作用

一、伺服驱动器构成单元及作用

伺服驱动器外形和各部分接口作用如图 1-14 所示，伺服驱动器各基本构成单元作用如图 1-15 所示。

伺服驱动器同我们熟悉的变频器单元比较，作用如下：

（1）整流器部　将工频电源从交流转换为直流（与变频器相同）。

（2）平滑回路部　使直流中的波动成分变得平滑（与变频器相同）。

（3）逆变器部　将直流转换为频率可调的交流，与变频器的区别在于伺服机构中增加了称为动态制动器的部件。

（4）控制回路部　主要控制逆变器部，与变频器相比，伺服机构的构成相当复杂，因为伺服机构需要反馈、控制模式切换、限制（电流／速度／转矩）等功能。

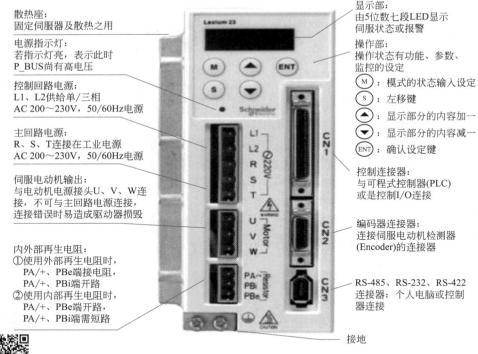

散热座：
固定伺服器及散热之用

电源指示灯：
若指示灯亮，表示此时
P_BUS尚有高电压

控制回路电源：
L1、L2供给单/三相
AC 200～230V，50/60Hz电源

主回路电源：
R、S、T连接在工业电源
AC 200～230V，50/60Hz电源

伺服电动机输出：
与电动机电源接头U、V、W连
接，不可与主回路电源连接，
连接错误时易造成驱动器损毁

内外部再生电阻：
①使用外部再生电阻时，
 PA/+、PBe端接电阻，
 PA/+、PBi端开路
②使用内部再生电阻时，
 PA/+、PBe端开路，
 PA/+、PBi端需短路

显示部：
由5位数七段LED显示
伺服状态或报警

操作部：
操作状态有功能、参数、
监控的设定
Ⓜ：模式的状态输入设定
Ⓢ：左移键
▲：显示部分的内容加一
▼：显示部分的内容减一
ENT：确认设定键

控制连接器：
与可程式控制器(PLC)
或是控制I/O连接

编码器连接器：
连接伺服电动机检测器
(Encoder)的连接器

RS-485、RS-232、RS-422
连接器：个人电脑或控制
器连接

接地

Lexium 23C系列伺服驱动器

图1-14 伺服驱动器外形和各部分接口作用

伺服驱动器端
子与外设连接

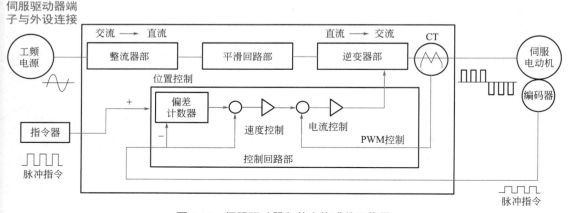

图1-15 伺服驱动器各基本构成单元作用

二、伺服系统常用位置检测装置

组成：位置检测装置是由检测元件（传感器）和信号处理装置组成的。

作用：实时测量执行部件的位移和速度信号，并变换成位置控制单元所要求的信号形式，将运动部件现实位置反馈到位置控制单元，以实施闭环控制。它是闭环、半闭环进给伺服系统的重要组成部分。

闭环数控机床的加工精度在很大程度上是由位置检测装置的精度决定的，在设计数控机床进给伺服系统，尤其是高精度进给伺服系统时，必须精心选择位置检测装置。

1. 进给伺服系统对位置检测装置的要求

❶ 高可靠性和高抗干扰性：受温度、湿度的影响小，工作可靠，精度保持性好，抗干扰能力强。

❷ 能满足精度和速度的要求：位置检测装置分辨率应高于数控机床的分辨率（一个数量级）；位置检测装置最高允许的检测速度应高于数控机床的最高运行速度。

❸ 使用维护方便，适时应机床工作环境。

❹ 成本低。

2. 位置检测装置的分类

❶ 按输出信号的形式分类：数字式和模拟式。

❷ 按测量基点的类型分类：增量式和绝对式。

❸ 按位置检测元件的运动形式分类：回转式和直线式。

位置检测装置的分类如表 1-2 所示。

表 1-2　常用位置检测装置分类

项目	数字式		模拟式	
	增量式	绝对式	增量式	绝对式
回转式	脉冲编码盘 圆光栅	绝对式脉冲编码盘	旋转变压器 圆感应同步器 圆磁尺	三速圆感应同步器
直线式	直线光栅 激光干涉仪	多通道透射光栅	直线感应同步器 磁尺	三速感应同步器 绝对磁尺

3. 脉冲编码器

脉冲编码器又称码盘，是一种回转式数字测量元件，通常装在被检测轴上，随被测轴一起转动，可将轴的角位移转换为增量脉冲形式或绝对式的代码形式。根据内部结构和检测方式码盘可分为接触式、光电式和电磁式 3 种。其中，光电码盘在数控机床上应用较多，而由霍尔效应构成的电磁码盘则可用作速度检测元件。另外，它还可分为绝对式和增量式两种。旋转编码器是集光机电技术于一体的速度位移传感器。

（1）增量式编码器　增量式编码器轴旋转时，有相应的相位输出。其旋转方向的判别和脉冲数量的增减，需借助后部的判向电路和计数器来实现。其计数起点可任意设定，并可实现多圈的无限累加和测量。还可以把每转发出一个脉冲的 Z 信号，作为参考机械零位。当脉冲已固定，而需要提高分辨率时，可利用带 90° 相位差的 A、B 两路信号，对原脉冲数进行倍频。

增量式编码器结构如图 1-16 所示，外形如图 1-17 所示。

光电码盘随被测轴一起转动，在光源的照射下，透过光电码盘和光板形成忽明忽暗的光信号，光敏元件把此信号转换成电信号，通过信号处理装置的整形、放大等处理后输出。输出的波形有六路：A、$\overline{A}$、B、$\overline{B}$、Z、$\overline{Z}$。其中 $\overline{A}$、$\overline{B}$、$\overline{Z}$ 是 A、B、C 的取反信号。输出的波形如图 1-18 所示。

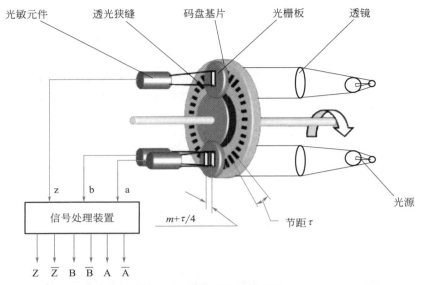

图 1-16　增量式编码器结构

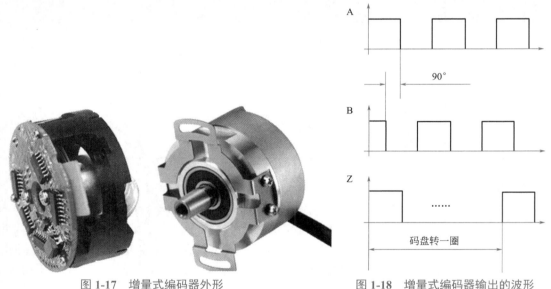

图 1-17　增量式编码器外形　　　　图 1-18　增量式编码器输出的波形

❶ 输出信号作用和处理：

● A、B 两相的作用。根据脉冲的数目可得出被测轴的角位移；根据脉冲的频率可得被测轴的转速；根据 A、B 两相的相位超前滞后关系可判断被测轴旋转方向。后续电路可利用 A、B 两相的 90° 相位差进行细分处理。

● Z 相的作用。被测轴的周向定位基准信号；被测轴的旋转圈数计数信号。

● $\overline{A}$、$\overline{B}$、$\overline{Z}$ 相的作用。后续电路可利用 A、$\overline{A}$ 两相实现差分输入，以消除远距离传输的共模干扰。

❷ 增量式码盘的规格及分辨率：

● 规格。增量式码盘的规格是指码盘每转一圈发出的脉冲数；现在市场上提供的规格从 36 线 / 转到 10 万线 / 转都有。选择：伺服系统要求的分辨率；考虑机械传动系统的参数。

● 分辨率（分辨角）α。设增量式码盘的规格为 n 线 / 转：$\alpha=360°/n$。

（2）绝对式编码器　旋转增量式编码器以转动时输出脉冲，通过计数设备来计算其位置，当编码器不动或停电时，依靠计数设备的内部记忆来记住位置。这样，当停电后，编码器不能有任何的移动，当来电工作时，编码器输出脉冲过程中，也不能有干扰而丢失脉冲，不然，计数设备计算并记忆的零点就会偏移，而且这种偏移的量是无从知道的，只有错误的生产结果出现后才能知道。

为解决这个问题，专家们解决的方法是增加参考点，编码器每经过参考点，将参考位置修正进计数设备的记忆位置。在参考点以前，是不能保证位置的准确性的。为此，在工控中就有每次操作先找参考点，开机找零等方法。

这样的方法对有些工控项目比较麻烦，甚至不允许开机找零（开机后就要知道准确位置），于是就有了绝对式编码器的出现。

绝对式编码器轴旋转时，有与位置一一对应的代码（二进制码、BCD 码等）输出，从代码大小的变更即可判别正反方向和位移所处的位置，而无需判向电路。它有一个绝对零位代码，当停电或关机后再开机重新测量时，仍可准确地读出停电或关机位置的代码，并准确地找到零位代码。一般情况下绝对式编码器的测量范围为 0 ～ 360°，但特殊型号也可实现多圈测量。

绝对式编码器光码盘（格雷码）如图 1-19 所示，内部结构和外形如图 1-20 所示。

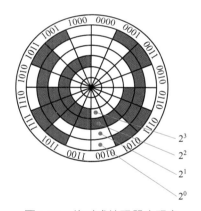

图 1-19　绝对式编码器光码盘　　　　图 1-20　绝对式编码器内部结构和外形

❶ 绝对式编码盘的编码方式及特点。绝对式编码器光码盘上有许多道光通道刻线，每道刻线依次以 2 线、4 线、8 线、16 线编排，在编码器的每一个位置，通过读取每道刻线的通、暗，获得一组 $2°$ ～ 2^{n-1} 的唯一的二进制编码（格雷码），这就称为 n 位绝对编码器。这样的编码器是由光电码盘的机械位置决定的，它不受停电、干扰的影响。绝对编码器由机械位置确定编码，它无需记忆，无需找参考点，而且不用一直计数，什么时候需要知道位置，什么时候就去读取它的位置。这样，编码器的抗干扰特性、数据的可靠性大大提高了。

❷ 格雷码的编码方法。它是从二进制码转换而来的，转换规则为：将二进制码与其本身右移一位后并舍去末位的数码作不进位加法，得出的结果即为格雷码（循环码）。

例：将二进制码 0101 转换成对应的格雷码。

$$
\begin{array}{r}
0101\ \text{（二进制码）} \\
\oplus\quad 010\ \ \text{（右移一位并舍去末位）} \\
\hline
0111\ \text{（格雷码）}
\end{array}
$$

旋转单圈绝对式编码器，在转动中测量光电码盘各道刻线，以获取唯一的编码，当转动超过 360° 时，编码又回到原点，这样就不符合绝对编码唯一的原则，这样的编码只能用于旋转范围 360° 以内的测量，称为单圈绝对式编码器。

测量旋转超过 360° 范围，用到多圈绝对式编码器，编码器生产运用钟表齿轮机械原理，当中心码盘旋转时，通过齿轮传动另一组码盘（或多组齿轮，多组码盘），在单圈编码的基础上再增加圈数的编码，以扩大编码器的测量范围，这样的绝对编码器就称为多圈式绝对编码器，它同样是由机械位置确定编码，每个位置编码唯一不重复，而无需记忆。

多圈编码器另一个优点是由于测量范围大，使用往往富裕较多，这样在安装时不必要费劲找零点，将某一中间位置作为起始点就可以了，大大简化了安装调试难度。

❸ 绝对式编码盘的规格及分辨率。

a. 规格。绝对式编码盘的规格与码盘码道数 n 有关；现在市场上提供从 4 道到 18 道都有。选择：伺服系统要求的分辨率；考虑机械传动系统的参数。

b. 分辨率（分辨角）α。设绝对式编码盘的规格为 n 线／转：$\alpha=360°/(2n)$。

（3）光电编码器的优缺点 优点：非接触测量，无接触磨损，码盘寿命长，精度保证性好；允许测量转速高，精度较高；光电转换，抗干扰能力强；体积小，便于安装，适合于机床运行环境。缺点：结构复杂，价格高，光源寿命短；码盘基片为玻璃，抗冲击和抗振动能力差。

4. 感应同步器

感应同步器的结构如图 1-21 所示。其中直线感应同步器由定尺和滑尺组成，测量直线位移，用于闭环直线系统。

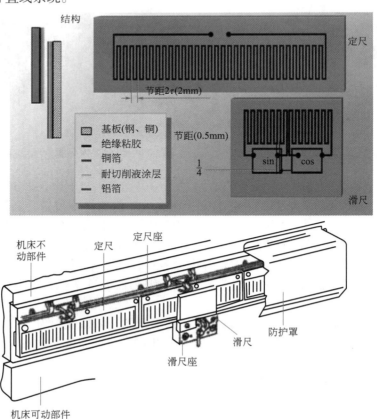

图 1-21　直线感应同步器结构

感应同步器的工作原理：利用励磁绕组与感应绕组间发生相对位移时，由于电磁耦合的变化，感应绕组中的感应电压随位移的变化而变化，借以进行位移量的检测。感应同步器滑尺上的绕组是励磁绕组，定尺上的绕组是感应绕组。如图 1-22 所示。

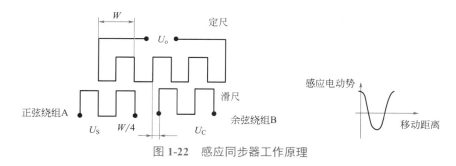

图 1-22　感应同步器工作原理

在数控机床应用中，感应同步器定尺固定在床身上，滑尺则安装在机床的移动部件上。通过对感应电压的测量，可以精确地测量出位移量。

在励磁绕组上加上一定的交变励磁电压，定尺绕组中就产生相同频率的感应电动势，其幅值大小随滑尺移动呈余弦规律变化。滑尺移动一个节距，感应电动势变化一个周期。

感应同步器根据滑尺正、余旋绕组上励磁电压 U_S、U_C 供电方式的不同可构成不同检测系统——鉴相型系统和鉴幅型系统。

（1）鉴幅型　通过检测感应电动势的幅值测量位移。只要能测出 U_S 与 U_C 相位差 θ_1，就可求得滑尺与定尺相对位移量 x。

（2）鉴相型　通过检测感应电动势的相位测量位移。相对位移量 x 与相位角 θ 呈线性关系，只要能测出相位角 θ，就可求得位移量 x。

5. 旋转变压器

旋转变压器（resolver/transformer）是一种电磁式传感器，又称同步分解器。它是一种测量角度用的小型交流电动机，用来测量旋转物体的转轴角位移和角速度，由定子和转子组成。其中定子绕组作为变压器的原边，接收励磁电压，励磁频率通常用 400Hz、3000Hz 及 5000Hz 等。转子绕组作为变压器的副边，通过电磁耦合得到感应电压。旋转变压器实物（包括信号解码板）如图 1-23 所示。

(a) 旋转变压器　　　　　　　　　　(b) 信号解码板

图 1-23　旋转变压器

（1）旋转变压器的工作原理　旋转变压器的本质是一个变压器，关键参数也与变压器类似，比如额定电压、额定频率、变压比。

与变压器不同之处是，它的一次侧与二次侧不是固定安装的，而是有相对运动。随着两者相对角度的变化，在输出侧就可以得到幅值变化的波形。如图 1-24 所示。

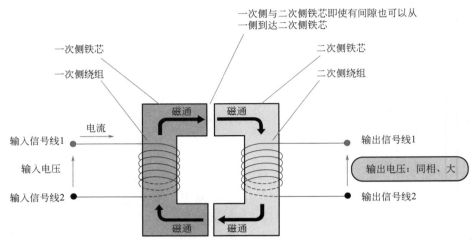

图 1-24　旋转变压器线圈结构示意图

旋转变压器就是基于以上原理设计的：输出信号幅值随位置变化而变化，但频率不变。旋转变压器在实际应用中，设置了两组输出线圈，两者相位差 90°，从而可以输出幅值为正弦（sin）与余弦（cos）变化的两组信号。旋转变压器内部原理和结构如图 1-25 所示。

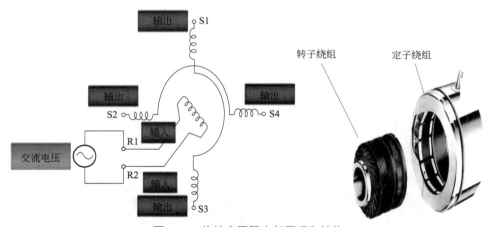

图 1-25　旋转变压器内部原理和结构

旋转变压器转子绕组输出电压幅值与励磁电压的幅值成正比，对励磁电压的相位移等于转子的转动角度 θ，检测出相位 θ，即可测量旋转物体的转轴角位移和角速度。

（2）旋转变压器的种类　旋转变压器按结构差异可分为有刷式旋转变压器和无刷式旋转变压器。

有刷式旋转变压器由于它的转子绕组通过滑环和电刷直接引出，其特点是结构简单，体积小，但因电刷与滑环是机械滑动接触的，所以旋转变压器的可靠性差，寿命也较短，目前这种结构形式的旋转变压器应用得很少。而目前使用广泛的是无刷式旋转变压器。有刷式旋转变压器和无刷式旋转变压器结构如图 1-26 所示。

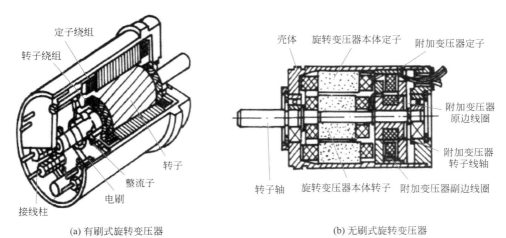

定子绕组
转子绕组
转子
整流子
电刷
接线柱

壳体　旋转变压器本体定子　附加变压器定子
附加变压器原边线圈
附加变压器转子线轴
转子轴　旋转变压器本体转子　附加变压器副边线圈

(a) 有刷式旋转变压器　　　　　　　　(b) 无刷式旋转变压器

图 1-26　有刷式旋转变压器和无刷式旋转变压器结构

6. 光栅尺

光栅尺也称为光栅尺位移传感器（光栅尺传感器），是利用光栅的光学原理工作的测量反馈装置。光栅尺外形如图 1-27 所示。

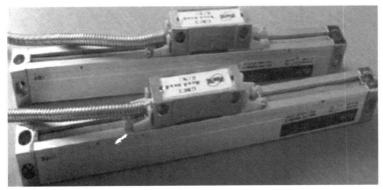

图 1-27　光栅尺外形

光栅尺经常应用于数控机床的闭环伺服系统中，可用作直线位移或者角位移的检测。其测量输出的信号为数字脉冲，具有检测范围大、检测精度高、响应速度快的特点。例如，在数控机床中常用于对刀具和工件的坐标进行检测，来观察和跟踪走刀误差，以起到补偿刀具的运动误差的作用。光栅尺按照制造方法和光学原理的不同，分为透射光栅和反射光栅。

光栅尺由标尺光栅和光栅读数头两部分组成。标尺光栅一般固定在机床固定部件上，光栅读数头装在机床活动部件上，指示光栅装在光栅读数头中。图 1-28 所示的就是光栅尺的结构。

光栅检测装置的关键部分是光栅读数头，它由光源、会聚透镜、指示光栅、光电元件及调整机构等组成。光栅读数头结构形式很多，根据读数头结构特点和使用场合分为直接接收式读数头、分光镜式读数头、金属光栅反射式读数头等。

（1）光栅尺的工作原理　常见光栅尺是根据物理上莫尔条纹的形成原理进行工作的。读数头通过检测莫尔条纹个数，来"读取"光栅刻度，然后根据驱动电路的作用，计算出光栅尺的位移和速度。如图 1-29 所示是国内某公司光栅尺的应用原理图。

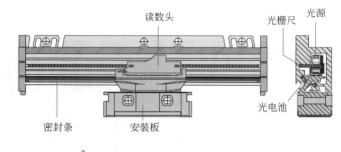

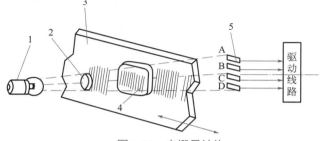

图 1-28　光栅尺结构

1—光源；2—透镜；3—标尺光栅；4—指示光栅；5—光电元件

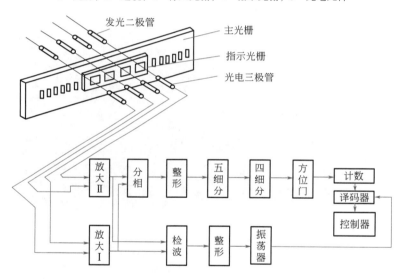

图 1-29　某公司光栅尺应用原理图

（2）莫尔条纹　以透射光栅为例，当指示光栅上的线纹和标尺光栅上的线纹之间形成一个小角度 θ，并且两个光栅尺刻面相对平行放置时，在光源的照射下，光线位于几乎垂直的栅纹上，形成明暗相间的条纹。这种条纹称为"莫尔条纹"，如图1-30所示。严格地说，莫尔条纹排列的方向是与两片光栅线纹夹角的平分线相垂直。莫尔条纹中两条亮纹或两条暗纹之间的距离称为莫尔条纹的宽度，以 W 表示。

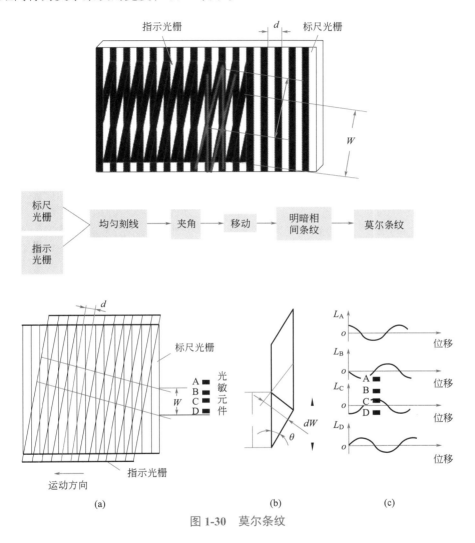

图1-30　莫尔条纹

莫尔条纹特点：

❶ 莫尔条纹的移动方向与光栅夹角有对应关系。当主光栅沿栅线垂直方向移动时，莫尔条纹沿着夹角 θ 平分线（近似平行于栅线）方向移动。

❷ 光学放大作用。放大倍数可通过改变 θ 角连续变化，从而获得任意粗细的莫尔条纹，即光栅具有连续变倍的作用。

❸ 均化误差作用。莫尔条纹是由光栅的大量刻线共同形成的，对光栅的刻线误差有平均作用。

莫尔条纹测量位移：光栅每移过一个栅距 W，莫尔条纹就移过一个间距 B。通过测量莫尔条纹移过的数目，即可得出光栅的位移量。

故： $$被测物体位移 = 栅距 \times 脉冲数$$

（3）光栅尺电子细分与判向 光栅测量位移的实质是以光栅栅距为一把标准尺子对位移量进行测量。高分辨率的光栅尺一般造价较贵，且制造困难。为了提高系统分辨率，需要对莫尔条纹进行细分，光栅尺传感器系统多采用电子细分方法。当两块光栅以微小倾角重叠时，在与光栅刻线大致垂直的方向上就会产生莫尔条纹，随着光栅的移动，莫尔条纹也随之上下移动。这样就把对光栅栅距的测量转换为对莫尔条纹个数的测量。

在一个莫尔条纹宽度内，按照一定间隔放置4个光电器件就能实现电子细分与判向功能。例如，栅线为50线对/mm的光栅尺，其光栅栅距为0.02mm，若采用四细分后便可得到分辨率为5μm的计数脉冲，这在工业普通测控中已达到了很高精度。由于位移是一个矢量，既要检测其大小，又要检测其方向，因此至少需要两路相位不同的光电信号。

为了消除共模干扰、直流分量和偶次谐波，通常采用由低漂移运放构成的差分放大器。由4个光敏器件获得的4路光电信号分别送到2只差分放大器输入端，从差分放大器输出的两路信号其相位差为π/2，为得到判向和计数脉冲，需对这两路信号进行整形，首先把它们整形为占空比为1∶1的方波。然后，通过对方波的相位进行判别比较，就可以得到光栅尺的移动方向。通过对方波脉冲进行计数，可以得到光栅尺的位移和速度。

7. 电子手轮

电子手轮即手摇脉冲发生器（也称为手轮、手脉、手动脉波发生器等），用于教导式CNC机械工作原点设定、步进微调与中断插入等动作。目前在数控机械上广泛使用电子手轮，其外形如图1-31所示。

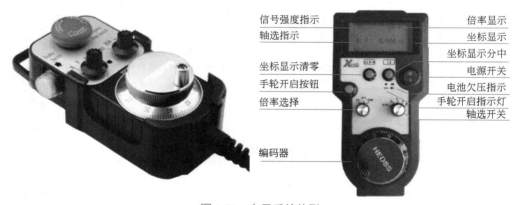

图1-31 电子手轮外形

电子手轮的原理和常用的鼠标滚轮是一样的，轴心上固定有一个分成很多格窗口的码盘，在外围固定有两个光电开关，当码盘旋转时，光电开关被码盘漏空或挡住，产生的编码信号，实际也就是通断信号，记为1或0，后端电路处理后产生一个标准的方波，两个光电开关的安装位置成为互补，相位错90°输出，而机床通过比对两组脉冲的先后顺序，就能控制机床电机正转或反转并对坐标进行定位。

第三节　伺服进给系统执行元件及应用

一、步进电动机

步进电动机是将电脉冲信号转变为角位移或线位移的开环控制电动机，步进电动机在非超载的情况下，电动机的转速、停止的位置只取决于脉冲信号的频率和脉冲数，而不受负载变化的影响，当步进驱动器接收到一个脉冲信号时，它就驱动步进电动机按设定的方向转动一个固定的角度，称为"步距角"，它的旋转是以固定的角度一步一步运行的。可以通过控制脉冲个数来控制角位移量，从而达到准确定位的目的；同时可以通过控制脉冲频率来控制电动机转动的速度和加速度，从而达到调速的目的。步进电动机外形如图 1-32 所示。

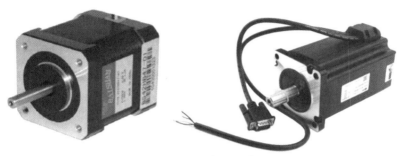

步进电动
机的检测

图 1-32　步进电动机外形

1. 步进电动机原理

原理：步进电动机是利用电磁铁原理，将脉冲信号转换成线位移或角位移的电动机。每来一个电脉冲，电动机转动一个角度，带动机械移动一小段距离。

2. 步进电动机结构

步进电动机主要由两部分构成：定子和转子。它们均由磁性材料构成。如图 1-33 所示。

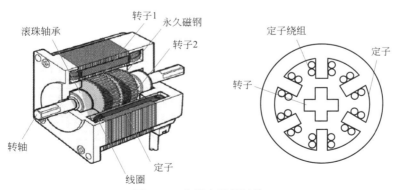

图 1-33　步进电动机结构

3. 步进电动机名词解释

（1）步距角　步进电动机通过一个电脉冲转子转过的角度，称为步距角。

$$\theta_S = \frac{360^\circ}{Z_r N}$$

N：一个周期的运行拍数，即通电状态循环一周需要改变的次数。

Z_r：转子齿数。

如：$Z_r = 40$，$N = 3$ 时，$\theta_S = \frac{360^\circ}{40 \times 3} = 3^\circ$。

拍数：$N = km$。m 为相数；$k = 1$ 为半拍制；$k = 2$ 为双拍制。

（2）**转速** 每输入一个脉冲，电动机转过 $\theta_S = \frac{360^\circ}{Z_r N}$。即转过整个圆周的 $1/(Z_r N)$，也就是 $1/(Z_r N)$ 转，因此每分钟转过的圆周数，即转速为

$$n = \frac{60f}{Z_r N} = \frac{60f \times 360^\circ}{360^\circ Z_r N} = \frac{\theta_S}{6^\circ} f \, (\text{r/min})$$

步距角一定时，通电状态的切换频率越高，即脉冲频率越高时，步进电动机的转速越高。脉冲频率一定时，步距角越大即转子旋转一周所需的脉冲数越少时，步进电动机的转速越高。

步进电动机的"相"：这里的相和三相交流电中的"相"的概念不同。步进电动机通的是直流电脉冲，这主要是指线路的连接和组数的区别。

4. 步进电动机工作过程

以三相步进电动机为例，三相步进电动机的工作方式可分为：三相单三拍、三相单双六拍、三相双三拍等。

（1）**三相单三拍工作方式**

❶ 三相绕组连接方式：Y 型。

❷ 三相绕组中的通电顺序为：A 相—B 相—C 相。

A 相通电，A 方向的磁通经转子形成闭合回路。若转子和磁场轴线方向原有一定角度，则在磁场的作用下，转子被磁化，吸引转子，使转子的位置力图使通电相磁路的磁阻最小，使转子、定子的齿对齐停止转动。

A 相通电使转子 1、3 齿和 AA′ 对齐。如图 1-34 所示。

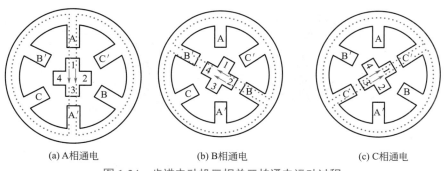

(a) A相通电　　　　　　　　(b) B相通电　　　　　　　　(c) C相通电

图 1-34　步进电动机三相单三拍通电运动过程

这种工作方式，因三相绕组中每次只有一相通电，而且一个循环周期共包括三个脉冲，所以称三相单三拍。

B 相和 C 相通电和上述相似。

❸ 三相单三拍的特点。每来一个电脉冲，转子转过 30°。此角称为步距角，用 θ_S 表示。转子的旋转方向取决于三相线圈通电的顺序，改变通电顺序即可改变转向。

正转：A 相—B 相—C 相；   反转：A 相—C 相—B 相。

（2）三相单双六拍工作方式　三相绕组的通电顺序为：A—AB—B—BC—C—CA—A 共六拍。如图 1-35 所示。

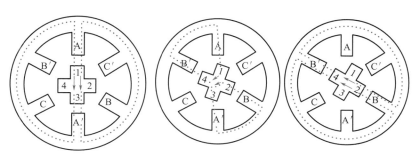

图 1-35　步进电动机三相单双六拍通电顺序

A 相通电，转子 1、3 "卡脖子" 和 A 相对齐。

A、B 相同时通电，BB′ 磁场对 2、4 齿有磁拉力，该拉力使转子顺时针方向转动。AA′ 磁场继续对 1、3 齿有拉力。所以转子转到两磁拉力平衡的位置上。相对 AA′ 通电，转子转了 15°。

B 相通电，转子 2、4 齿和 B 相对齐，又转了 15°。

总之每个循环周期，有六种通电状态，所以称为三相六拍，步距角为 15°。

（3）三相双三拍工作方式　三相绕组的通电顺序为 AB—BC—CA—AB 共三拍。通电顺序如图 1-36 所示。

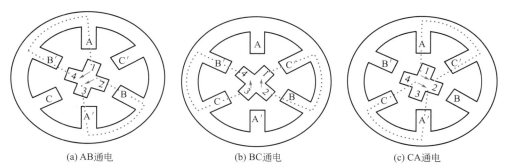

(a) AB通电　　　　　　　(b) BC通电　　　　　　　(c) CA通电

图 1-36　步进电动机三相双三拍通电顺序

工作方式为三相双三拍时，每通入一个电脉冲，转子也是转 30°，即 θ_S=30°。

以上三种工作方式，三相双三拍和三相单双六拍较三相单三拍稳定，因此较常采用。

二、永磁直流无刷伺服电动机

永磁直流无刷伺服电动机主要由机壳、永磁材料、定子、转子、极靴、霍尔元件等组成。如图 1-37 所示。

三相无刷电动机的绝缘和绕组制备

直流无刷电动机的拆卸

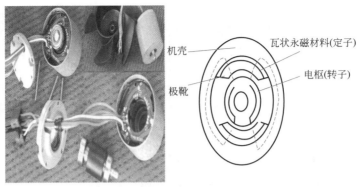

机壳
瓦状永磁材料(定子)
电枢(转子)
极靴

图 1-37　永磁直流无刷伺服电动机外形和结构

直流无刷电动机的接线

直流无刷电动机的组装

1. 直流伺服电动机的结构和分类

直流伺服电动机分为有刷电动机和无刷电动机。

有刷电动机成本低，结构简单，启动转矩大，调速范围宽，控制容易，需要维护，但维护不方便（换电刷），产生电磁干扰，对环境有要求。因此它可以用于对成本敏感的普通工业和民用场合，目前应用较少。

无刷电动机体积小，重量轻，出力大，响应快，速度高，惯量小，转动平滑，力矩稳定，控制复杂，容易实现智能化，其电子换相方式灵活，可以方波换相或正弦波换相。电动机免维护，效率很高，运行温度低，电磁辐射很小，长寿命，可用于各种环境，所以应用广泛。

本节主要介绍直流无刷伺服电动机。

永磁直流无刷伺服电动机是将传统的直流电动机的整流部分（电刷及换向器）以电子方式进行代替且保留直流电动机可急剧加速，转速和外加电压成正比，转矩和电枢电流成正比等优点。因直流无刷伺服电动机最大的特征为无刷构造的关系，原理上不会产生噪声。

有刷电动机和无刷电动机区别如图 1-38 所示。

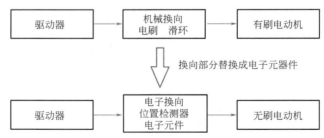

图 1-38　有刷电动机和无刷电动机区别

内转子型永磁直流无刷伺服电动机定子是 2～8 对永磁体按照 N 极和 S 极交替排列在转子周围构成的（如果是外转子型永磁直流无刷伺服电动机，就是贴在转子内壁）。因此永磁直流无刷伺服电动机不需要电刷传导电流。其驱动电路一般均使用 PWM 型变频器，再配合霍尔组件或磁极检测组件，可得到圆滑且稳定的转矩，常用于需要高速及高精度控制系统中。其结构示意图如图 1-39 所示。

图 1-40 所示为其中一种小功率三相、星形连接、单副磁对极的无刷直流伺服电动机的模型图，它的定子在内，转子在外。另一种永磁无刷直流电动机的结构和这种刚刚相反，它的定子在外，转子在内，即定子是线圈绕组组成的机座，而转子用永磁材料制造。

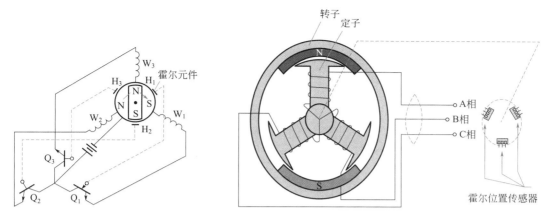

图 1-39 永磁直流无刷伺服电动机结构示意图 　　　　图 1-40 无刷直流伺服电动机模型图

2. 永磁直流无刷伺服电动机的动作原理

（1）霍尔组件 霍尔传感器是永磁直流无刷伺服电动机最重要的主动组件，它用来感应磁场的变化以送出电动机控制信号，使电动机得以持续而稳定地运转。永磁直流无刷伺服电动机霍尔传感器安装示意图如图 1-41 所示。

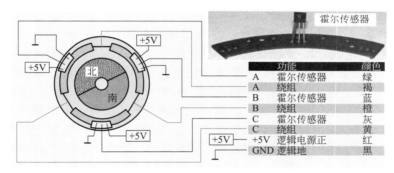

图 1-41 永磁直流无刷伺服电动机霍尔传感器安装示意图

实际的霍尔组件中，可将霍尔系数及电子移动度大的材料加工成薄的十字形予以制成。

图 1-42 表示 3 ～ 5 端子的霍尔组件的使用方法，在三端子霍尔元件的输出可以产生输入端子电压的大致一半与输出信号电压之和的电压，而在四端子及五端子霍尔组件中，在原理上虽然可以免除输入端子电压的影响，但实际上即使在无磁场时，也有由于组件形状的不平衡等因素使不平衡电压存在。

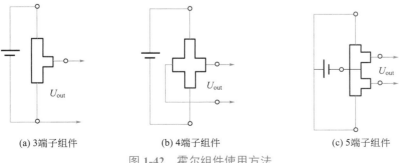

图 1-42 霍尔组件使用方法

霍尔组件是利用霍尔效应原理制成的组件，检测转子的磁极，侦测转子位置，以其输出信号来引导定子电流相互切换，共有四个端子，两个端子控制输入电流，若外界给予垂直磁场，则另外两个端子输出霍尔电压 U_H。如图 1-43 所示。

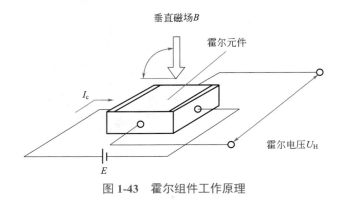

图 1-43　霍尔组件工作原理

$$U_H = KI_c B\cos\theta$$

K：灵敏度或积感度，与材质有关。

I_c：输入组件电流，大约数毫安到数十毫安。

B：外加的磁通密度。

若组件感测面与外加磁场并非垂直，则乘上 $\cos\theta$。

与有刷直流电动机不同，无刷直流电动机使用电子方式换向。要使无刷直流电动机转起来，必须按照一定的顺序给定子通电，那么我们就需要知道转子的位置以便按照通电次序给相应的定子线圈通电。定子的位置是由嵌入到定子的霍尔传感器感知的。通常会安排 3 个霍尔传感器在转子的旋转路径周围。无论何时，只要转子的磁极掠过霍尔元件，根据转子当前磁极的极性霍尔元件会输出对应的高或低电平，这样只要根据 3 个霍尔元件产生的电平的时序就可以判断当前转子的位置，并相应地对定子绕组进行通电。如图 1-44 所示。

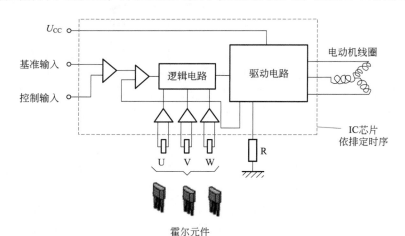

图 1-44　霍尔元件应用示意图

如图 1-45 所示是霍尔组件产生脉冲驱动信号的原理。

状态一：转子 S 极与霍尔组件距离最短，此时磁通密度最高（方向向上），造成霍尔组件 A 端子电压较大，使得晶体管 Q_1 导通，则线圈 L_1 内有 I_1 电流流通，因此线圈 L_1 呈励磁状态，依右手定则得知线圈 L_1 右侧为 S 极，故转子逆时针旋转。

状态二：当转子 S 极远离霍尔组件时造成磁通密度下降，因此 A、B 端不再产生霍尔电压，晶体管 Q_1、Q_2 呈 OFF 状态。转子因受惯性作用继续旋转。

状态三：当转子 N 极转至霍尔组件时，造成霍尔元件 B 端子电压较大，使得 Q_2 导通，则线圈 L_2 内有 I_2 电流流通，因此线圈 L_2 呈励磁状态，转子再度受磁力作用逆时针旋转。依照如此程序，转子持续转动。

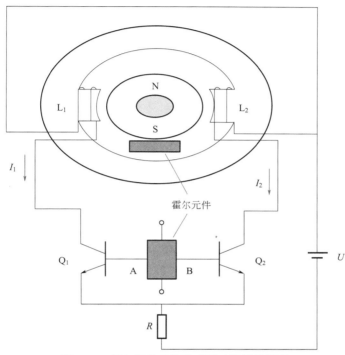

图 1-45　霍尔组件产生脉冲驱动信号的原理

（2）无刷直流电动机的工作原理　无刷直流电动机的定子是线圈绕组电枢，转子是永磁体。如果只给电动机通以固定的直流电流，则电动机只能产生不变的磁场，电动机不能转动起来，只有实时检测电动机转子的位置，再根据转子的位置给电动机的各相绕组通以对应的电流，使定子产生方向均匀变化的旋转磁场，电动机才可以跟着磁场转动起来。

如图 1-46 所示为无刷直流电动机的转动原理示意图，为了方便描述，电动机定子的线圈中心抽头接电动机电源 POWER，各相的端点接功率管，位置传感器导通时使功率管的 G 极接 12V，功率管导通，对应的相线圈被通电。由于三个位置传感器随着转子的转动，会依次导通，使得对应的相线圈也依次通电，从而定子产生的磁场方向也不断地变化，电动机转子也跟着转动起来，这就是无刷直流电动机的基本转动原理——检测转子的位置，依次给各相通电，使定子产生的磁场的方向连续均匀地变化。

 注意

霍尔元件的电压范围为 4 ～ 24V 不等，电流范围为 5 ～ 15mA 不等，所以在考虑控制器时要考虑到霍尔元件的电流和电压要求。另外，霍尔元件输出集电极开路，使用时需要接上拉电阻。

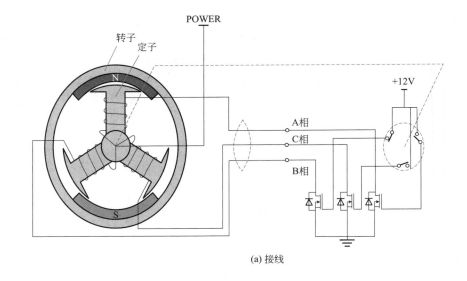

(a) 接线

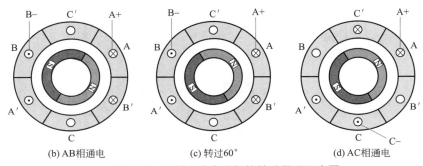

(b) AB相通电   (c) 转过60°   (d) AC相通电

图 1-46   无刷直流电动机的转动原理示意图

❶ 无刷直流电动机换向原理。每一次换向都会有一组绕组处于正向通电；第二组反相通电；第三组不通电。转子永磁体的磁场和定子钢片产生的磁场相互作用就产生了转矩，理论上，当这两个磁场夹角为 90° 时会产生最大的转矩，当这两个磁场重合时转矩变为 0，为了使转子不停地转动，那么就需要按顺序改变定子的磁场，就像转子的磁场一直在追赶定子的磁场一样。典型的"六步电流换向"顺序图展示了定子内绕组的通电次序，如图 1-47 所示。

后面画出了 6 种两相通电的情形，可以看出，尽管绕组和磁极的数量可以有许多种变化，但从电调制控制的角度看，其通电次序其实是相同的，也就是说，不管外转子还是内转子电动机，都遵循 AB → AC → BC → BA → CA → CB 的顺序进行通电换相。当然，如果想让电动机反转的话，电子方法是按倒过来的次序通电；物理方法直接对调任意两根线，假设 A 和 B 对调，那么顺序就是 BA → BC → AC → AB → CB → CA，这里顺序就完全倒过来了。

要说明的是，由于每根引出线同时接入两个绕组，因此电流是分两路走的。这里为使问题尽量简单化，图中只画出了一路的电流方向，还有一路电流未画出。

电动机的定子绕组多做成三相对称星形接法，同三相异步电动机十分相似。电动机的转子上粘有已充磁的永磁体，为了检测电动机转子的极性，在电动机内装有位置传感器。驱动器由功率电子器件和集成电路等构成，其功能是：接收电动机的启动、停止、制动信号，以控制电动机的启动、停止和制动；接收位置传感器信号和正反转信号，用来控制逆变桥各功率管的通断，产生连续转矩；接收速度指令和速度反馈信号，用来控制和调整转速；提供保护和显示；等等。

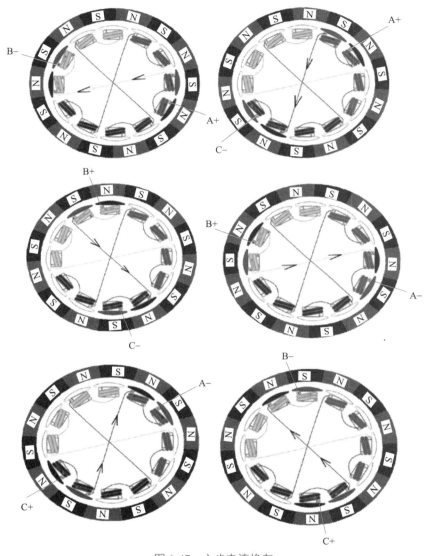

图 1-47　六步电流换向

❷ 无刷直流电动机的驱动方法。无刷直流电动机的驱动方式按不同类别可分多种驱动方式，它们各有特点。按驱动波形分为：

a.方波驱动，这种驱动方式实现方便，易于实现电动机无位置传感器控制；

b.正弦驱动，这种驱动方式可以改善电动机运行效果，使输出力矩均匀，但实现过程相对复杂。同时，这种方法又有 SPWM 和 SVPWM（空间矢量 PWM）两种方式，SVPWM 的效果好于 SPWM。

换向（相）又可以称为"换流"。在无刷直流永磁电动机中，来自转子位置转速器的信号，经处理后按一定的逻辑程序，驱使某些与电枢绕组相连接的功率开关晶体管在某一瞬间导通或截止，迫使某些没有电流的电枢绕组内开始流通电流，某些原来有电流的电枢绕组内开始关断电流或改变电流的流通方向，从而迫使定子磁状态产生变化。我们把这种利用电子电路来实现电枢绕组内电流变化的物理过程称为电子换向（相）或"换流"。每"换流"一次，定子磁状态就改变一次，连续不断地"换流"，就会在工作气隙内产生一个跳跃式的旋转磁场。

以三相星形桥式连接为例按照换向顺序分析如下：

AB → AC → BC → BA → CA → CB。

永磁无刷伺服电动机二相导通三相六状态电子换向电路如图 1-48 所示。

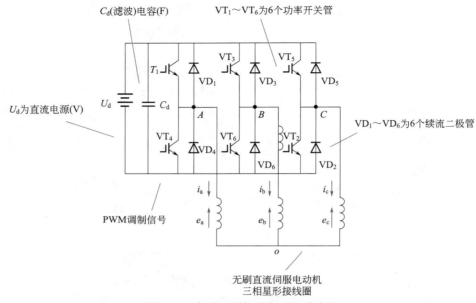

图 1-48　永磁无刷伺服电动机系统图

二相导通三相六状态电子换向过程如下：

第一步，当 $T=0°$ 时，图中的功率开关晶体管 VT_1、VT_6 导通，即电源正极—VT_1—A 相绕组—B 相绕组—VT_6—电源负极。

第二步，当 $T=60°$ 时，图中的功率开关晶体管 VT_1、VT_2 导通，即电源正极—VT_1—A 相组—C 相绕组—VT_2——电源负极。

第三步，当 $T=120°$ 时，图中的功率开关晶体管 VT_3、VT_2 导通，即电源正极—VT_3—B 相绕组—C 相绕组—VT_2——电源负极。

第四步，当 $T=180°$ 时，图中的功率开关晶体管 VT_3、VT_4 导通，即电源正极—VT_3—B 相绕组—A 相绕组—VT_4——电源负极。

第五步，当 $T=240°$ 时，图中的功率开关晶体管 VT_5、VT_4 导通，即电源正极—VT_5—C 相绕组—A 相绕组—VT_4——电源负极。

第六步，当 $T=300°$ 时，图中的功率开关晶体管 VT_5、VT_6 导通，即电源正极—VT_5—C 相绕组—B 相绕组—VT_6——电源负极。

第七步，当 $T=360°$ 时，又重复 $T=0°$ 时状态。

❸ 无刷直流电机的驱动实例。两相导通星形三相六状态无刷直流伺服电动机驱动原理

如图 1-49 所示。

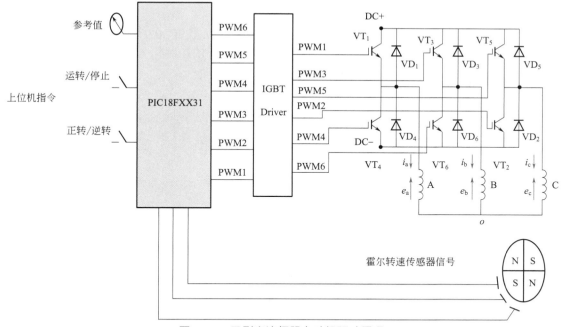

图 1-49 无刷直流伺服电动机驱动原理

本例中的霍尔转子位置传感器采用三个霍尔器件，它们沿定子圆周可以相互间隔 60° 电角度配置，也可以相互间隔 120° 电角度配置，本例子是相互间隔 60° 电角度配置的。

每旋转 60° 电角度，就有一个霍尔器件改变其状态，逆变器内与之相对应的某一相的开关状态也将更新变化一次，这样开关状态变化六次（或称六步）就完成一个电气工作过程。

逆变器是六个 $VT_1 \sim VT_6$ 的功率开关元件所组成的星接电路，霍尔转子的位置传感器输出的 A、B 和 C 三个信号馈送至 PIC18FXX31 微控制器，作为 PIC18FXX31 微控制器的输入信号。然后，PIC18FXX31 微控制器根据二相导通三相六状态 AB—AC—BC—BA—CA—CB 对逆变器中六个功率开关器件的导通和截止状态进行电子换向过程控制。

三、交流伺服电动机

1. 异步型交流伺服电动机

异步交流伺服电动机定子的构造基本上与电容分相式单相异步电动机相似。但是，异步交流伺服电动机必须具备一个性能，就是能克服交流伺服电动机的所谓"自转"现象，即无控制信号时，它不应转动，特别是当它已在转动时，如果控制信号消失，它应能立即停止转动。而普通的感应电动机转动起来以后，如控制信号消失，往往仍在继续转动。

当伺服电动机原来处于静止状态时，如控制绕组不加控制电压，此时只有励磁绕组通电产生脉动磁场。可以把脉动磁场看成两个圆形旋转磁场。这两个圆形旋转磁场以同样的大小和转速，向相反方向旋转，所建立的正、反转旋转磁场分别切割笼型绕组（或杯形壁）并感应出大小相同、相位相反的电动势和电流（或涡流），这些电流分别与各自的磁场作用产生的力矩也大小相等、方向相反，合成力矩为零，伺服电动机转子转不起来。一旦控制系统有偏差信号，控制绕组就要接收与之相对应的控制电压。

对于异步交流伺服电动机，其定子上装有两个位置互差90°的绕组，一个是励磁绕组R_f，它始终接在交流电压U_f上；另一个是控制绕组L，连接控制信号电压U_c。所以异步交流伺服电动机又称两相伺服电动机。如图1-50所示。

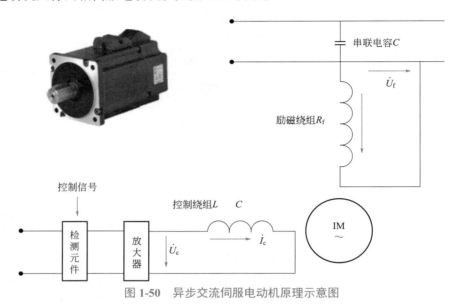

图1-50   异步交流伺服电动机原理示意图

励磁绕组串联电容C，是为了产生两相旋转磁场。适当选择电容的大小，可使通入两个绕组的电流相位差接近90°，从而产生所需的旋转磁场。

交流伺服电动机控制电压U_c与电源电压U_f频率相同，相位相同或相反。

工作时，两个绕组中产生的电流相位差接近90°，因此便产生旋转磁场。在旋转磁场的作用下，转子转动起来。

为了使交流伺服电动机具有较宽的调速范围、线性的机械特性，无"自转"现象和快速响应的性能，交流伺服电动机与普通电动机相比，应具有转子电阻大和转动惯量小这两个特点。

异步交流伺服电动机的转子结构有两种形式：一种是采用高电阻率的导电材料做成的高电阻率导条的笼式转子，为了减小转子的转动惯量，转子做得细长；另一种是采用铝合金制成的空心杯形转子，杯壁很薄，仅0.2～0.3mm，为了减小磁路的磁阻，要在空心杯形转子内放置固定的内定子，如图1-51所示。空心杯形转子的转动惯量很小，反应迅速，而且运转平稳，因此被广泛采用。

2.同步型交流伺服电动机

同步型交流伺服电动机虽比感应电动机复杂，但比直流电动机简单。它的定子与感应电动机一样，都在定子上装有对称三相绕组。而转子却不同，按不同的转子结构又分电磁式及非电磁式两大类。非电磁式又分为磁滞式、永磁式和反应式多种。其中磁滞式和反应式同步电动机存在效率低、功率因数较差、制造容量不大等缺点。数控机床中多用永磁式同步伺服电动机。与电磁式相比，永磁式优点是结构简单、运行可靠、效率较高；缺点是体积大、启动特性欠佳。

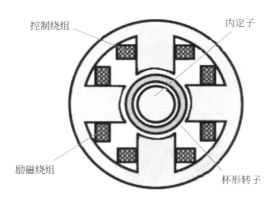

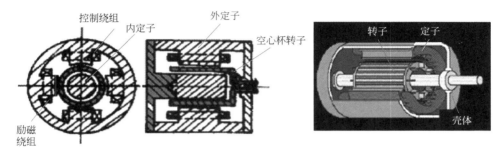

图 1-51　空心杯形转子伺服电动机的结构示意图

交流永磁式同步伺服电动机采用高剩磁感应、高矫顽力的稀土类磁铁后，可比直流伺服电动机外形尺寸约小 1/2，质量减轻 60%，转子惯量减到直流伺服电动机的 1/5。它与异步电动机相比，由于采用了永磁铁励磁，消除了励磁损耗及有关的杂散损耗，因此效率高。又因为没有电磁式同步电动机所需的集电环和电刷等，其机械可靠性与感应（异步）电动机相同，而功率因数却大大高于异步电动机，从而使永磁同步伺服电动机的体积比异步电动机小些。这是因为在低速时，感应（异步）电动机由于功率因数低，输出同样的有功功率时，它的视在功率却要大得多，而电动机主要尺寸是据视在功率而定的。永磁同步伺服电动机外形结构如图 1-52 所示。

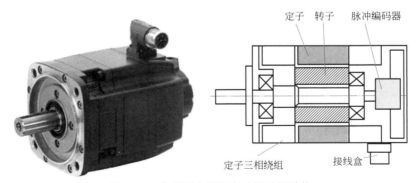

图 1-52　永磁同步伺服电动机外形结构

现在市场常见的交流伺服电动机大部分是永磁同步电动机，采用矢量控制，其定子上的绕组既是励磁绕组也是控制绕组。

对于交流伺服电动机定子三相绕组的控制和普通三相电动机区别在于，不能用单纯的励磁电还是控制电来解释，它的输入是一个由三相电合成的矢量。这些矢量是由伺服驱动器进行计算得出的，它可以分解为励磁矢量和转矩矢量，其实质也就是励磁矢量和转矩矢量的合成。其三相绕组模拟结构图如图 1-53 所示。

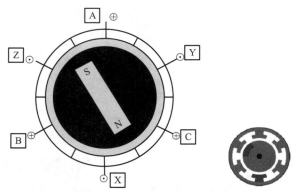

图 1-53　交流伺服电动机定子三相绕组模拟结构图

伺服电动机比普通异步电动机性能优越的地方，说简单点就是转子惯性小，保持力矩大，低速性能好。伺服电动机不必担心堵转问题，因为出现堵转问题时，伺服驱动器会报警断开输出。

永磁同步交流伺服电动机受工艺限制，很难做到很大的功率，几十千瓦以上的同步伺服电动机价格很贵，在这样的现场应用，多采用交流异步伺服电动机，或采用变频器驱动。

（1）**永磁同步伺服电动机的基本结构**　永磁同步伺服电动机的基本结构由定子和转子及位置传感器（编码器、霍尔元件）、附属的电子换向开关组成。如图 1-54 所示。

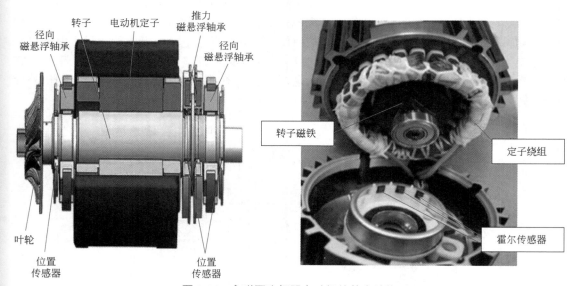

图 1-54　永磁同步伺服电动机的基本结构

在图 1-54 中永磁同步伺服电动机的定子与传统电动机类似，但是其槽数经过严格的计算，用于安放矢量控制绕组，这与传统三相电动机不同。其三相绕组沿定子铁芯对称分布，在空间互差 120° 电角度，定子由正弦波脉宽调制的电压型逆变器为其供电，当通入经矢量控制三相电流为正弦波电流时，产生旋转磁场。永磁同步伺服电动机在伺服驱动器控制下开始旋转。

需要说明的是永磁同步伺服电动机有独特的转子结构，其转子上安装有永磁体磁极。

根据永磁体安装方式的不同，又分为凸装式、嵌入式（或称表面式、内置式）等不同的转子，结构如图 1-55 所示。

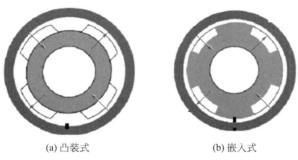

(a) 凸装式　　　　　　　　(b) 嵌入式

图 1-55　永磁体安装方式

在永磁同步伺服电动机驱动过程中，矢量变换要求知道电动机定子三相电流，实际检测时只要检测其中两相即可，另外一相可以计算出来。

电流检测可采用霍尔传感器实现，霍尔传感器检测的电流经电路放大后送到控制部分对伺服电动机进行矢量控制。

编码器是一种位置传感器，目前用得比较多的有三种不同的信号输出方式：脉冲串形式的光电编码器、模拟量形式的旋转变压器和正余弦编码器以及数据通信形式的新型编码器。编码器是一个十分易碎的精密光学器件或是一个精密的旋转件，过大的冲击力肯定会使其损坏，所以在装配和连接伺服电动机时要注意避免出轴端受冲击力。

大家需要知道的是，普通的两相和三相异步电动机正常情况下都是在对称状态下工作，不对称运行属于故障状态。而交流伺服电动机则可以靠不同程度的不对称运行来达到控制目的。这是交流伺服电动机在运行上与普通异步电动机的根本区别。

（2）永磁同步伺服电动机的工作原理　伺服电动机内部的转子是永磁铁，驱动器控制的 U/V/W 三相电形成旋转电磁场，转子在此磁场的作用下转动，同时电动机自带的编码器反馈信号给驱动器，驱动器根据反馈值与目标值进行比较，调整转子转动的角度。伺服电动机的精度决定于编码器的精度（线数）。

在控制策略上，基于电动机稳态数学模型的电压频率控制方法和开环磁通轨迹控制方法都难以达到良好的伺服特性，当前普遍应用的是基于永磁电动机动态解耦数学模型的矢量控制方法，这是现代伺服系统的核心控制方法。

矢量控制的基本思想是在三相永磁同步电动机上设法模拟直流电动机转矩控制的规律，在磁场定向坐标上，将电流矢量分量分解成产生磁通的励磁电流分量 i_d 和产生转矩的转矩电流 i_q 分量，并使两分量互相垂直，彼此独立。当给定 $i_d=0$，这时根据电动机的转矩公式可以得到转矩与主磁通和 i_q 乘积成正比。由于给定 $i_d=0$，那么主磁通就基本恒定，这样只要调节电流转矩分量 i_q 就可以像控制直流电动机一样控制永磁同步电动机。

交流伺服电动机磁场矢量控制原理如下：为了得到电动机转子的位置、电动机转速、电流大小等信息作为反馈，首先需要采集电动机相电流，对其进行一系列的数学变换和估算算法后得到解耦了的用于控制的反馈量。然后，根据反馈量与目标值的误差进行动态调节，最终输出三相正弦波驱动交流伺服电动机旋转。

交流伺服电动机磁场矢量控制中需要测量的量为定子电流和转子位置。

（3）交流永磁同步伺服电动机磁场矢量控制方式

● $i_d=0$ 控制。

定子电流中只有交轴分量，且定子磁动势空间矢量与永磁体磁场空间矢量正交，电动机的输出转矩与定子电流成正比。

其性能类似于直流电动机，控制系统简单，转矩性能好，可以获得很宽的调速范围，适用于高性能的数控机床、机器人等场合。电动机运行功率因数低，电动机和逆变器容量不能充分利用。

● $\cos\varphi=1$ 控制。控制交、直轴直流分量，保持 PMSM 的功率因数为 1，在 $\cos\varphi=1$ 条件下，电动机的电磁转矩随电流的增加呈现先增加后减小的趋势。

可以充分利用逆变器的容量。不足之处在于能够输出的最大转矩较小。

● 最大转矩 / 电流比控制。也称为单位电流输出最大转矩的控制（最优转矩控制）。

它是凸极 PMSM 用得较多的一种电流控制策略。当输出转矩一定时，逆变器输出电流最小，可以减小电动机的铜耗。

（4）交流永磁同步伺服电动机 PWM 控制开关　交流永磁同步伺服电动机 PWM 控制开关由三组六个开关（S_A, $\overline{S}_A$, S_B, $\overline{S}_B$, S_C, $\overline{S}_C$）组成。由于 S_A 与 $\overline{S}_A$、S_B 与 $\overline{S}_B$、S_C 与 $\overline{S}_C$ 之间互为反向，即一个接通，另一个断开，因此三组开关有 $2^3=8$ 种可能的开关组合。如图 1-56 所示。

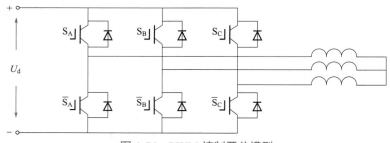

图 1-56　PWM 控制开关模型

逆变器 7 种不同电压状态如表 1-3 所示。若规定三相负载的某一相与"+"极接通时，该相的开关状态为"1"态，与"-"极接通时，为"0"态，则 8 种可能的开关组合如表 1-3 所示，其中电压状态"1"～"6"，零电压关状态"0"和"7"。

表 1-3　逆变器 7 种不同电压状态

状态	0	1	2	3	4	5	6	7
S_A	0	1	0	1	0	1	0	1
S_B	0	0	1	1	0	0	1	1
S_C	0	0	0	0	1	1	1	1

（5）交流永磁同步伺服电动机矢量控制原理　如图 1-57 所示。

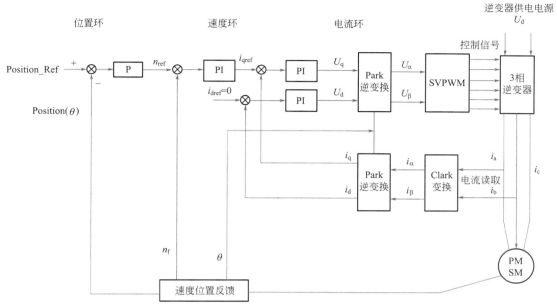

图 1-57　交流永磁同步伺服电动机矢量控制原理

❶ 图中电流传感器测量出定子绕组电流 i_a、i_b 作为 Clark 变换的输入，i_c 可由三相电流对称关系 $i_a+i_b+i_c=0$ 求出。

❷ Clark 变换的输出 i_α、i_β，与由编码器测出的转角 θ 作为 Park 变换的输入，其输出 i_d 与 i_q 作为电流反馈量与指令电流 i_{dref} 及 i_{qref} 比较，产生的误差在力矩回路中经 PI 运算后输出电压值 U_d，U_q。

❸ 再经逆 Park 逆变换将这 U_d，U_q 变换成坐标系中的电压 U_α，U_β。

❹ SVPWM 算法将 U_α，U_β 转换成逆变器中六个功放管的开关控制信号以产生三相定子绕组电流，形成交流伺服同步电动机的矢量控制的旋转磁场。

Position_Ref 是位置设定值，Position（θ）是电动机的当前位置，可以通过电动机编码器得知，位置控制可以分为电角度位置控制和机械角度位置控制。

将得到的当前位置 Position（θ）和位置设定值 Position_Ref 计算误差值代入 P 环，输出作为速度环的输入 n_{ref}，实现位置、速度、电流三闭环控制。

（6）永磁同步伺服电动机（PMSM）驱动器基本原理

❶ 交流永磁伺服系统的基本组成单元。交流永磁同步伺服驱动器主要由伺服控制单元、功率驱动单元、通信接口单元、伺服电动机及相应的反馈检测器件组成，其组成单元如图 1-58 所示。其中伺服控制单元包括位置控制器、速度控制器、转矩和电流控制器等。

目前主流的伺服驱动器均采用数字信号处理器（DSP）作为控制核心，其优点是可以实现比较复杂的控制算法，使驱动控制数字化、网络化和智能化。功率器件普遍采用以智能功率模块（IPM）为核心设计的驱动电路，IPM 内部集成了驱动电路，同时具有过电压、过电流、过热、欠压等故障检测保护电路，在主回路中还加入软启动电路，以减小启动过程对驱动器的冲击。

伺服驱动器大体可以划分为功能比较独立的功率板和控制板两个模块。如图 1-59 所示功率板（驱动板）是强电部，分其中包括两个单元，一是功率驱动单元 IPM，用于电动机的驱动；二是开关电源单元，为整个系统提供数字和模拟电源。

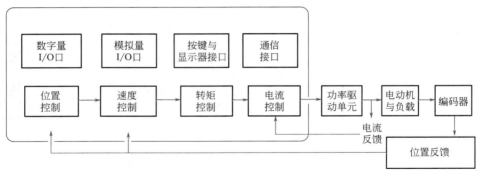

图 1-58　交流永磁同步伺服驱动器组成单元

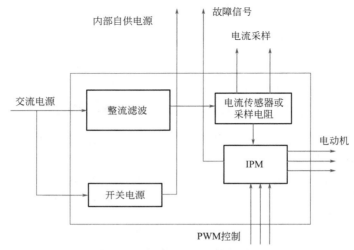

图 1-59　伺服驱动器功率板单元

　　控制板是弱电部分，是电动机的控制核心，也是伺服驱动器技术核心控制算法的运行载体。控制板通过相应的算法输出 PWM 信号，作为驱动电路的驱动信号，来改逆变器的输出功率，以达到控制三相永磁式同步交流伺服电动机的目的。

　　❷ 功率驱动单元。功率驱动单元首先通过三相全桥整流电路对输入的三相电或者市电进行整流，得到相应的直流电。经过整流好的三相电或市电，再通过三相正弦 PWM 电压型逆变器变频来驱动三相永磁式同步交流伺服电动机。功率驱动单元的整个过程简单地说就是 AC-DC-AC 的过程。整流单元（AC-DC）主要的拓扑电路是三相全桥整流电路。逆变部分（DC-AC）采用功率器件集驱动电路，保护电路和功率开关于一体的智能功率模块（IPM），利用了脉宽调制技术（即 PWM）通过改变功率晶体管交替导通的时间来改变逆变器输出波形的频率，改变每半周期内晶体管的通断时间比，也就是说通过改变脉冲宽度来改变逆变器输出电压幅值的大小以达到调节功率的目的。三相逆变电路如图 1-60 所示。

　　图 1-60 中 $VT_1 \sim VT_6$ 是六个功率开关管，S_1、S_2、S_3 分别代表 3 个桥臂。对各桥臂的开关状态做以下规定：当上桥臂开关管"开"状态时（此时下桥臂开关管必然是"关"状态），开关状态为 1；当下桥臂开关管"开"状态时（此时上桥臂开关管必然是"关"状态），开关状态为 0。三个桥臂只有"0"和"1"两种状态，因此 S_1、S_2、S_3 形成 000、001、010、011、100、101、110、111 共八种开关管模式，其中 000 和 111 开关模式使逆变输出电压为

零，所以称这种开关模式为零状态。输出的线电压为 U_{AB}、U_{BC}、U_{CA}，相电压为 U_A、U_B、U_C，其中 U_{DC} 为直流电源电压（总线电压），根据以上分析可得到表 1-4 的总结。

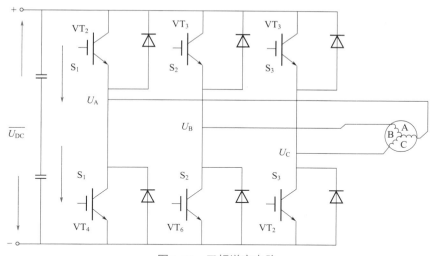

图 1-60　三相逆变电路

表 1-4　三相逆变电路分析

S_1	S_2	S_3	U_A	U_B	U_C	U_{AB}	U_{BC}	U_{CA}
0	0	0	0	0	0	0	0	0
1	0	0	$2U_{DC}/3$	$-U_{DC}/3$	$-U_{DC}/3$	U_{DC}	0	$-U_{DC}$
1	1	0	$U_{DC}/3$	$U_{DC}/3$	$-2U_{DC}/3$	0	U_{DC}	$-U_{DC}$
0	1	0	$-U_{DC}/3$	$2U_{DC}/3$	$-U_{DC}/3$	$-U_{DC}$	U_{DC}	0
0	1	1	$-2U_{DC}/3$	$U_{DC}/3$	$U_{DC}/3$	$-U_{DC}$	0	U_{DC}
0	0	1	$-U_{DC}/3$	$-U_{DC}/3$	$2U_{DC}/3$	0	$-U_{DC}$	U_{DC}
1	0	1	$U_{DC}/3$	$-2U_{DC}/3$	$U_{DC}/3$	U_{DC}	$-U_{DC}$	0
1	1	1	0	0	0	0	0	0

❸ 控制单元。　控制单元是整个交流伺服系统的核心，实现系统位置控制、速度控制、转矩和电流控制器。所采用的数字信号处理器（DSP）除具有快速的数据处理能力外，还集成了丰富的用于电动机控制的专用集成电路，如 A/D 转换器、PWM 发生器、定时 / 计数器电路、异步通信电路、CAN 总线收发器以及高速的可编程静态 RAM 和大容量的程序存储器等。伺服驱动器通过采用磁场定向的控制原理（FOC）和坐标变换，实现矢量控制（VC），同时结合正弦波脉宽调制（SPWM）控制模式对电动机进行控制。永磁同步电动机的矢量控制一般通过检测或估计电动机转子磁通的位置及幅值来控制定子电流或电压，这样，电动机的转矩便只和磁通、电流有关，与直流电动机的控制方法相似，可以得到很高的控制性能。对于永磁同步电动机，转子磁通位置与转子机械位置相同，这样通过检测转子的实际位置就可以得知电动机转子的磁通位置，从而使永磁同步电动机的矢量控制比起异步电动机的矢量

控制有所简化。

伺服驱动器控制交流永磁伺服电动机可分别工作在电流（转矩）、速度、位置控制方式下。

系统的总体控制结构框图如图 1-61 所示。原理如前述交流同步伺服电动机矢量控制。

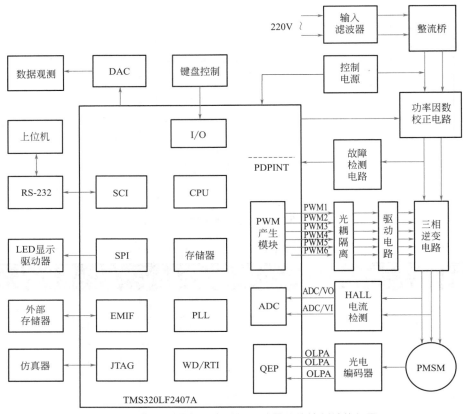

图 1-61　永磁同步伺服电动机驱动器总体控制结构框图

四、直线电动机

用旋转的电动机驱动的机器的一些部件也要做直线运动，如用旋转的电动机驱动的交通工具（比如电动机车和城市中的电车等）需要做直线运动，这就需要增加把旋转运动变为直线运动的一套装置，能不能直接运用直线运动的电动机来驱动，从而省去这套装置？人们就提出了这个问题，现在已制成了直线运动的电动机，即直线电动机。

1. 认识直线电动机

直线电动机是一种将电能直接转换成直线运动机械能而不需通过中间任何转换装置的新颖电动机，它具有系统结构简单、磨损少、噪声低、组合性强、维护方便等优点。旋转电动机所具有的品种，直线电动机几乎都有相对应的品种。

直线电动机也称线性电动机、线性马达。最常用的直线电动机类型是平板式、U 形槽式和管式。线圈的典型组成是三相，用霍尔元件实现无刷换相。图 1-62 为常用的直线电动机外形和典型结构。

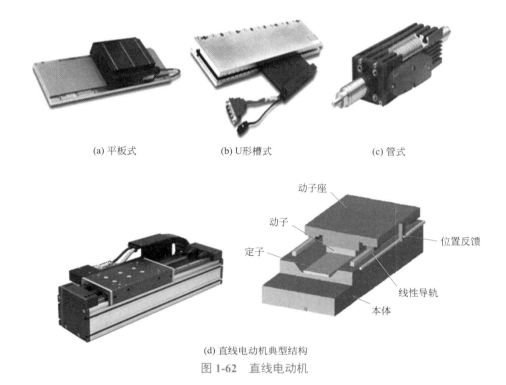

(a) 平板式　　　　　　　　　(b) U形槽式　　　　　　　　　(c) 管式

(d) 直线电动机典型结构

图 1-62　直线电动机

2. 直线电动机的工作原理

直线电动机是一种将电能直接转换成直线运动机械能的设备，它不需要任何中间转换机构的传动装置。它可看成是一台旋转电动机按径向剖开，并展成平面而成。对应旋转电动机定子的部分叫初级，对应转子的部分叫次级。在初级绕组中通多相交流电，便产生一个平移交变磁场。在交变磁场与次级永磁体的作用下产生驱动力，从而便于运作部件的直线运动。如图 1-63 所示。

(a) 旋转电动机模型　　　　　　　　　　　　　　　　　　(b) 直线电动机模型

图 1-63　直线电动机结构图

旋转电动机和直线电动机基本工作原理如图 1-64 所示。

与旋转电动机相似。在直线电动机的三相绕组中通入三相对称正弦电流后，也会产生气隙磁场。这个气隙磁场的分布情况与旋转电动机相似，即可看成沿展开的直线方向呈正弦形分布。

三相电流随时间变化时，气隙磁场将按 A、B、C 相序沿直线移动。这个原理与旋转电动机的相似。差异是：这个磁场平移，而不是旋转，因此称为行波磁场，如图 1-64（b）所示。

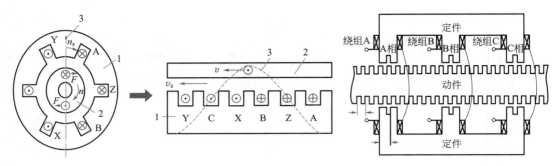

1—定子；2—转子；3—磁场方向   1—初级；2—次级；3—行波磁场

(a) 旋转感应电动机   (b) 直线感应电动机   (c) 直线电动机三相绕组分布图

图 1-64　旋转电动机和直线电动机基本工作原理

工作原理：当初级绕组通入交流电时，便在气隙中产生行波磁场，次级在行波磁场切割下，将感应出电动势并产生电流，该电流与气隙中的磁场相作用就产生电磁推力。如果初级固定，则次级在推力作用下做直线运动；反之，则初级做直线运动。

直线电动机的次级大多采用整块金属板或复合金属板，并不存在明显导条。可看成无限多导条并列安置进行分析。图 1-65 为假想导条中的感应电流及金属板内电流的分布情况。

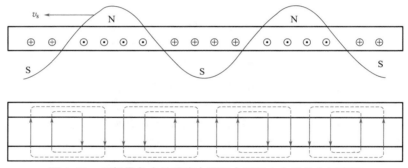

图 1-65　假想导条中的感应电流及金属板内电流分布示意图

直线电动机次级的两种结构类型：栅型结构和实心结构。

栅型结构相当于旋转电动机的笼型结构。次级铁芯上开槽，槽中放置导条，并在两端用端部导条连接所有槽中导条。

实心结构采用整块均匀的金属材料，又可分为非磁性次级和钢次级。

从电动机的性能来说，采用栅型结构时，效率和功率因数最高，非磁性次级次之，钢次级最差。

从成本来说，相反。

旋转电动机通过对换任意两相的电源线，可以实现反向旋转。直线电动机也可以通过同样的方法实现反向运动。根据这一原理，可使直线电动机做往复直线运动。

3. 直线电动机的分类与结构

直线电动机主要有扁平型、圆筒型和圈盘型 3 种类型，其中扁平型应用最为广泛。

（1）扁平型　扁平型电动机可以看作是由普通的旋转异步电动机直接演变而来的。图 1-66（a）表示一台旋转电动机，设想将它沿径向剖开，并将定、转子圆周展成直线，如图 1-66（b）所示，这就得到了最简单的平板型直线电动机。在旋转电动机中转子是绕轴做旋转运动的，如箭头线；在直线电动机中动子是做直线移动的，见箭头线。

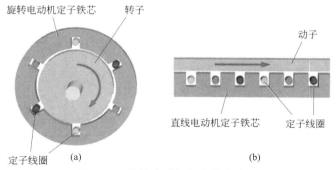

图 1-66　旋转电动机与直线电动机

对应于旋转电动机定子的一边嵌有三相绕组，称为初级（定子）；对应于旋转电动机转子的一边称为次级（动子）。直线电动机的运动方式可以是固定初级，让次级运动，此称为动次级；相反，也可以固定次级而让初级运动，则称为动初级。

显然初级与次级长度相同是不能正常运行的，实际扁平型直线电动机初级长度和动子长度并不相等，如图 1-67 所示。

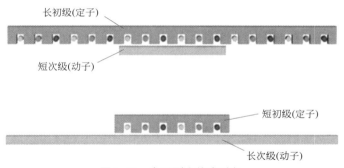

图 1-67　扁平型直线电动机

为了抵消定子磁场对动子的单边磁吸力，扁平型直线电动机通常采用双边结构，即用两个定子将动子夹在中间的结构形式。如图 1-68 所示。

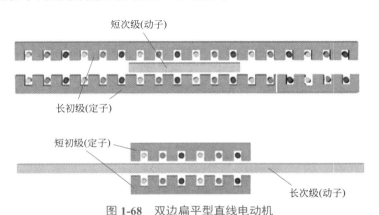

图 1-68　双边扁平型直线电动机

扁平型直线电动机的一次侧铁芯由硅钢片叠成，与二次侧相对的一面开有槽，槽中放置绕组。绕组可以是单相、两相、三相或多相的。二次侧有两种结构类型：一种是栅型结构，另一种是实心结构，采用整块均匀的金属材料，可分为非磁性二次侧和钢二次侧。非磁性二次侧的导电性能好，一般为铜或铝。

（2）圆筒型　圆筒型直线电动机也称为管型直线电动机，把平板型直线电动机沿着直线运动相垂直的方向卷成筒形，就形成了圆筒型直线电动机，如图 1-69 所示。

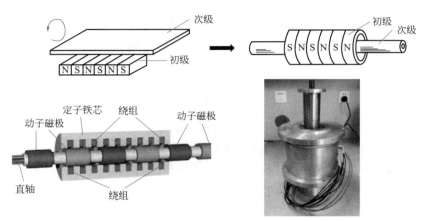

图 1-69　圆筒型直线电动机

旋转直线的运动体可以是一次侧，也可以是二次侧。圆筒型直线电动机动子多采用厚壁钢管，在管外壁覆盖铜管或铝管。如果动子由永磁材料制作就组成直线同步电动机。

（3）圆盘型　圆盘型直线电动机的次级（转子）做成扁平的圆盘形状，能围绕通过圆心的轴自由转动：将两个初级放在圆盘靠外边缘的平面上，使圆盘受切向力作旋转运动。由于其运行原理和设计方法与平板型直线电动机相同，故仍属直线电动机。

圆盘型直线电动机如图 1-70 所示，它的次级侧做成扁平的圆盘形状，能绕通过圆心的轴自由转动：将初级侧放在次级侧圆盘靠外边缘的平面上，使圆盘受切向力作旋转运动。但其运行原理和设计方法与扁平型直线电动机相同，故仍属直线电动机范畴。与普通旋转电动机相比，转矩与旋转速度可以通过初级侧在圆盘上的径向位置来调节。另外无需经过齿轮减速箱就能得到较低的转速，因而电动机的振动和噪声很小。

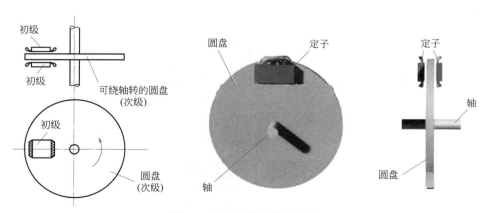

图 1-70　圆盘型直线电动机

此外，直线电动机还有弧形结构。所谓弧形结构，就是将扁平形直线电动机的初级沿运动方向改成弧形，并安放于圆柱形次级的柱面外侧，如图 1-71 所示。

图 1-71　弧形直线电动机

4. 直线电动机伺服驱动控制

直线电动机的动子和工作台连接成为一个整体，中间没有任何传动环节，这种零传动方式最适合采用闭环控制，其伺服驱动控制和交流永磁伺服电动机控制原理基本相同。

在直线电动机控制系统中，要实现对直线位移的精确控制，必须利用高精度的检测装置完成反馈，并将检测结果转换成数字信号传输给微处理器，在直线电动机的位置检测和控制中一般使用高精度的光栅尺来完成此任务（这也是直线电动机驱动和其他伺服电动机检测信号源不同之处）。

如图 1-72 所示是使用直线电动机驱动的线切割机光栅尺安装示意图。

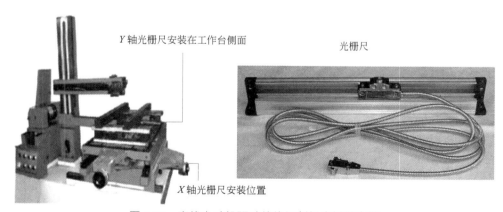

图 1-72　直线电动机驱动的线切割机光栅尺安装

在线切割机的 X 轴和 Y 轴切割过程中，直线电动机的伺服控制系统是一个闭环系统，在直线电动机运动时，光栅传感器不断检测直线电动机的位移，产生的正交编码脉冲信号作为位置反馈输入到 DSP 控制器中，DSP 控制器将直线电动机预定位移 S 和检测到的当前位移进行比较，由 PID 算法来给出相应的电压信号到功率放大器以驱动直线电动机运动完成线切割动作。

其框图如图 1-73 所示，在直线电动机控制过程中，需要实现直线电动机的精确定位和一定范围响应频率，这就需要光栅尺对移动量的精确测量。

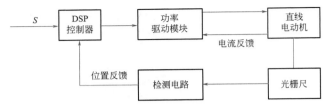

图 1-73　直线电动机的闭环控制框图

图 1-74 是上述线切割机采用 TMS320F2812 DSP 芯片控制直线电动机系统框图，在该电路中直线感应电动机位置伺服控制系统主要由功率电路部分、数字控制系统及辅助电路组成。功率电路部分包括整流电路、滤波电路、逆变电路、能耗制动电路以及保护电路。数字控制系统由 TMS320F2812 芯片及其外围电路组成，用来完成矢量控制核心算法、SVPWM 产生、相关电压电流，位置信号的处理等功能。辅助电路由辅助开关电源、电流传感器、位置传感器组成，主要负责给系统提供多路直流电源，完成电动机初级电流检测、次级位置检测等功能。

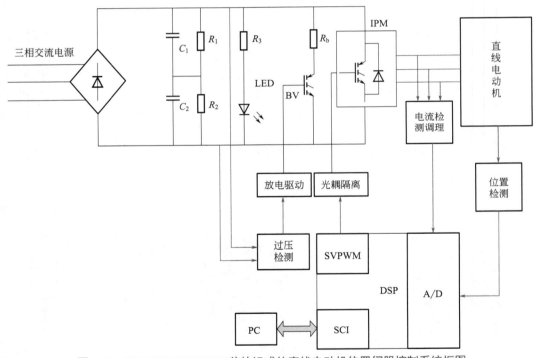

图 1-74　TMS320F2812 DSP 芯片组成的直线电动机位置伺服控制系统框图

位置检测装置作为控制系统的重要组成部分，其作用就是检测位移量，并发出反馈信号与系统装置发出的指令信号相比较，若有偏差，经放大后控制执行部件使其向着消除偏差的方向运动，直至偏差等于零为止。为了提高控制系统的加工精度，必须提高检测元件和检测系统的精度。因此直线电动机控制系统采用高精度光栅尺作为反馈环节的位置测量元件。

5. 直线电动机的应用

直线电动机主要应用于三个方面：应用于自动控制系统，这类应用场合比较多；作为长期连续运行的驱动电动机；应用在需要短时间、短距离内提供巨大的直线运动能的装置中。

实际应用领域如图 1-75 所示。

(a) 高精度平板型铝挤底座直线电动机

(b) 激光切割直线电动机

(c) 激光焊接-龙门单驱系统

(d) 手机屏幕和按键寿命检测设备

(e) 相机、光源、CCD检测

(f) 卷绕设备

图 1-75   直线电动机实际应用领域

第二章

伺服驱动系统及控制电路

第一节　典型伺服系统的结构组成

伺服控制器按照数控系统的给定值和通过反馈装置检测的实际运行值的差，调节控制量；伺服电动机常见的控制方式有单片机控制（DSP 控制）、PLC 控制、PC 机 + 运动控制卡（运动控制器控制）等。

PLC 适用于工厂等环境比较恶劣的场所，而且 PLC 大部分用于运动过程比较简单、轨迹固定的工况。

运动控制卡是一种基于 PC 机更加柔性、更加开放的控制方式，PC 机负责人机交互界面的管理和实时监控，而运动的所有细节都由运动控制卡来实现，充分地将两者结合起来——PC 机强大的数据处理功能、运动控制卡对电动机的精确控制，大大提高了系统的可靠性和准确性，而且运动控制卡二次开发很方便，因此运动控制卡得到越来越广泛的应用。

简单来说，我们需要手动控制伺服电动机选择伺服驱动器就可以了，但对于常用的自动控制，我们要根据情况选择运动控制卡或 PLC。而在自动控制过程中运动控制卡与 PLC 都是控制器，主要负责工业自动化系统中运动轴控制、输入输出信号控制。

PLC 其实就是高可靠的可重复编程的以单片机或者 DSP 为核心控制系统。

运动控制卡其实是利用 PC 强大的功能并利用 FPGA+DSP / ARM + DSP 芯片的功能实现高精度的运动控制。

究其根本，PLC 和运动控制卡都是 DSP 芯片控制的不同形式的产品代表。PLC 和运动控制卡对伺服系统控制如图 2-1 所示。

一、运动控制卡伺服驱动系统

基于 PC 界面，由于 PC 机的强大功能，因此与其一起组成的运动控制功能最强。运动控制卡通过 PCI 插槽将控制卡插在 PC 的主机上；利用高级编程语言 C++、VB、VB.net 等编程语言进行开发；编程中使用运动控制卡厂商提供的控制卡 API 接口函数，来实现对控制卡资源的使用；运动控制卡通过发送脉冲的方式控制伺服或步进驱动器来控制伺服电动机或步进电动机，通过读取输入信号、控制输出信号来实现对继电器、传感器、气缸等 I/O 的控制。

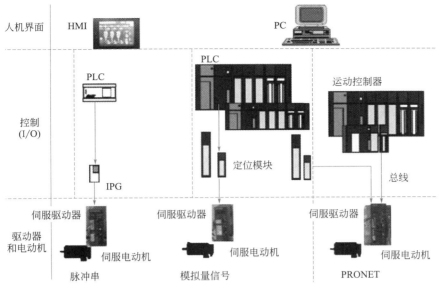

图 2-1　PLC 和运动控制卡对伺服系统控制

运动控制卡主要的优势是：利用 PC 强大的功能，比如 CAD 功能、机器视觉功能、软件高级编程等，利用 FPGA+DSP / ARM +DSP 芯片的功能实现高精度的运动控制（多轴直线、圆弧插补等，运动跟随，PWM 控制等）。

二、PLC 伺服驱动系统

PLC（可编程逻辑控制器）主要功能是对开关量进行逻辑控制，并有简单的运动控制（直线轨迹控制）、运算、数据处理等功能，通常采用触摸屏作人机界面，具有工作可靠、编程简单等优点，但其运动控制功能相对简单。

PLC 的应用过程中主要通过 PLC+HMI，这就导致可视化界面受到极大的限制，实际应用过程中最大的问题就是不能实现导图功能；现在由于机器视觉大力地发展与应用，PLC 与机器视觉的结合难度很大；目前有部分厂商给 PLC 提供一种机器视觉方案，独立的 PC 机处理视觉部分，将处理的结果发送给 PLC，PLC 来应用所接收数据进行操作。这种方式提高了开发成本，一套控制系统需要两套软件来执行。

第二节　单芯片高精度运动控制系统

一、单芯片速率伺服控制系统

2003 年美国 IR 公司推出单芯片速率伺服控制系统，它内部包括电动机矢量 FOC 控制器、电流 PI 控制器、速度 PI 控制器、SVPWM 调制器、传感器接口、SPI 和并行通信接口等。IR 公司推出的单芯片速率伺服控制系统的最重要特点是，允许用户对上百种参数进行实时的和初始化给定。该技术在一片 FPGA 中实现了 FOC 控制器、电流 PI 控制器、速度 PI 控制器、位置 PID 控制器、速度前馈控制器、IIR 滤波器、SVPWM 调制器、梯形速度轨迹生成器、位置指令处理器、监控与保护环节、通信模块、寄存器堆等所有伺服控制模块，并且在内部集成了 CPU，可以完成键盘、显示及外部通信控制，为真正的数字可编程片上系统（SOPC）。由于所有控制算法均用硬件实现，因此伺服控制器可以达到相当高的性能，其电流环与速度环采样频率均可达到 20kHz，位置环采样频率可达 10kHz 以上，频率指标主要由芯片本身性能限制。

通过上位机可以访问所有内部寄存器，能实现各种控制目的。所有参数可以进行在线修改，包括开关频率、死区时间、调节器参数、滤波器参数等。其适应于 PMSM、IM、BLDCM 等不同电动机的驱动控制，并兼容霍尔传感器、增量式/绝对式码盘、磁编码器、旋转编码器等各类传感器接口信号，可以接收脉冲指令、模拟指令以及数字指令等各种输入信号，并可通过上位机或控制面板完成所有操作功能，具有控制器识别码接口，易于实现多轴控制。这种单片控制器大大减小了系统体积，提高了抗干扰性，加上完善的保护措施，保证了系统运行的可靠性。单芯片高精度运动控制系统如图 2-2 所示。

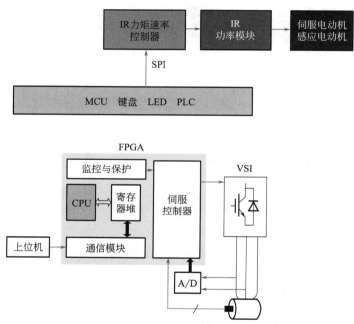

图 2-2　单芯片高精度运动控制系统框图

二、基于 PIC18F4520 单片机和 IR MCK201 芯片控制伺服驱动系统

基于 PIC18F4520 单片机和 IR MCK201 芯片控制伺服驱动系统结构简图如图 2-3 所示。

1. PIC18F4520 单片机

目前市面上单片机种类繁多，使用较广的主要有美国 Intel 公司开发和生产的 MCS-51 系列；美国 Microchip 公司推出的 PIC 系列；由 ATMEL 公司研发出的 AVR 系列单片机。其中 PIC 系列单片机首先采用了 RISC 结构的嵌入式微控制器，其低电压、低功耗、高速度、大电流 LCD 驱动能力和低价位 OTP 技术等都体现出当代单片机发展的新趋势。由于引入了双总线和两级指令流水结构，使得 PIC 系列单片机具有指令少、执行速度快、外围配置简单、具有较强的抗干扰性等优点。

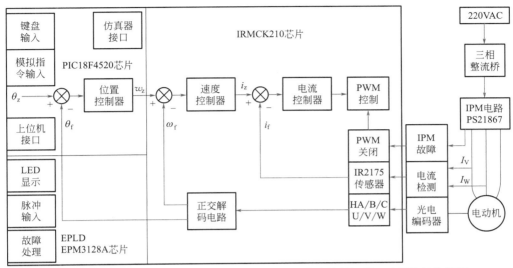

图 2-3　基于 **PIC18F4520** 单片机和 **IR MCK201** 芯片控制伺服驱动系统结构简图

PIC18F4520 是 Microchip 公司推出的一种新型处理器，有高达 2MB 的程序存储器、4KB 的数据存储器、10M IPS 的执行速度、10MHz 带锁相有源晶振时钟输入。芯片外接10MHz 的晶振，经内部锁相环倍频，最高时钟频率可达 40MHz（25ns）。PIC18F4520 单片机运算能力虽然不如 DSP，但因其主要是做位置运算和 IRMCK201 的初始化的配置，运算量不太大，PIC 单片机完全能满足要求。PIC18F4520 单片机处理器外形如图 2-4 所示。

图 2-4　**PIC18F4520** 单片机处理器外形

Microchip 公司的 PIC18F4520 单片机仅有 35 条单字节指令，采用 10 位 8 通道 A/D 转换 40 引脚增强型闪存，抗干扰能力强。

PIC18F4520 单片机相比 DSP 价格便宜得多，所以选择 PIC 单片机作核心单元。以PIC18F4520 和 IR MCK201 为核心的全数字控制器硬件结构如图 2-3 所示。

PIC18F4520 单片机只需外接晶振和复位电路即可工作，它实现的功能主要包括接收键盘输入、接收模拟指令输入、接收上位机信号输入、接收位置反馈信号进行位置控制功能。

2. EPM3128A（EPLD）芯片扩展接口

EPM3128A 灵活的可编程功能在很大程度上节省了硬件空间，为系统的开放性设计带来了便利。系统利用 EPM3128A 来完成显示电路、串行外设的分时管理、位置指令脉冲信号的处理以及故障信号的处理。EPM3128A（EPLD）芯片外形如图 2-5 所示。

图 2-5　EPM3128A（EPLD）芯片外形

其实现的主要功能包括：

（1）**显示电路与串行外设的分时管理**　驱动器面板上有 6 个 LED 数码管显示器，用来显示系统各种状态值及参数。对输入脉冲的计数、IRMCK201 内部寄存器的配置、数据显示位及所显示的数据，它们复用 SPI 控制及数据总路线端口，由 EPM3128A 译码完成分时控制。

（2）**位置指令脉冲信号的处理**　在该伺服驱动系统中，位置脉冲输入采用两种形式：

❶ 脉冲 + 方向；

❷ 正、负脉冲计数。根据位置指令脉冲输入的形式，经 EPM3128A 快速的增减计数后（能采样到的最高脉冲频率可达 500kHz），送给 PIC 单片机完成可逆计数。为了能准确地传送脉冲量数据，采用差分驱动输入，差分输入电路如图 2-6 所示。

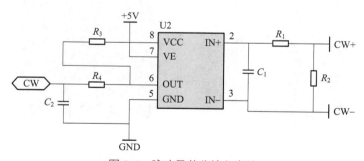

图 2-6　脉冲量差分输入电路

（3）**故障处理**　检测保护电路：因存在频率波动太大、负载过重和传动受阻等产生过压或过流的原因，所以为使系统连续稳定运行，设计了保护电路。当电压或电流超过允许的范围时，应立即关闭输出信号，并同时报警。系统实时采样控制母线电压或电流值，经过比例换算后的信号与参考信号做比较，产生高电平信号，进入到 EPM3128A 芯片进行编码，产生相应的控制信号，CPU 一旦检测到 EPM3128A 的相应端口电平为高时，立即封锁相关的控制信号输出。

三、基于 FPGA 技术的伺服驱动控制 IRMCK201 芯片

国际整流器件公司（IR）针对高性能交流伺服驱动的需求设计出了基于 FPGA 技术的完整的伺服驱动控制解决方案 IRMCK201 芯片。与传统的运动控制专用 DSP 芯片不同的是，IRMCK201 不仅包含运动控制的外围功能，如 PWM、编码计数电路、电流传感接口等，而且也包含通过硬件实现的 FOC 算法和速度控制算法，从而省略了编程任务，简化了高性能交流伺服系统的设计，此外它还适用于不同类型的永磁电动机或感应电动机，因而被广泛地应用。

图 2-7 为 IRMCK201 芯片外形。

1. IRMCK201 内部功能结构

图 2-8 为 IRMCK201 内部详细控制结构图。从图中可以看出，作为运动控制芯片，IRMCK201 在硬件上具备了伺服控制所必需的控制单元，如带死区时间设置的空间矢量 PWM、PARK 变换和 Clark 变换、电流环 PI 调节器、速度环 PI 调节器、速度测量单元等，这样用户就省去了编写代码的任务，简化了复杂的设计过程。

图 2-7　IRMCK201 芯片外形

IRMCK201 通过硬件逻辑实现伺服控制功能，芯片的接口可以灵活配置，因而为了实现不同的控制算法，可以通过接口对 IRMCK201 进行参数设置。以矢量控制的感应电动机为例，在内部控制结构中有一个前馈滑模增益路径，可以通过设置相关寄存器来实现这种控制功能。也就是说，上位机仅需将"1"或"0"写入相关寄存器中，就可使用该控制功能。

IRMCK201 也支持其他结构，如除 IR2175 外的电流传感器接口芯片、电流控制中的前馈增益路径使能 / 禁止、闭环速度控制的使能 / 禁止以及速度给定值的选择等。也就是说采用 IRMCK201 配置伺服系统，只需了解它内部的功能模块和寄存器的情况，并通过上位机对它的寄存器进行配置，即可迅速实现各种功能。例如，要为逆变器设置一个开关频率为 10kHz 的 PWM 驱动信号，用户不需要编写程序代码来实现这个 PWM 信号的算法，只需要对相关寄存器赋值即可。

IRMCK201 主机通信接口包括 RS-232/RS-485/RS-422、快速 SPI 接口和 8 位并行接口。因此它可以方便与主机或控制器进行通信，修改和读取其主控寄存器来控制输出。IRMCK201 也可以独立运行而不需要外部主机参与控制，其运行参数通过外部 EEPROM 来保存，上电时自动从 EEPROM 中读取参数。

现以具有电流环和速度环的永磁无刷电动机控制系统为例，分析系统的结构。

通过配置相关寄存器使能速度闭环控制。对于电流环，由电流传感器 IR2175 采样电动机 V 相和 W 相绕组电流，经过 IRMCK201 内部计算可以得到 U 相电流，与 V 相和 W 相电流一起组成三相电流，通过 Park 变换与矢量旋转被分解为产生磁通的励磁电流分量和产生转矩的转矩电流分量，这两个直流量具有独立的比例积分调节器。对于速度环，由光电编码信号通过 IRMCK201 内部测速单元得到速度反馈，它与速度给定值相互比较产生速度偏差。这个偏差经过速度 PI 调节器产生一个对应的转矩电流 I_q，当采用 I_d=0 控制时，I_d、I_q 即是内部电流环的给定值，它们与实际反馈电流比较产生电流偏差。电流偏差经过电流环 PI 调节以后产生输出电压 U_{s-q} 和 U_{s-d}，在旋转坐标系 d、q，电压 U_{s-q} 和 U_{s-d} 被反变换成静止坐标系下的电压分量，然后经过空间矢量 PWM 计算后，给逆变器的功率模块发出合适的开关信号，控制功率模块开关工作。

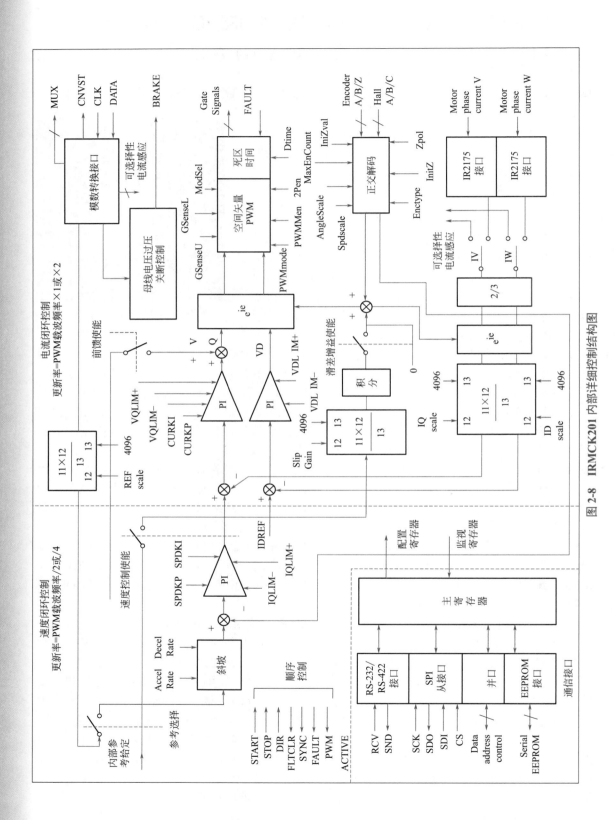

图 2-8 IRMCK201 内部详细控制结构图

2. IRMCK201 输入输出接口

如图 2-9 所示，IRMCK201 输入输出接口主要包括主机通信接口、PWM 门极信号接口、正交编码器接口、主机通信接口、A/D 接口、串行 EEPROM 接口、锁相环和系统时钟接口、控制输入和状态指示接口、电流传感器 IR2175 接口。

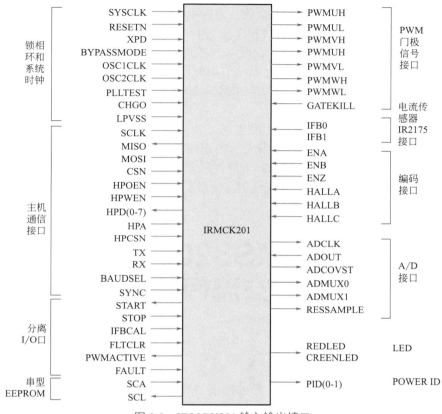

图 2-9　IRMCK201 输入输出接口

❶ PWM 门极信号接口。IRMCK201 提供 6 路 SVPWM 输出，通过光耦与三相桥驱动芯片 IR2136 进行连接来驱动 MOSFET 或 IGBT，也可以直接与智能功率模块 (IPM) 的 6 个驱动信号接口相连。同时还提供驱动故障反馈接口。

❷ 主机通信接口。IRMCK201 提供了多种与外部主机通信的方式。主机可以通过 RS-232/RS-422、SPI 接口或 8 位并行接口来配置和监控系统的运行。RS-232/RS-422 通信方式可以根据通信距离进行选择。

RS-232 接口通过 MAX232 进行电平转换，它允许 PC 直接对其进行寄存器的配置修改及状态读取，通信波特率可以通过外部引脚来设置。SPI 接口方式中，芯片处于从方式，通信最高时钟可达 8MHz，可以实现与主机高速通信。

❸ 正交编码器接口。IRMCK201 带有光电编码器接口电路，可以方便地组成一个伺服控制系统。它可以与多种编码器接口，脉冲数为 200~10000 个 / 转，脉冲频率最高可达 1MHz。编码器接口具有相互正交的 ENA、ENB 编码信号及零点标志信号接口，同时还具有三路 HALL 信号输入接口。系统上电时可以通过 HALL 传感器及 Z 脉冲估算编码器初始值。

❹ 控制输入及状态指示接口。控制输入信号包括启动、停止、转动方向、输出使能、故障复位、主机状态等；状态指示信号包括系统故障指示、同步指示及两个双色指示灯。可以直接通过对输入引脚的操作来控制电动机的运行。

❺ 电流传感器 IR2175 接口。IR2175 线性电流传感器可以将电流信号从伺服电动机的高端驱动电路转换到低端驱动电路，以便控制电路进行处理。在伺服电动机相绕组回路中串联一个取样电阻，随着电动机相电流的变化，取样电阻两端产生一个很小的交流电压信号作为 IR2175 的输入，它的输出是频率为 130kHz、占空比随电流大小变化的 PWM 数字信号，经过电平转换，PWM 信号被转换成了以地为参考点的信号。IR2175 的输入电压变化范围为 −260 ～ +260mV，因此过载电流流过取样电阻时所产生电压应小于或等于 260mV。对于信号的处理，可将 IR2175 通过光耦直接与 IRMCK201 进行连接，再在 IRMCK201 内部进行电流计算。

❻ A/D 接口。IRMCK201 提供了直接与 ADS7818 A/D 转换器相连的接口，通过多路复用器 CD4052 可以输入四路模拟信号，分别为转速或转矩大小控制的模拟输入、直流母线电压的采样输入和其他电流传感器如 HALL 电流传感器送来的两路相电流信号。但是这里采样的相电流信号只能作为过流保护，不能作为电流环的反馈，也就是说 ADS7818 不可以取代 IR2175 对相电流进行取样。

第三节　基于 TMS320F2812 DSP 芯片的数字交流伺服驱动器

一、伺服驱动器的结构组成

数字交流伺服驱动器主要由数字信号处理器 DSP（TMS320F2812）、功率主电路、隔离驱动电路、信号检测电路、故障保护等部分组成。如图 2-10 所示。

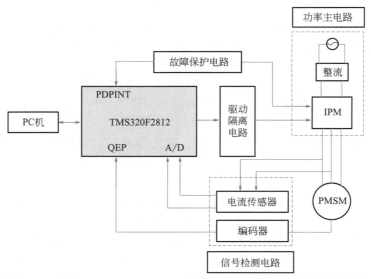

图 2-10　基于 TMS320F2812 DSP 芯片数字交流伺服驱动器结构框图

图 2-10 所示的交流永磁同步伺服驱动器系统，其硬件基于数字信号处理器 DSP（Digital Signal Processor）和智能功率模块 IPM（Intellect PowerModular），系统采用了位置反馈来改善控制性能。其工作原理：数字交流伺服驱动器的硬件由 DSP（TMS320F2812）作为信号处理器，用编码器和电流传感器进行信号检测，为系统提供反馈信号，智能功率模块 IPM 作为逆变器，经传感器出来的信号经过滤波整形等处理后反馈给 DSP 进行运算，DSP 通过对参考信号和反馈信号的处理运算后调节伺服系统的电流环、速度环和位置环的控制，最后输出的 SVPWM（Space Vector Pulse width Modulation）信号经过隔离驱动电路，驱动 IPM 模块实现对伺服系统的闭环控制。

数字交流伺服驱动器的设计既考虑了系统控制功能的实现，又充分利用了软件功能，简化控制电路结构，以提高装置的总体可靠性，并有效降低装置成本。

二、伺服驱动器主要控制电路

数字交流伺服驱动器的数字信号处理器 DSP 单元采用的是 TI 公司的 TMS320F2812 芯片。TMS320F2812 是高性能 32 位定点 DSP，采用 1.8V 的内核电压，3.3V 的外围接口电压，最高频率为 150MHz，指令周期为 6.67ns，片内有 18KB 的 RAM，128KB 高速 Flash 事件管理 EVA 和 EVB，包括通用时钟、PWM 信号发生器等。TMS320F2812 DSP 芯片外形如图 2-11 所示。

图 2-11　TMS320F2812 DSP 芯片外形

1. TMS320F2812 芯片的结构

TMS320F2812 DSP 是一种特殊用途的单片机，其结构框图如图 2-12 所示。

2. TMS320F2812 芯片的内核

TMS320F2812 DSP 内核采 Harvard 结构体系，即相互独立的数据总线，由片内程序存储器和数据存储器、运算单元、一个 32 位算术 / 逻辑单元 、一个 32 位累加器、一个 16 位乘法器和一个 16 位桶形移位器组成，体系采取串行结构，运用流水线技术加快程序的运行 ，可在一个处理周期内完成乘法加法和移位计算。外设有 A/D 转换大容量存储器、16 位和 32 位的定时器比较单元、捕获单元、PWM 波形发生器、高速异同步串行口和独立可编程复用 I/O 等组成，其中通过三个通用定时器和九个比较器的结合产生多达 12 路的 PWM 输出结合灵活的波形发生逻辑和死区发生单元能生成对称、不对称以及带有死区时间的空间矢量 PWM 波形 DSP 芯片中集成的这些功能大大简化了整个控制系统。此外，该 DSP 还具有快速的中断处理能力，及硬件寻址控制、数据指针逆序寻址等多种特有的功能，将有利于 TMS320F2812 在伺服驱动控制中的作用。

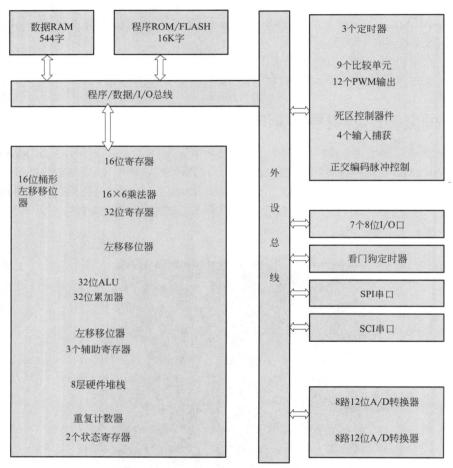

图 2-12　TMS320F2812 DSP 芯片结构框图

3. TMS320F2812 芯片在伺服驱动电动机控制系统中的应用

TMS320F2812 是典型的集成 DSP 电动机控制器，已广泛运用于三相交流感应电动机、永磁同步电动机、无刷直流电动机等全数字矢量控制的系统中，都可获得较为理想的控制效果。TMS320F2812 芯片特别适合于电动机控制，主要得力于其功能强大的事件管理器，事件管理器具有分为 10 等优先级的 40 个中断，其中的非法地址访问中断（Illegal Address）能够在程序"跑飞"的情况下复位芯片；PWM 封锁中断（PDPINT）能够在电动机控制异常的情况下封锁 PWM 输出，保证了系统故障性处理的实时性。事件管理器还提供了三个功能强大的 16 位定时器 GP TIMERx（x=1，2，3），三者可以互相独立，也可级联使用，可以多种方式产生 12 路 PWM 信号。TMS320F2812 DSP 芯片控制流程图如图 2-13 所示。

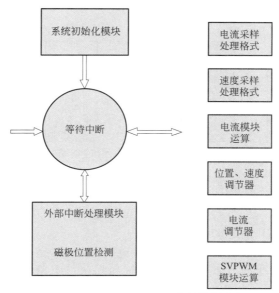

图 2-13　TMS320F2812 DSP 芯片控制流程图

4. TMS320F2812 芯片在伺服驱动电动机矢量控制系统中所起的作用

（1）接收由光学编码器输入的两相增量数字脉冲信号 A、B；

❶ 将两相信号进行四倍频；

❷ 形成位置信号；

❸ 形成速度信号；

❹ 根据两相信号边沿变化的先后次序，判别电动机旋转方向。

（2）根据光学编码器输入的信号 A、B、U、V、W 粗略确定和精确确定转子磁极轴线相对于 A 相绕组轴线的转角。

（3）速度比较，并给出转矩参数数据及作校正补偿计算。

（4）接收模拟量的实际的三相电流，并将其作数字化处理，然后作三相 / 两相变换。

（5）将电流命令信号与实际电流相比较，然后进行校正补偿处理，作三相 / 两相变换。最后确定 PWM 的脉宽系数，进而输出六路信号至功放级。

（6）接收故障信号，执行中断，首先切断主电源，并同时中断 PWM 输出，发出中断命令，同时进行故障诊断，判别并输出故障种类信号至显示电路。

三、伺服驱动器的功率驱动主电路

1. 数字交流伺服驱动器功率主电路

数字交流伺服驱动器功率主电路如图 2-14 所示。功率主电路的作用是直接驱动伺服电动机工作，主要由三相整流电路、智能功率模块 IPM、滤波电容 C、能耗制动回路等组成。三相交流电源经三相全控桥整流电路整流后，再经过滤波电容 C 滤波，将其转换为直流电，使加于逆变器桥臂电压为一恒压源。R 和 VT 组成能耗制动回路。智能功率模块 IPM 由三相6 个桥臂组成，把直流电变换成三相变压变频交流电输送到电动机。实际应用时，经电流反馈控制后，智能功率模块 IPM 输出的三相电流为近似对称的正弦交流电流，这样可使电动机获得圆形旋转磁场。

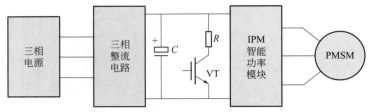

图 2-14　伺服驱动器功率主电路

2. IPM（智能功率模块 IRAMS06UP60A）驱动电路

IPM（智能功率模块）驱动电路主要完成对 DSP 芯片产生的六路 PWM 信号的功率放大，驱动内部的功率管从而实现对电动机的驱动。

IRAMS06UP60A PlugNDriveTM 集成电源模块（IPM）是 IR 公司 iMOTION 集成设计平台系列的产品，它除了将 6 个高压功率晶体管和驱动芯片 IR2136 等电路集成在一个小型绝缘封装外，还具有过热、过流、欠压和内置死区控制防止高端 IGBT（绝缘栅双极晶体管）和底端 IGBT 短路等保护功能，以确保操作安全以及系统可靠。

它还能够由一个 +15V 直流电源来提供工作电压，可以简化其在电动机驱动应用中的使用，其典型应用电路图如图 2-15 所示。

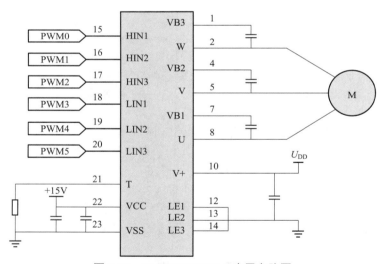

图 2-15　IRAMS06UP60A 应用电路图

IRAMS06UP60A 模块特点：

❶ 模块具有很低的电路电感，可以减小电压尖峰，在较低的开关损耗下可以工作于较高的开关频率；

❷ 所有低端和高端 IGBT 的传输延迟匹配，可以防止直流电流加到电动机上；

❸ 内置死区时间控制提供充足死区时间防止高端 IGBT 和低端 IGBT 短路；

❹ 故障安全工作设计确保过流过压时停机使过流和过压保护电路很完善；

❺ 提供了温度监视和相电流检测引脚。

智能功率模块 IRAMS06UP60A 外形如图 2-16 所示。

图 2-16　智能功率模块 IRAMS06UP60A 外形

四、伺服驱动器的信号检测电路

信号检测电路是系统的反馈回路，也是闭环控制系统的重要环节。系统信号检测电路包括电流检测、电动机转速和方向检测。

1. 伺服驱动器电流检测电路

在永磁同步电动机矢量控制中，必须知道电动机定子。为了满足高性能伺服系统的要求，提高系统的电流环的响应速度，电流检测采用霍尔电流传感器和 DSP 内部集成的 A/D 转换模块共同完成。如图 2-17 所示是数字交流伺服驱动器电流检测电路的工作原理及相应的信号处理电路。

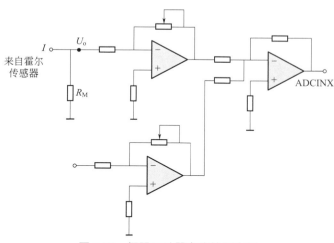

图 2-17　伺服驱动器电流检测电路

（1）伺服驱动器电流检测工作原理　由两个霍尔电流传感器对系统的 A、B 两相定子电流信号进行采样，霍尔电流传感器输出与电枢电流成正比的电流信号 I，经采样电阻 R_M 转换为电压信号 U_o，电压信号通过比例调节和电平提升环节，使信号转换到 $0 \sim 3.3V$，然后即可直接送入 DSP 的模/数转换（A/D）。同时 TMS320F2812 芯片可实现多路 A/D 模拟信号采集及转换，保证了被采集的两相定子电流的同相位。

（2）霍尔电流传感器　霍尔电流传感器是利用将一次大电流变换为二次微小电压信号的传感器。实际设计的往往通过运算放大器等电路，将微弱的电压信号放大为标准电压或电流信号。

❶ 开环霍尔电流传感器。开环霍尔电流传感器如图 2-18 所示：当原边电流 I_P 流过一根长导线时，在导线周围将产生一磁场，这一磁场的大小与流过导线的电流成正比，产生的磁场聚集在磁环内，通过磁环气隙中霍尔元件进行测量并放大输出，其输出电压 U_S 精确地反映原边电流 I_P。一般的额定输出标定为 4V。

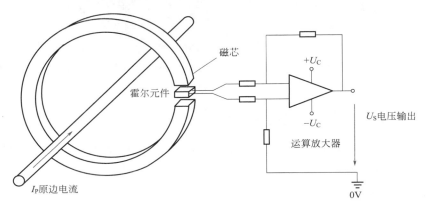

图 2-18　开环霍尔电流传感器原理

❷ 闭环霍尔电流传感器。如图 2-19 所示：即原边电流 I_P 在聚磁环处所产生的磁场通过一个次级线圈电流所产生的磁场进行补偿，其补偿电流 I_S 精确地反映原边电流 I_P，从而使霍尔器件处于检测零磁通的工作状态。

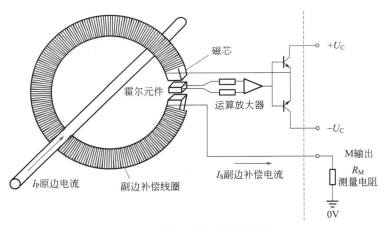

图 2-19　闭环霍尔电流传感器

具体工作过程为：当主回路有一电流通过时，在导线上产生的磁场被磁环聚集并感应到霍尔器件上，所产生的信号输出用于驱动功率管并使其导通，从而获得一个补偿电流 I_S。这一电流再通过多匝绕组产生磁场，该磁场与被测电流产生的磁场正好相反，因而补偿了原来的磁场，使霍尔器件的输出逐渐减小。当与 I_P 与匝数相乘所产生的磁场相等时，I_S 不再增加，这时的霍尔器件起到指示零磁通的作用，此时可以通过 I_S 来测试 I_P。当 I_P 变化时，平衡受到破坏，霍尔器件有信号输出，即重复上述过程重新达到平衡。被测电流的任何变化都会破坏这一平衡。一旦磁场失去平衡，霍尔器件就有信号输出。经功率放大后，立即就有相应的电流流过次级绕组以对失衡的磁场进行补偿。

从磁场失衡到再次平衡，所需的时间理论上不到 1μs，这是一个动态平衡的过程。因此，从宏观上看，次级的补偿电流安匝数在任何时间都与初级被测电流的安匝数相等。

2. 伺服驱动器电动机转速和方向检测

TMS320F2812 内部包含一个正交编码脉冲输入单元（QEP），本身能进行 4 倍频，可对脉冲前后沿进行计数，并可根据两路脉冲的次序判别电动机转向。当电动机的速度传感器（编码器）输出两路相位相差 90° 正交信号时，会被 QEP 工作方式的捕获单元检测到这两路信号，内部便产生 1 个 4 倍频信号时针和 1 个方向信号，方向信号连接在 TMS320F2812 的内部通用定时器的计数方向上，使计数器加或减，时针连接计数器的输入端，对计数器的计数值及变化速率的检测计算得到电动机的转速和方向。

伺服驱动器速度传感器一般使用增量式光电编码器，具体工作原理和外形可参照前面章节，这里只简单介绍其 QEP 信号解码。增量式光电编码器示意图如图 2-20 所示。

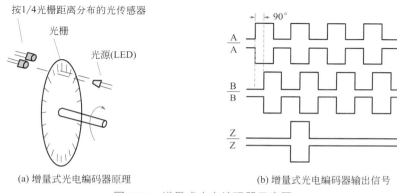

(a) 增量式光电编码器原理　　　　　　　　(b) 增量式光电编码器输出信号

图 2-20　增量式光电编码器示意图

在码盘上均匀地刻制一定数量的光栅，光栅一侧固定有光接收传感器，另一侧有固定光源，使用时码盘随电动机轴同步转动码盘转动产生 A、B 和 Z 信号，A 和 B 存在 90° 的相位差，用以产生正交脉冲信号，测定位置增量，Z 信号每转一圈触发一个窄脉冲，用来做基准校准。

增量式旋转光电编码器输出 A、B（占空比 50%）和 Z 信号及其对应互补的差分信号，滤波后经差动放大器分别输出 QEP_A、QEP_B 和 QEP_INDEX 三路信号，接入到 DSP 的 QEP 模块这些波形的时序如图 2-21 所示。

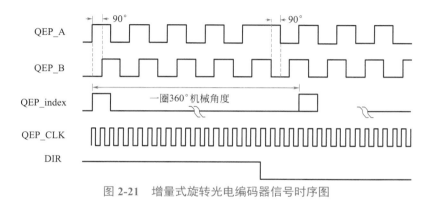

图 2-21　增量式旋转光电编码器信号时序图

根据 A、B 信号相位超前或滞后可以判断转向，脉冲的上下沿捕捉可以产生 4 倍频信号，提高编码器的分辨率，脉冲累加计数用来计算转子相对于 Z 起始点的确切位置。

3. 伺服驱动器隔离驱动电路

（1）伺服驱动器隔离驱动电路原理　伺服驱动器隔离驱动电路如图 2-22 所示，可实现对来自 DSP 的 6 路 PWM 输出控制信号与 IPM 的光电隔离，并实现驱动和电平负功能，同时 NPN 型三极管将来自光电耦合器的 TTL 电平转换为 IPM 的控制极驱动信号。

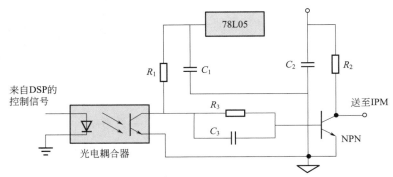

图 2-22　伺服驱动器隔离驱动电路

（2）光电耦合器　光电耦合器（光耦、光耦合器）是以光为媒介把输入端信号耦合到输出端来传输电信号的器件，通常把发光器与受光器封装在同一管壳内，将它们的光路耦合在一起，当输入端加电信号时发光器发出光线，受光器接收光线之后就产生光电流，从输出端流出，从而实现了 "电—光—电" 转换。由于它具有体积小、寿命长、无触点，抗干扰能力强，输出和输入之间绝缘，单向传输信号，传输信号的频率高等优点，因此在电路上获得了广泛的应用。

❶ 光耦器件的结构。光电耦合器一般由三部分组成：光的发射、光的接收及信号放大。输入的电信号驱动发光二极管（LED），使之发出一定波长的光，被光探测器接收而产生光电流，再经过进一步放大后输出。这就完成了电—光—电的转换，从而起到输入、输出、隔离的作用。由于光电耦合器输入输出间互相隔离，电信号传输具有单向性等特点，因而具有良好的电绝缘能力和抗干扰能力。所以，它在长线传输信息中作为终端隔离元件可以大大提高信噪比。在伺服驱动控制电路实时控制中作为信号隔离的接口器件，可以大大提高伺服驱动器工作的可靠性。

又由于光电耦合器的输入端属于电流型工作的低阻元件，因而具有很强的共模抑制能力，其结构和外形如图 2-23 所示。

❷ 光电耦合器的原理。如图 2-23 所示，一个光控三极管耦合一个砷化镓红外发光二极管组成。左边 1 脚和 2 脚是发光二极管，当外加电压后，驱动发光二极管，使之发出一定波长的光，以此来触发光控三极管。光控三极管若用一定波长的光照射，则光控三极管由断态转入通态。

当 1 脚和 2 脚加上 5V 以上电源后，就能使发光管发光，驱动光控三极管进入导通，此时 5 脚和 4 脚构成一个电阻，阻值大约为 10kΩ。当 1 脚和 2 脚不加电压时，4 脚和 5 脚可以看成一个无穷大的电阻。

（3）光电耦合器隔离驱动接口　对于伺服驱动电动机，由于响应时间要求很快的控制系统，一般采用光电耦合器进行功率接口电路设计。

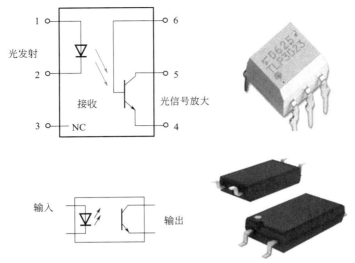

图 2-23　光电耦合器结构和外形

图 2-24 是采用光电耦合器隔离驱动直流负载的典型电路。因为普通光电耦合器的电流传输比非常小，所以一般要用三极管对输出电流进行放大，也可以直接采用达林顿型光电耦合器来代替普通光耦 VT_1。例如东芝公司的 4N30。对于输出功率要求更高的场合，可以选用达林顿晶体管来替代普通三极管，例如 ULN2800 高压大电流达林顿晶体管阵列系列产品，它的输出电流和输出电压分别达到 500mA 和 50V。

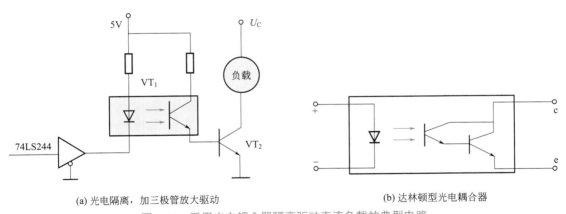

(a) 光电隔离，加三极管放大驱动　　　　　　　　　　　(b) 达林顿型光电耦合器

图 2-24　采用光电耦合器隔离驱动直流负载的典型电路

4. 伺服驱动器故障保护电路

伺服驱动器故障保护电路为保证系统中功率转换电路及电动机驱动电路安全可靠工作，可利用 TMS320F2812 提供的 PDPNT 输入信号实现伺服系统的各种保护功能。故障保护电路原理图如图 2-25 所示。

来自 IPM 的各种故障信号由与非门综合后，经光电耦合器输入到 PDPINT 引脚。

当有图 2-25 所示故障情况的某一种情况发生时，与非门输出低电平，PDPINT 引脚也被拉为低电平，此时 DSP 内定时器立即停止计数，所有 PWM 输出引脚全部呈高阻状态，同时产生中断信号，通知 CPU 有异常情况发生，对 DSP 进行保护。

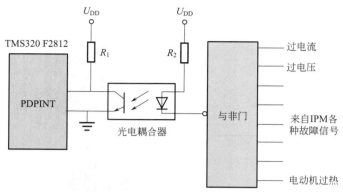

图 2-25　伺服驱动器故障保护电路原理

5. 伺服驱动器信号电平转换接口

为保证在混合电压系统中数据交换的可靠性,不同逻辑电平器件间的连接必须满足输入转换电平的要求,但又不能超过输入电压的限度。这里数字交流伺服驱动器控制板上既有 5V 器件也有 3.3V 器件,而且电源相同的器件又包括 TTL 和 CMOS 两种不同的逻辑电平,同时 DSP 和 I/O 口最高输入电压不能超过 3.3V。所以在这些器件通信之前,信号就要进行逻辑电平变换。这里采用 SN74LVTH245 双向电平转换器进行逻辑电平的转换。逻辑电平转换电路如图 2-26 所示。

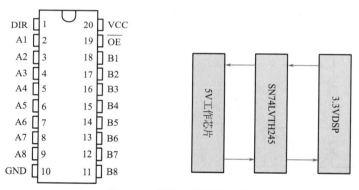

图 2-26　逻辑电平转换电路

SN74HVTH245 芯片是 3.3V 单电源供电的三态电平转换器,支持 3.3V 和 5V 混合信号操作。

另外它作为八位收发器,输出端可以有低电平、高电平、高阻三种状态,常用于低电压电路(2.8 ～ 3.3V)的电平转换,输出可与 TTL 电路(5V)相接,可以作为地址数据控制总线的驱动器。它的传输方向通过芯片上的 1 脚 DIR 引脚信号决定,芯片的使能是否通过由 19 脚 OE 信号决定。

6. 伺服驱动器的控制程序

为了提高软件的执行效率,系统软件可采用汇编语言、VB、VC、C++ 语言设计,从而充分发挥 TMS320F2812 的运算处理能力。系统程序主要包括系统的各模块初始化程序,电流环和位置环中断程序,功率驱动保护,中断子程序和定时器,中断子程序等。主程序调用各自模块来协调各个模块的关系,其主程序流程图如图 2-27 所示。

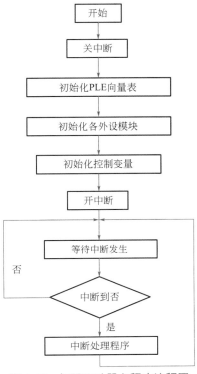

图 2-27　伺服驱动器主程序流程图

　　其中初始化程序负责各个模块和临时变量的初始化。电流环和位置环中断，程序通过中断 INT2 和 INT3 执行，完成电流矢量控制速度检测和位置控制功能；功率驱动保护中断，完成各种故障监测，一旦出现故障，立即禁止 PWM 输出；定时中断，子程序负责完成矢量控制算法，PWM 波的输出，键盘的控制和 D/A 的显示等。

第三章 伺服驱动器的安装、接线、调试与维修

第一节 伺服驱动器外部结构和通用配线

伺服驱动器是现代运动控制的重要组成部分，被广泛应用于工业机器人及数控加工中心等各种自动化设备中。如何能学好伺服系统？那就是实践出真知，从具体品牌入手，结合实践进行学习。本节以汇川 IS600P 伺服驱动器为例进行介绍。

IS600P 系列伺服驱动器产品是汇川技术研制的高性能的小功率的交流伺服驱动器。该系列产品功率范围为 100W ～ 7.5kW，支持 MODBUS 通信协议，采用 RS-232/RS-485 通信接口，配合上位机可实现多台伺服驱动器联网运行，提供了刚性表设置、惯量辨识及振动抑制功能，使伺服驱动器简单易用。配合包括小惯量、中惯量的 ISMH 系列 2500 线增量式编码器的高响应伺服电动机，运行安静平稳。它适用于半导体制造设备，贴片机、印制电路板打孔机，搬运机械，食品加工机械，机床，传送机械等自动化设备，实现快速精确的位置控制、速度控制、转矩控制。其外形结构如图 3-1 所示。

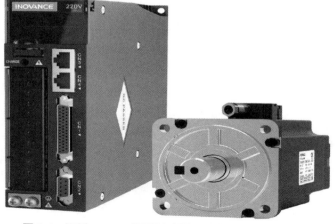

图 3-1 汇川 IS600P 伺服驱动器及配套伺服电动机外形

一、汇川 IS600P 伺服驱动器接口

汇川 IS600P 伺服驱动器接口部分如图 3-2 所示。

名称	用途
CN5 模拟量监视信号端子	调整增益时为方便观察信号状态 可通过此端子连接示波器等测量仪器
数码管显示器	5位7段LED数码管用于显示伺服的运行状态及参数设定
按键操作器	MODE ▲ ▼ ◀◀ SET 保存修改并进入下一级菜单 当前闪烁位左移 长按：显示多于5位时翻页 减少当前闪烁位设置值 增加当前闪烁位设置值 依次切换功能码
CHARGE 母线电压指示灯	用于指示母线电容处于有电荷状态。指示灯亮时，即使主回路电源OFF，伺服单元内部电容器可能仍存有电荷。因此，灯亮时请勿触摸主电源端子，以免触电
L1C、L2C 控制回路电源输入端子	参考铭牌额定电压等级输入控制回路电源
R、S、T 主回路电源输入端子	参考铭牌额定电压等级输入主回路电源
P⊕、⊖ 伺服母线端子	直流母线端子，用于多台伺服共直流母线
P⊕、D、C 外接制动电阻连接端子	默认在P⊕-D之间连接短接线。外接制动电阻时，拆除该短接线，使P⊕-D之间开路，并在P⊕-D之间连接外置制动电阻
U、V、W 伺服电动机连接端子	连接伺服电动机U、V、W相
⊕ PE接地端子	与电源及电动机接地端子连接，进行接地处理
CN2 编码器连接用端子	与电动机编码器端子连接
CN1 控制端子	指令输入信号及其他输入输出信号用端口
CN3、CN4 通信端子	内部并联，与RS-232、RS-485通信指令装置连接

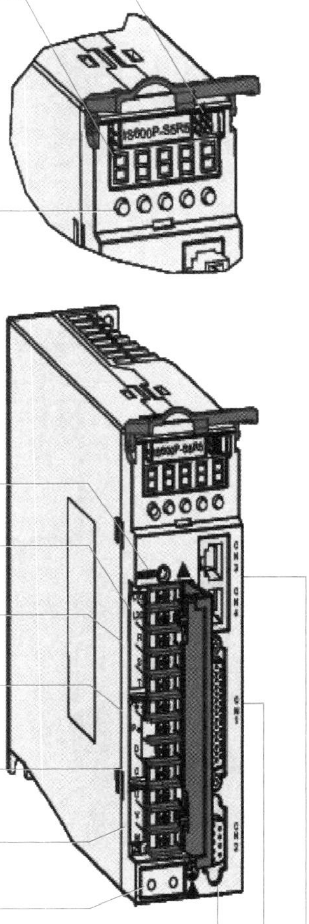

图 3-2 汇川 IS600P 伺服驱动器外部接口部分

二、汇川 IS600P 伺服驱动器组成的伺服系统

汇川 IS600P 伺服驱动器组成的伺服系统基本配线图如图 3-3 所示。

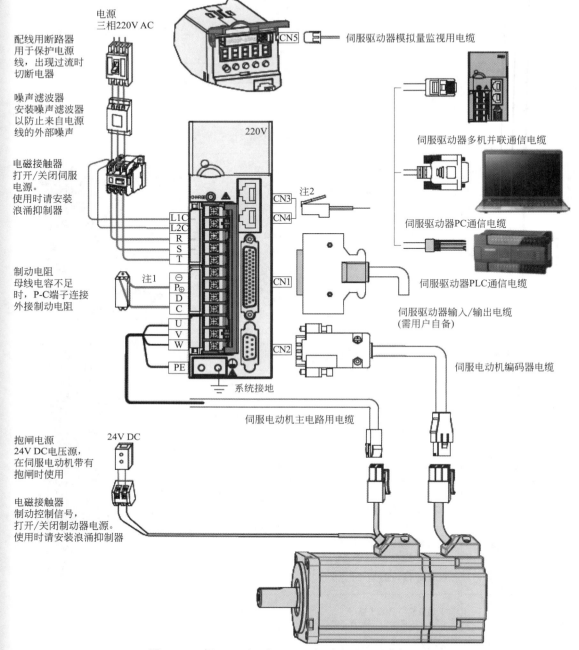

电源
三相220V AC

配线用断路器
用于保护电源
线，出现过流时
切断电器

噪声滤波器
安装噪声滤波器
以防止来自电源
线的外部噪声

电磁接触器
打开/关闭伺服
电源。
使用时请安装
浪涌抑制器

制动电阻
母线电容不足
时，P-C端子连接
外接制动电阻

抱闸电源
24V DC电压源，
在伺服电动机带有
抱闸时使用

电磁接触器
制动控制信号，
打开/关闭制动器电源。
使用时请安装浪涌抑制器

伺服驱动器模拟量监视用电缆

伺服驱动器多机并联通信电缆

伺服驱动器PC通信电缆

伺服驱动器PLC通信电缆

伺服驱动器输入/输出电缆
（需用户自备）

伺服电动机编码器电缆

伺服电动机主电路用电缆

系统接地

图 3-3　三相 220V 汇川 IS600P 伺服驱动器系统配线图

三、伺服系统配线注意事项

在伺服驱动器接线过程中，如果未使用变压器等隔离电源，为防止伺服系统产生交叉触电事故，需要注意，在输入电源上要使用配电用的断路器或专用漏电保护器。

在伺服驱动器接线过程中，严禁将电磁接触器用于电动机的运转、停止操作，主要是因为电动机是大电感元件组成的，瞬间高压可能会击穿接触器，从而造成事故。

伺服驱动器接线中使用外界控制直流电源时，请注意电源容量。尤其是同时为几个伺服驱动器供电或者多路抱闸供电电路，如电源功率不够，会导致供电电流不足，驱动抱闸失效。

外接制动电阻时，需要拆下伺服驱动器 P⊕-D 端子间短路线后再进行连接。在单相220V 配线中，主回路端子为 L1、L2，千万不能接错。

伺服电动机和伺服驱动器型号配套说明：伺服电动机和伺服驱动器型号配套需要注意的是：由于每个品牌伺服电动机的控制算法都不一样，伺服控制单元功能设计不同，在伺服电动机使用中，一般需要采用配套的伺服驱动器才能发挥伺服驱动的优势，特别是日本品牌系列伺服系统，目前实际使用中，对于欧美品牌系列伺服电动机驱动，由于其控制算法很多是开放式设计，所以在使用中可以考虑同参数接口相同通用驱动控制器和伺服电动机的互换使用。

图 3-4 和图 3-5 是汇川 IS600P 伺服驱动器及其配套伺服电动机型号说明。

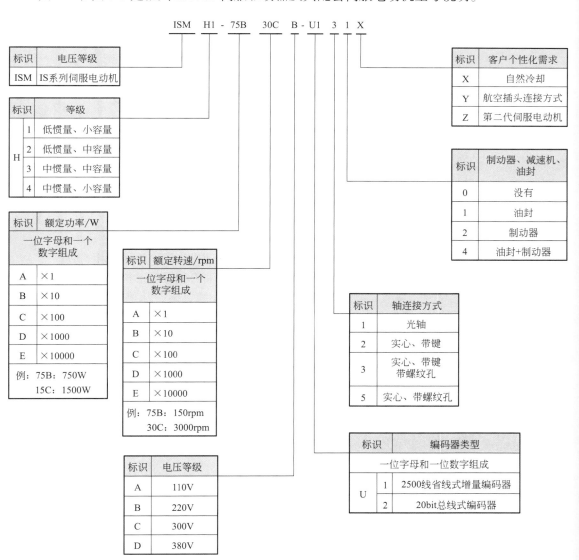

图 3-4　ISM 伺服电动机型号说明

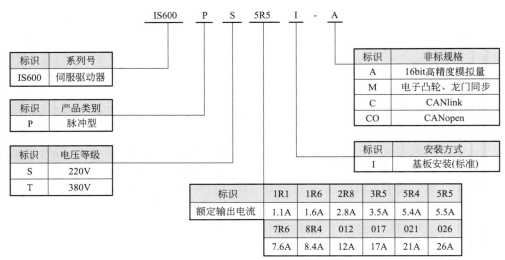

图 3-5　IS600P 伺服驱动器型号说明

第二节　伺服电动机和伺服驱动器的安装及接线

一、伺服电动机的安装

1. 伺服电动机安装场所

❶ 禁止在封闭环境中使用电动机。封闭环境会导致电动机高温，缩短使用寿命。

❷ 在有磨削液、油雾、铁粉、切削等的场所请选择带油封伺服电动机。

❸ 请勿在有硫化氢、氯气、氨、硫黄、氯化性气体、酸、碱、盐等腐蚀性及易燃性气体环境、可燃物等附近使用伺服电动机。

❹ 伺服电动机应远离火炉等热源的场所。

2. 伺服电动机安装环境

伺服电动机安装环境一般要求如表 3-1 所示。

表 3-1　伺服电动机安装环境一般要求

项目	描述
使用环境温度	0～40℃（不冻结）
使用环境湿度	20%～90%RH（不结露）
储存温度	-20～60℃（最高温度保证：80℃ 72h）
储存湿度	20%～90%RH（不结露）
振动	49m/s² 以下

续表

项目	描述
冲击	490m/s² 以下
防护等级	遵照伺服电动机厂家要求防护等级要求
海拔	1000m 以下，1000m 以上请降额使用

3. 伺服电动机安装注意事项

伺服电动机安装注意事项如表 3-2 所示。

表 3-2　伺服电动机安装注意事项

项目	描述
防锈处理	安装前请擦拭干净伺服电动机轴伸端的"防锈剂"，再做相关的防锈处理
编码器注意	◆安装过程禁止撞击轴伸端，否则会造成内部编码器碎裂  ◆当在有键槽的伺服电动机轴上安装滑轮时，在轴端使用螺孔。为了安装滑轮，首先将双头钉插入轴的螺孔内，在耦合端表面使用垫圈，并用螺母逐渐锁入滑轮 ◆对于带键槽的伺服电动机轴，使用轴端的螺孔安装。对于没有键槽的轴，则采用摩擦耦合或类似方法。 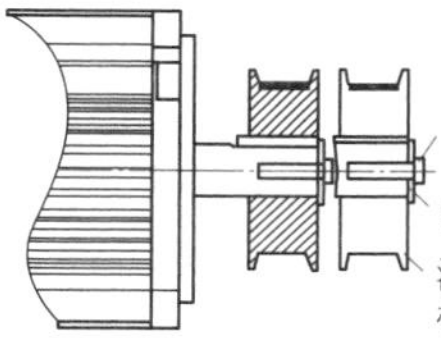 螺钉 垫片 法兰联轴器、带轮等 ◆当拆卸滑轮时，采用滑轮移出器防止轴承受负载的强烈冲击。 ◆为确保安全，在旋转区安装保护盖或类似装置，如安装在轴上的滑轮
定心	◆在与机械连接时，请使用联轴器，并使伺服电动机的轴心与机械的轴心保持在一条直线上。安装伺服电动机时，使其符合右图所示的定心精度要求。如果定心不充分，则会产生振动，有时可能损坏轴承与编码器等 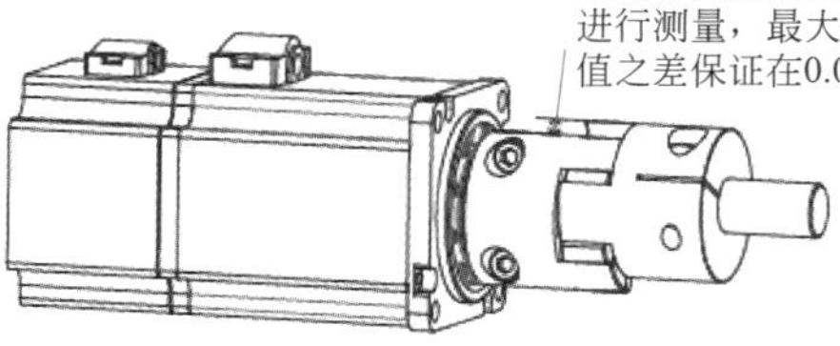 在整个圆周的四处位置上进行测量，最大值与最小值之差保证在0.03mm以下
安装方向	◆伺服电动机可安装在水平方向或者垂直方向上
油水对策	在有水滴滴下的场所使用时，请在确认伺服电动机防护等级的基础上进行使用（但轴贯通部除外） 在有油滴会滴到轴贯通部的场所使用时，请指定带油封的伺服电动机。 带油封的伺服电动机的使用条件： ◆使用时请确保油位低于油封的唇部。 ◆请在油封可保持油沫飞溅程度良好的状态下使用。 ◆在伺服电动机垂直向上安装时，请注意勿使油封唇部积油 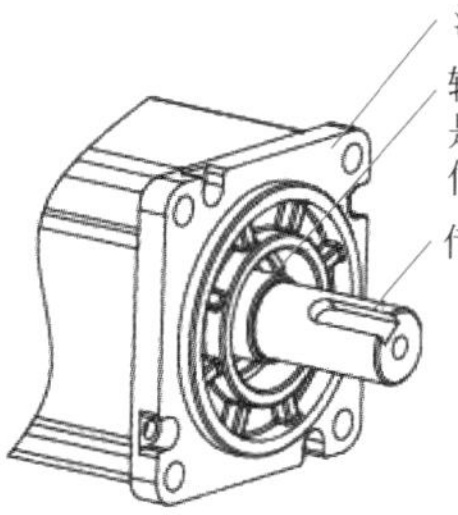 法兰面 轴贯通部是指轴从电动机端面伸出部分的间隙 传动轴

项目	描述
电缆的应力状况	◆不要使电线"弯曲"或对其施加"张力"，特别是信号线的芯线为 0.2mm 或 0.3mm，非常细，所以配线（使用）时，请不要使其张拉过紧
连接器部分的处理	有关连接器部分，请注意以下事项： ◆连接器连接时，请确认连接器内没有垃圾或者金属片等异物。 ◆将连接器连到伺服电动机上时，请务必先从伺服电动机主电路电缆一侧连接，并且主电缆的接地线一定要可靠连接。如果先连接编码器电缆一侧，那么，编码器可能会因 PE 之间的电位差而产生故障。 ◆接线时，请确认针脚排列正确无误。 ◆连接器是由树脂制成的。请勿施加冲击以免损坏连接器。 ◆在电缆保持连接的状态下进行搬运作业时，请务必握住伺服电动机主体。如果只抓住电缆进行搬运，则可能会损坏连接器或者拉断电缆。 ◆如果使用弯曲电缆，则应在配线作业中充分注意，勿向连接器部分施加应力。如果向连接器部分施加应力，则可能会导致连接器损坏

二、伺服驱动器的安装

1. 伺服驱动器安装场所

❶ 安装在无日晒雨淋的安装柜内；
❷ 不要安装在高、潮湿、有灰尘、有金属粉尘的环境下；
❸ 应安装在无振动场所；
❹ 禁止在有硫化氢、氯气、氨、硫磺、氯化性气体、酸、碱、盐等腐蚀性及易燃性气体环境、可燃物等附近使用伺服驱动器。

2. 伺服驱动器安装环境

伺服驱动器安装环境如表 3-3 所示。

表 3-3　伺服驱动器安装环境

项目	描述
使用环境温度	0 ～ +55℃（环境温度在 40 ～ 55℃，平均负载率请勿超过 80%）（不冻结）
使用环境湿度	90%RH 以下（不结露）
储存温度	−20 ～ 85℃（不冻结）
储存湿度	90%RH 以下（不结露）
振动	4.9m/s² 以下
冲击	19.6m/s² 以下
防护等级	防护等级遵照伺服驱动器说明书
海拔	一般为 1000m 以下，特殊情况可以和伺服驱动厂家定制

3. 伺服驱动器安装注意事项

（1）伺服驱动器安装方法　伺服驱动器安装时安装方向与墙壁垂直。使用自然对流或风扇对伺服驱动器进行冷却。通过 2～4 处（根据容量不同安装孔的数量不同）安装孔，将伺服驱动器牢固地固定在安装面上。安装时，请将伺服驱动器正面（操作人员的实际安装面）面向操作人员，并使其垂直于墙壁。如图 3-6 所示。

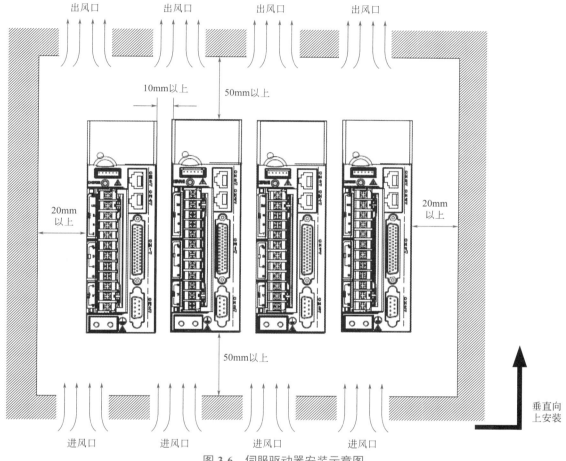

图 3-6　伺服驱动器安装示意图

（2）伺服驱动器冷却　为了保证能够通过风扇以及自然对流进行冷却，在伺服驱动器的周围留有足够的空间。为了不使伺服驱动器的环境温度出现局部过高的现象，需使电柜内的温度保持均匀，可以在伺服驱动器的上部安装冷却用风扇。

（3）伺服驱动器并排安装　并排安装时，横向两侧建议各留 10mm 以上间距（若受安装空间限制，可选择不留间距），纵向两侧各留 50mm 以上间距。

（4）伺服驱动器接地　在伺服驱动器安装过程中，我们必须将接地端子接地，否则，可能有触电或者干扰而产生误动作的危险。

三、伺服驱动器和伺服电动机的连接

以汇川 IS600P 伺服驱动器为例（注意各厂家不同接口不同，但主要接口与图 3-7 类似），伺服驱动器接线端口如图 3-7 所示。

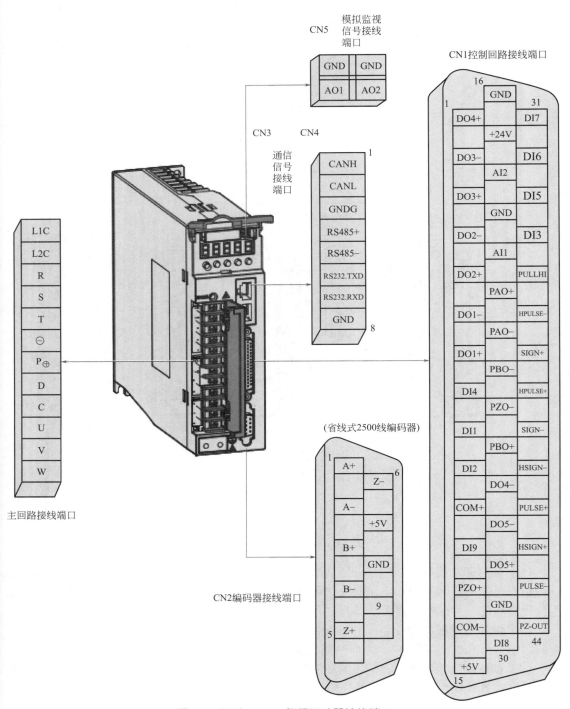

图 3-7　汇川 **IS600P** 伺服驱动器接线端口

（1）主回路端子　汇川 IS600P 伺服驱动器主回路端子排布如图 3-8 所示。

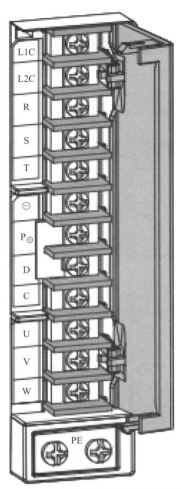

图 3-8　伺服驱动器主回路端子排布

伺服驱动器主回路端子功能如表 3-4 所示。

表 3-4　汇川 **IS600P** 伺服驱动器主回路端子功能

端子记号	端子名称	端子功能	
L1、L2	主回路电源输入端子	不同型号伺服驱动器按照使用说明书	主回路单相电源输入，只有 L1、L2 端子。L1、L2 间接入 AC 220V 电源
R、S、T			主回路三相 220V 电源输入
			主回路三相 380V 电源输入
L1C、L2C	控制电源输入端子	控制回路电源输入，需要参考铭牌的额定电压等级	
P ⊕、D、C	外接制动电阻连接端子	不同型号伺服驱动器按照使用说明书	制动能力不足时，在 P⊕、C 之间连接外置制动电阻
			默认在 P⊕-D 之间连接短接线。制动能力不足时，请使 P⊕-D 之间为开路（拆除短接线），并在 P⊕-C 之间连接外置制动电阻

端子记号	端子名称	端子功能
P⊕、⊖	共直流母线端子	伺服的直流母线端子，在多机并联时可进行共母线连接
U、V、W	伺服电动机连接端子	伺服电动机连接端子，和电动机的 U、V、W 相连接
PE	接地	两处接地端子，与电源接地端子及电动机接地端子连接。 请务必将整个系统进行接地处理

对于伺服驱动器制动电阻的接线，在接线中需要注意，如图 3-9 所示是制动电阻接线和选型举例。

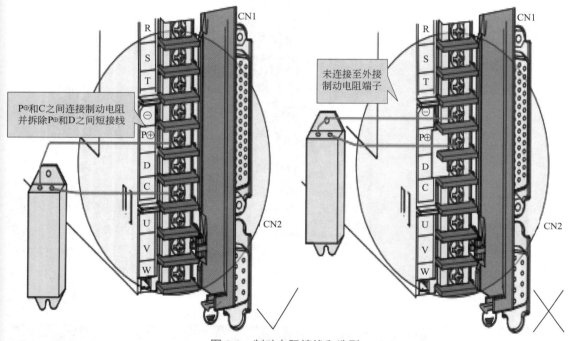

图 3-9　制动电阻接线和选型

制动电阻接线注意事项：
- 请勿将外接制动电阻直接接到母线正负极 P⊕、⊖，否则会导致炸机和引起火灾；
- 使用外接制动电阻时请将 P⊕、D- 之间短接线拆除，否则会导致制动管过流损坏；
- 外接制动电阻选型需要参考该型伺服驱动器使用说明书，否则会导致损坏；
- 伺服使用前请确认已正确设置制动电阻参数；
- 请将外接制动电阻安装在金属等不燃物上。

（2）汇川 IS600P 伺服驱动器电源配线实例　汇川 IS600P 伺服驱动器电源配线实例如图 3-10 和图 3-11 所示。

图 3-10、图 3-11 中 1KM：电磁接触器；1Ry：继电器；1D：续流二极管。连接主电路电源，DO 设置为警报输出功能（ALM+/-），当伺服驱动器报警后可自动切断动力电源，同时报警灯亮。

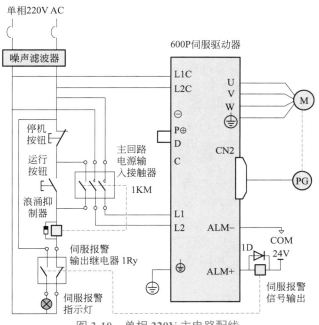

图 3-10　单相 220V 主电路配线

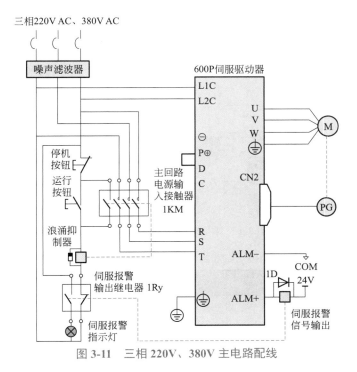

图 3-11　三相 220V、380V 主电路配线

伺服驱动器主电路配线注意事项：

● 不能将输入电源线连到输出端 U、V、W，否则引起伺服驱动器损坏。

● 将电缆捆束后于管道等处使用时，由于散热和要件变差，请考虑容许电流降低率。

● 周围高温环境时请使用高温电缆，一般的电缆热老化会很快，短时间内就不能使用；

周围低温环境时请注意线缆的扣暖措施，一般电缆在低温环境下表面容易硬化破裂。

● 电缆的弯曲半径请确保在电缆本身外径的 10 倍以上，以防止长期折弯导致线缆内部线芯断裂。

● 请使用耐压 AC 600V 以上，温度额定 75℃ 以上的电缆，注意电缆散热条件。

● 制动电阻禁止接于直流母线 P⊕、⊖端子之间，否则可能引起火灾。

● 请勿将电源线和信号线从同一管道内穿过或捆扎在一起，为避免干扰两者应距离 30cm 以上。

● 即使关闭电源，伺服驱动器内也可能残留有高电压状态。在 5min 之内不要接触电源端子。

● 请在确认 CHARGE 指示灯熄灭以后，再进行检查作用。

● 请勿频繁 ON/OFF 电源，在需要反复地 ON/OFF 电源时，请控制在 1min 1 次以下。由于在伺服驱动器的电源部分带有电容，在 ON 电源时，会流过较大的充电电流（充电时间 0.2s）。频繁地 ON/OFF 电源，则会造成伺服驱动器内部的主电路元件性能下降。

● 请使用与主电路电线截面积相同的地线，若主电路电线截面积为 1.6mm² 以下，请使用 2.0mm² 地线。

● 请将伺服驱动器与大地可靠连接。

（3）伺服驱动器与电动机的连接　伺服驱动器与电动机连接如图 3-12 所示，一般它们之间使用厂家配送的接插件进行连接。不同的伺服驱动器根据现场使用条件接插件形状不同。如表 3-5 所示。

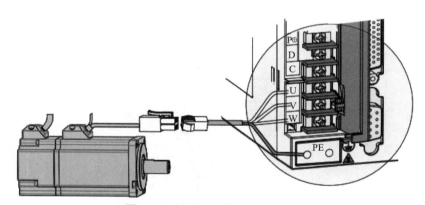

图 3-12　伺服驱动器与电动机连接

表 3-5　不同伺服驱动器与电动机连接接插件针脚号说明

连接器外形图	端子引脚分布
	黑色6 Pin接插件 塑壳：MOLEX-50361736；端子：MOLEX-39000061

针脚号	信号名称
1	U
2	V
4	W
5	PE
3	抱闸
6	（无正负）

续表

连接器外形图	端子引脚分布

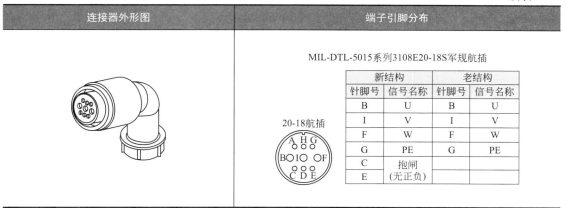

MIL-DTL-5015系列3108E20-18S军规航插

新结构		老结构	
针脚号	信号名称	针脚号	信号名称
B	U	B	U
I	V	I	V
F	W	F	W
G	PE	G	PE
C	抱闸		
E	（无正负）		

20-18航插

四、伺服电动机编码器的连接

伺服电动机编码器连接如图 3-13 所示。

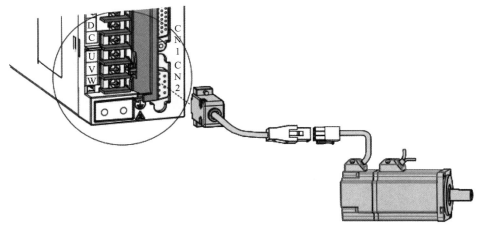

图 3-13　伺服电动机编码器连接

（1）伺服电动机编码器连接同样使用专用连接插件，如表 3-6 所示。

表 3-6　编码器线缆和伺服驱动器连接插件针脚号说明

连接器外形图	端子引脚分布

此端视入

针脚号	信号名称	针脚号	信号名称
1	A+	6	Z−
2	A−	7	+5V
3	B+	8	GND
4	B−	9	保留
5	Z+	壳体	PE

电缆侧插头塑壳

续表

连接器外形图	端子引脚分布

9PIN接插件

针脚号	信号名称	
3	A+	对绞
6	A−	
2	B+	对绞
5	B−	
1	Z+	对绞
4	Z−	
9	+5V	
8	GND	
7	屏蔽	

塑壳：AMP 172161-1；

端子：AMP 770835-1

MIL-DTL-5015系列3108E20-29S
军规航插

针脚号	信号名称	
A	A+	对绞
B	A−	
C	B+	对绞
D	B−	
E	Z+	对绞
F	Z−	
G	+5V	
H	GND	
J	屏蔽	

此端视入

20-29航插

（2）编码器线缆引脚连接关系。编码器线缆引脚连接关系如表 3-7 所示。

表 3-7　编码器线缆引脚连接关系

驱动器侧 DB9		电动机侧	
		9PIN	20-29 航插
信号名称	针脚号	针脚号	针脚号
A+	1	3	A
A−	2	6	B
B+	3	2	C
B−	4	5	D
Z+	5	1	E
Z−	6	4	F
+5V	7	9	G
GND	8	8	H
PE	壳体	7	J

（3）编码器与伺服驱动器接线注意事项。

❶ 务必将驱动器侧及电动机侧屏蔽网层可靠接地，否则会引起驱动器误报警。

❷ 使用双绞屏蔽电缆，配线长度 20m 以内。

❸ 勿将线接到"保留"端子。

❹ 编码器线缆屏蔽层需可靠接地，将差分信号对应连接双绞线中双绞的两条芯线。

❻ 编码器线缆与动力线缆一定要分开走线，间隔至少 30cm。

❼ 编码器线绞因长度不够续接电缆时，需将屏蔽层可靠连接，以保证屏蔽及接地可靠。

五、伺服驱动器控制信号端子的接线方法

以汇川 IS600P 伺服驱动器为例，控制信号接口引脚分布如图 3-14 所示。

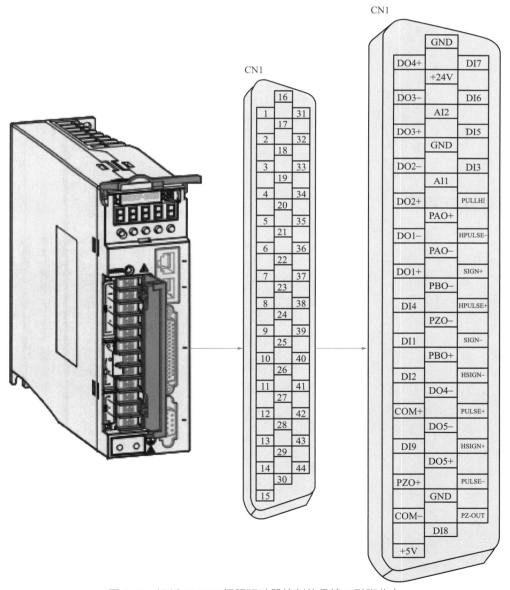

图 3-14 汇川 IS600P 伺服驱动器控制信号接口引脚分布

精通伺服控制技术及应用

三种控制模式配线图如图 3-15 所示。

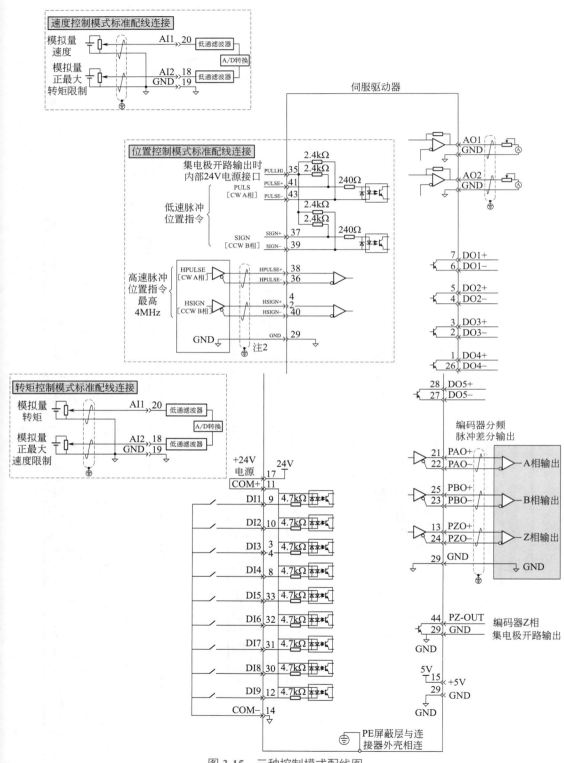

图 3-15　三种控制模式配线图

1. 位置指令输入信号

下面我们就对控制信号接口连接器的普通指令脉冲输入、指令符号输入信号及高速指令脉冲输入、指令符号输入信号端子进行介绍。

（1）位置指令输入信号说明　位置指令输入信号说明如表 3-8 所示。

表 3-8　位置指令输入信号说明

信号名		针脚号	功能	
位置指令	PULSE+ PULSE− SIGN+ SIGN−	41 43 37 39	低速脉冲指令输入方式： 差分驱动输入 集电极开路	输入脉冲形态： 方向 + 脉冲 A、B 相正交脉冲 CW/CCW 脉冲
	HPULSE+ HPULSE−	38 36	高速输入脉冲指令	
	HSIGN+ HSIGN−	42 40	高速位置指令符号	
	PULLHI	35	指令脉冲的外加电源输入接口	
	GND	29	信号地	

位置控制模式标准配线如图 3-15 和图 3-16 所示。

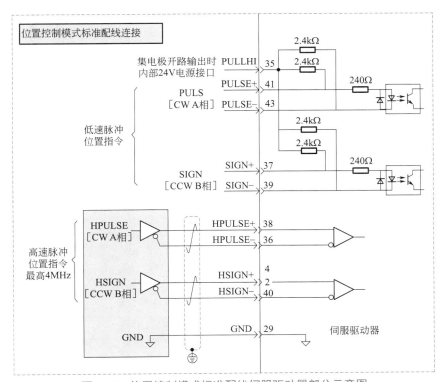

图 3-16　位置控制模式标准配线伺服驱动器部分示意图

上位装置侧指令脉冲及符号输出电路，可以从差分驱动器输出或集电极开路输出 2 种中选择，其最大输入频率及最小脉宽如表 3-9 所示。

表 3-9　脉冲输入频率与脉宽对应关系

脉冲方式		最大频率 /pps	最小脉宽 /μs
普通	差分	500k	1
	集电极开路	200k	2.5
高速差分		4M	0.125

在这里需要注意：上位装置输出脉冲宽度小于脉宽值，会导致驱动器接收脉冲错误。

（2）低速脉冲指令输入

❶ 当为差分时，如图 3-17 所示。

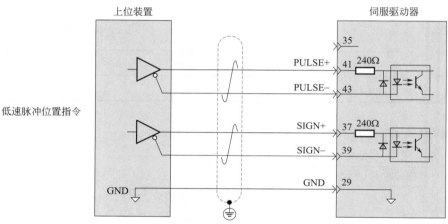

图 3-17　低速脉冲指令差分输入

❷ 当为集电极开路时，使用伺服驱动器内部 24V 电源，如图 3-18 所示。

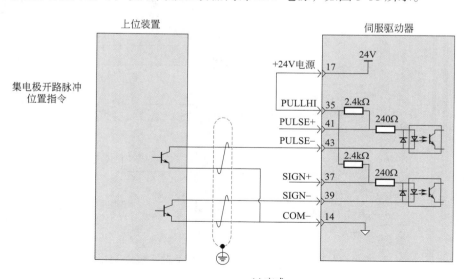

(a) 方式一

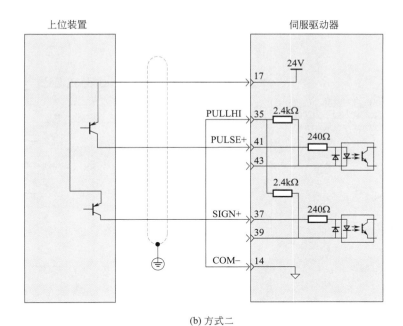

(b) 方式二

图 3-18　集电极开路时使用伺服驱动器内部 24V 电源

对于使用伺服驱动器内部 24V 电源接线常犯错误如下：

错误接线：未接 14 端 COM- 无法形成闭合回路，如图 3-19 所示。

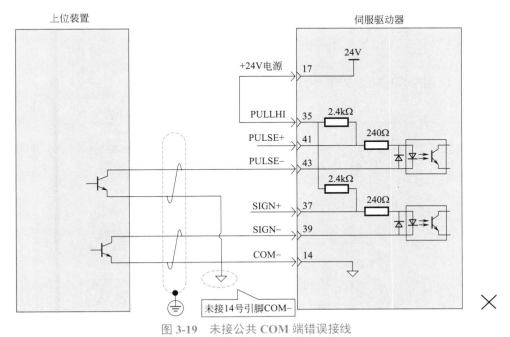

图 3-19　未接公共 COM 端错误接线

使用外部电源时：

方案一：使用驱动器内部电阻，如图 3-20 所示。

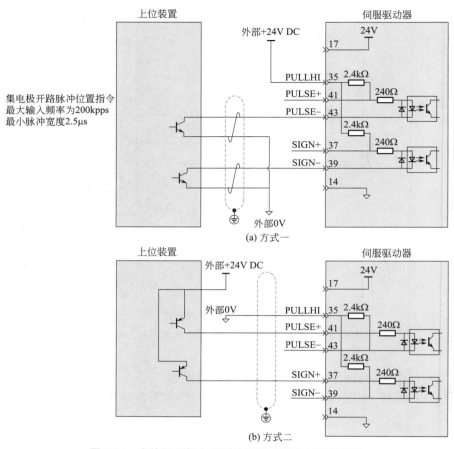

(a) 方式一

(b) 方式二

图 3-20　当使用外部电源时使用驱动器内部电阻接线

方案二：使用外接电阻，如图 3-21 所示。

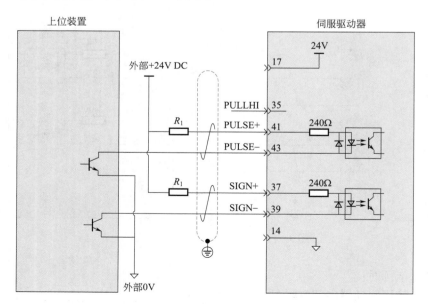

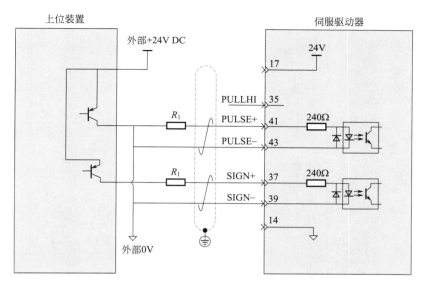

图 3-21   当使用外部电源时使用驱动器外接电阻接线

在这里 R_1 阻值 一般选取如表 3-10 所示。

表 3-10   电阻 R_1 阻值选取

U_{CC} 电压	R_1 阻值	R_1 功率
24V	2.4kΩ	0.5W
12V	1.5 kΩ	0.5W

使用外接电阻错误接线举例如图 3-22 所示。

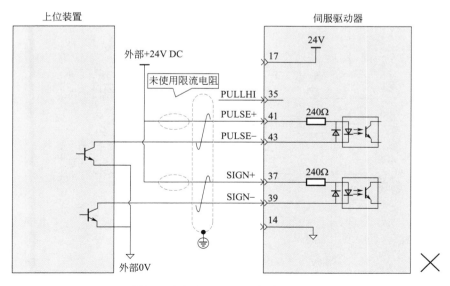

(a) 错误1：未接限流电阻，导致端口烧损

图 3-22

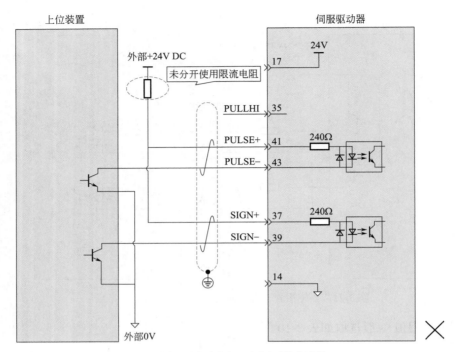

(b) 错误2：多个端口共用限流电阻，导致脉冲接收错误

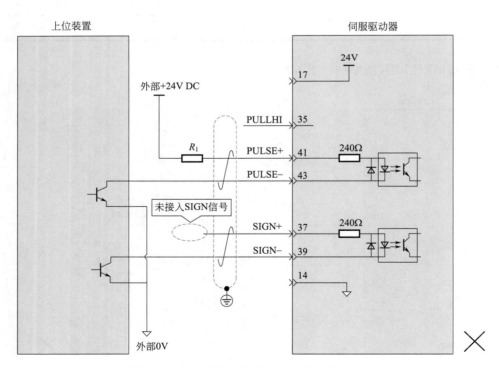

(c) 错误3：SIGH端口未接，导致这两个端口收不到脉冲

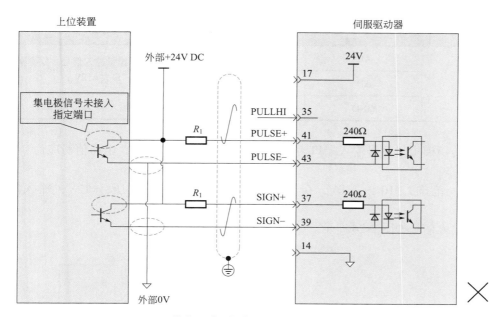

(d) 错误4：端口接错，导致端口烧损

图 3-22　使用外接电阻错误接线

（3）高速脉冲指令输入　上位装置侧的高速指令脉冲及符号的输出电路，只能通过差分驱动器输出给伺服驱动器。如图 3-23 所示。

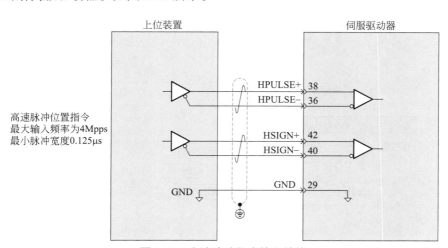

图 3-23　高速脉冲指令输入接线

在高速脉冲指令输入接线中有两点需要注意：

请务必保证差分输入为 5V 系统，否则伺服驱动器的输入不稳定。会导致以下情况：

● 在输入指令脉冲时，出现脉冲丢失现象。

● 在输入指令方向时，出现指令取反现象。

请务必将上位装置的 5V 地与驱动器的 GND 连接，以降低噪声干扰。

2. 伺服驱动器模拟量输入信号

模拟量输入信号说明：模拟量输入信号引脚功能如表 3-11 所示。

表 3-11　模拟量输入信号引脚功能

信号名	默认功能	针脚号	功能
模拟量	AI2	18	普通模拟量输入信号，分辨率 12 位，输入电压：最大 ±12V
	AI1	20	
	GND	19	模拟量输入信号地

速度与转矩模拟量信号输入端口为 AI1、AI2，分辨率为 12 位，电压值对应命令由 H03 组设置。

电压输入范围：−10 ～ +10V，分辨率为 12 位；最大允许电压：±12V；输入阻抗约 9kΩ。

模拟量输入信号如图 3-24 所示。

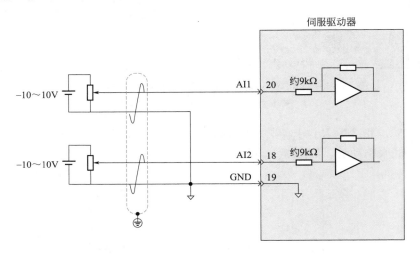

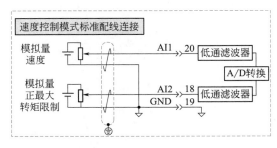

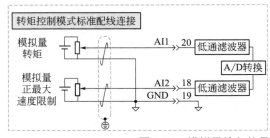

图 3-24　模拟量输入信号

3. 伺服驱动器数字量输入输出信号

数字量输入输出信号引脚功能说明如表 3-12 所示。

表 3-12　数字量输入输出信号引脚功能说明

信号名		默认功能	针脚号	功能
	DI1	P-OT	9	正向超程开关
	DI2	N-OT	10	反向超程开关
	DI3	INHIBIT	34	脉冲禁止
	DI4	ALM-RST	8	报警复位（沿有效功能）
	DI5	S-ON	33	伺服使能
	DI6	ZCLAMP	32	零位固定
	DI7	GAIN-SEL	31	增益切换
	DI8	HomeSwitch	30	原点开关
	DI9	保留	12	—
通用	+24V		17	内部 24V 电源，电压范围 +20 ~ 28V，最大输出电流 200mA
	COM-		14	
	COM+		11	电源输入端（12 ~ 24V）
	DO1+	S-RDY+	7	伺服准备好
	DO1-	S-RDY-	6	
	DO2+	COIN+	5	位置完成
	DO2-	COIN-	4	
	DO3+	ZERO+	3	零速
	DO3-	ZERO-	2	
	DO4+	ALM+	1	故障输出
	DO4-	ALM-	26	
	DO5+	HomeAttain+	28	原点回零完成
	DO5-	HomeAttain-	27	

（1）数字量输入电路　以 DI1 为例说明，DI1 ~ DI9 接口电路相同。

● 当上级装置为继电器输出时，如图 3-25 所示。

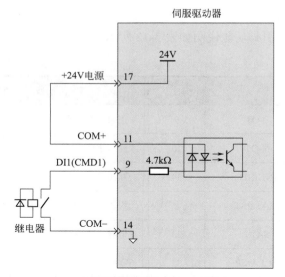

(a) 使用伺服驱动器内部24V电源时

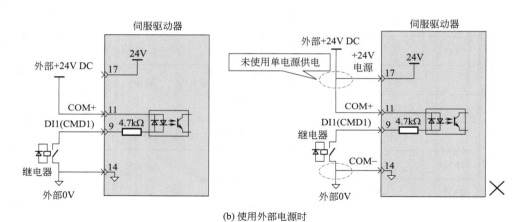

(b) 使用外部电源时

图 3-25　上级装置使用继电器输出

- 当上级装置为集电极开路输出时，如图 3-26 所示。

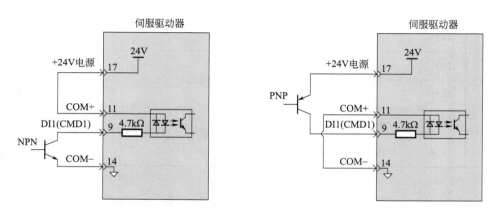

(a) 使用伺服驱动器内部24V电源时

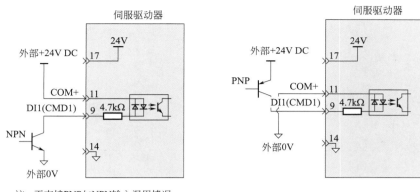

注：不支持PNP与NPN输入混用情况。

(b) 使用外部电源时

图 3-26　上级装置使用晶体管输出

（2）数字输出电路　以 DO1 为例介绍数字输出接口电路接线，DO1 ～ DO5 接口电路相同。

❶ 当上级装置为继电器输入时，如图 3-27 所示。

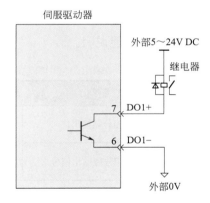

注：当上级装置为继电器输入时，请务必接入续流二极管，否则可能损坏DO端口。

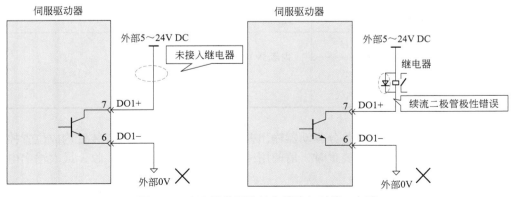

图 3-27　当上级装置为继电器输入时接口电路

❷ 当上级装置为光耦输入时，如图 3-28 所示。

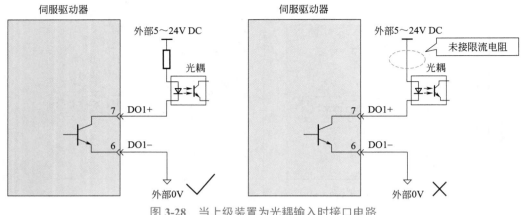

图 3-28　当上级装置为光耦输入时接口电路

> 伺服驱动器内部光耦输出电路最大允许电压、电流容量如下。
> 电压：DC 30V（最大）；电流：DC 50mA（最大）。

4. 伺服驱动器编码器分频输出电路

表 3-13 为编码器分频输出信号引脚功能说明。

表 3-13　编码器分频输出信号引脚功能说明

信号名	默认功能	针脚号		功能
通用	PAO+ PAO−	21 22	A 相分频输出信号	A、B 的正交分频脉冲输出信号
	PBO+ PBO−	25 23	B 相分频输出信号	
	PZO+ PZO−	13 24	Z 相分频输出信号	原点脉冲输出信号
	PZ-OUT	44	Z 相分频输出信号	原点脉冲集电极开路输出信号
	GND	29	原点脉冲集电极开路输出信号地	
通用	+5V	15	内部 5V 电源，最大输出电流 20mA	
	GND	16		
	PE	机壳		

　　编码器分频输出电路通过差分驱动器输出差分信号，通常，为上级装置构成位置控制系统时，提供反馈信号，在上级装置时，请使用差分或者光耦接收电路接收，最大输出电流为 20mA。如图 3-29 所示。

　　编码器 Z 相分频输出电路可通过集电极开路信号。通常，在上级装置构成位置控制系统时，提供反馈信号。在上级装置侧，请使用光耦合器电路、继电器电路或总线接收器电路接收。如图 3-30 所示。

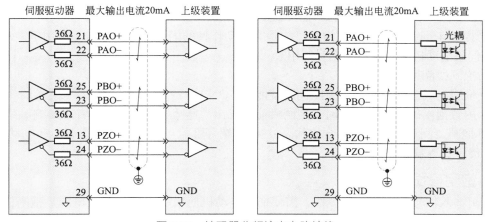

图 3-29 编码器分频输出电路接线

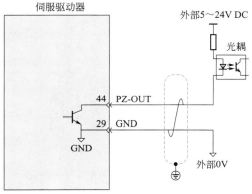

图 3-30 编码器 Z 相分频电路接线

注意

接线中应将上级装置的 5V 地与驱动器的 GND 连接，并采用双绞屏蔽线以降低噪声干扰。伺服驱动器内部光耦输出电路最大允许电压、电流容量如下：

电压：DC 30V（最大）；电流：DC 50mA（最大）。

六、伺服驱动器与伺服电动机抱闸配线

抱闸是在伺服驱动器处于非运行状态时，防止伺服电动机轴运行，使电动机保持位置锁定，以使机械的运动部分不会因为自重或外力移动的机构。抱闸应用示意图如图 3-31 所示。

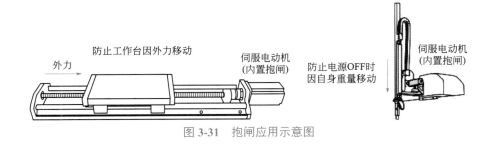

图 3-31 抱闸应用示意图

1. 在伺服驱动系统使用抱闸时要注意事项

❶ 内置于伺服电动机中的抱闸机构是非电动作型的固定专用机构，不可用于制动用途，仅在使伺服电动机保持停止状态时使用。

❷ 抱闸线圈无极性。

❸ 伺服电动机停机后，应关闭伺服使能（S-ON）。

❹ 内置抱闸的电动机运转时，抱闸可能会发出"咔嚓"声，功能上并无影响。

❺ 抱闸线圈通电时（抱闸开放状态），在轴端等部位可能发生磁通泄漏。在电动机附近使用磁传感器等仪器时，请注意。

2. 抱闸配线

抱闸输入信号的连接没有极性，需要伺服电动机使用用户准备 24V 电源，抱闸信号 BK 和抱闸电源的标准连线如图 3-32 所示。

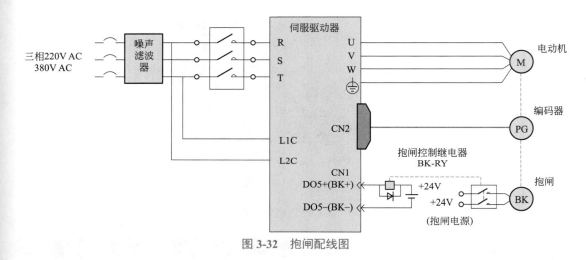

图 3-32　抱闸配线图

3. 抱闸配线注意事项

❶ 电动机抱闸线缆长度要充分考虑线缆电阻导致的压降，抱闸工作需要保证输入电压至少 21.6V。

❷ 抱闸最好不要与其他用电器共用电源，防止因为其他用电器的工作导致电压或者电流降低，最终导致抱闸误动作。

❸ 推荐用 0.5mm² 以上线缆。

❹ 对于带抱闸的伺服电动机，必须按照驱动器的说明书将抱闸输出端子在软件设置中配置为有效的模式。

❺ 伺服驱动器正常状态抱闸时序和故障状态抱闸时序要符合规定。

七、伺服驱动器通信信号的接线

伺服驱动器通信信号接线如图 3-33 所示。IS600P 伺服驱动器通信信号连接器（CN3、CN4）为内部并联的两个同样的通信信号连接器。通信信号连接器引脚功能如表 3-14 所示。

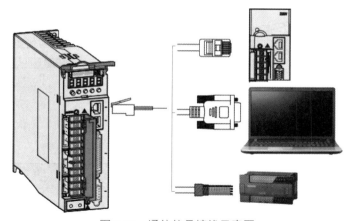

图 3-33   通信信号接线示意图

表 3-14   通信信号连接器引脚功能

针脚号	定义	描述	端子引脚分布
1	CANH	CAN 通信端口	
2	CANL		
3	CGND	CAN 通信地	
4	RS485+	RS-485 通信端口	
5	RS485−		
6	RS232-TXD	RS-232 发送端，与上位机的接收端连接	
7	RS232-RXD	RS-232 接收端，与上位机的发送端连接	
8	GND	地	
外壳	PE	屏蔽	

1. 对应 PC 端 DB9 端子定义

对应 PC 端 DB9 端子定义如表 3-15 所示。

表 3-15   对应 PC 端 DB9 端子功能说明

针脚号	定义	描述	端子引脚分布
2	PC-RXD	PC 接收端	
3	PC-TXD	PC 发送端	
5	GND	地	
外壳	PE	屏蔽	

PC 通信线缆示意图如图 3-34 所示。

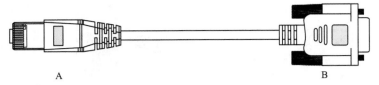

图 3-34　PC 通信线缆示意图

PC 通信线缆引脚连接关系如表 3-16 所示。

表 3-16　PC 通信线缆引脚连接关系

驱动器侧 RJ45（A 端）		PC 端 DB9（B 端）	
信号名称	针脚号	信号名称	针脚号
GND	8	GND	5
RS232-TXD	6	PC-RXD	2
RS232-RXD	7	PC-TXD	3
PE（屏蔽网层）	壳体	PE（屏蔽网层）	壳体

2. PLC 与通信电缆连接示意图（见图 3-35）

图 3-35　PLC 与通信电缆连接示意图

PLC 与伺服驱动电缆连接关系如表 3-17 所示。

表 3-17　PLC 与伺服驱动电缆连接关系

A		B	
信号名称	针脚号	信号名称	针脚号
GND	8	GND	8
GANH	1	CANH	1
CANL	2	CANL	2
CGND	3	CGND	3
RS485+	4	RS485+	4
RS485-	5	RS485-	5
PE（屏蔽网层）	壳体	PE（屏蔽网层）	壳体

八、伺服驱动器模拟量监视信号的接线

模拟量监视信号连接器（CN5）的端子排列如图 3-36 所示。

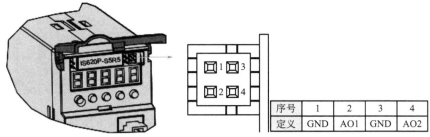

图 3-36　模拟量监视信号连接器（CN5）的端子排列

序号	1	2	3	4
定义	GND	AO1	GND	AO2

（1）相应接口电路。

模拟量输出：-10 ～ +10V；

最大输出：1mA。

接口电路如图 3-37 所示。

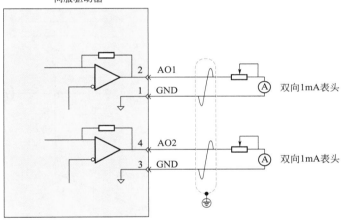

图 3-37　模拟量接口电路

（2）伺服驱动器模拟量接口可监视内容如表 3-18 所示。

表 3-18　模拟量接口可监视内容

信号	监视内容
AO1	00：电动机转速；01：速度指令；02：转矩指令；03：位置偏差；04：位置放大器偏差；05：位置指令速度；06：定位完成指令；07：速度前馈
AO2	

九、伺服驱动系统电气接线的抗干扰措施

1. 伺服驱动系统抗干扰措施

在伺服系统接线中为抑制干扰，需要采取以下措施。

❶ 使用连接长度最短的指令输入和编码器配线等连接线缆。

❷ 接地配线尽可能使用粗线（2.0mm² 以上）。接地电阻值为 100Ω 以下。

❸ 在民用环境或在电源干扰噪声较强的环境下使用时，请在电源线的输入侧安装噪声

滤波器。

❹ 为防止电磁干扰引起的误动作，可以采用下述处理方法：

● 尽可能将上级装置以及噪声滤波器安装在伺服驱动器附近。

● 在继电器、电磁接触器的线圈上安装浪涌抑制器。

● 配线时请将强电线路与弱电线路分开，并保持 30cm 以上的间隔，不要放入同一管道内或捆扎在一起。

● 不要与电焊机、放电加工设备等共用电源。当附近有高频发生器时，请在电源线的输入侧安装噪声滤波器。

2. 伺服驱动系统抗干扰措施实例

伺服驱动系统抗干扰措施噪声滤波器和接地线安装如图 3-38 所示。

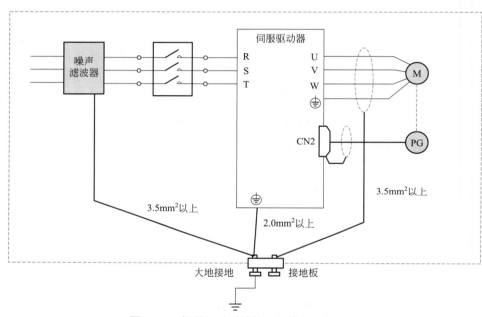

图 3-38 伺服驱动系统抗干扰措施实例接线

（1）**接地处理** 为避免可能的电磁干扰问题，请按以下方法接地。

● 伺服电动机外壳的接地。请将伺服电动机的接地端子与伺服驱动器的接地端子 PE 连在一起，并将 PE 端子可靠接地，以降低潜在的电磁干扰问题。

● 功率线屏蔽层接地。请将电动机主电路中的屏蔽层或金属导管在两端接地。建议采用压接方式以保证良好搭接。

● 伺服驱动器的接地。伺服驱动器的接地端子 PE 需可靠接地，并拧紧固定螺钉，以保持良好接触。

（2）**噪声滤波器使用方法** 为防止电源线的干扰，削弱伺服驱动器对其他敏感设备的影响，请根据输入电流的大小，在电源输入端选用相应的噪声滤波器。另外，请根据需要在外围装置的电源线处安装噪声滤波器，噪声滤波器在安装、配线时，请遵守以下注意事项以免削弱滤波器的实际使用效果。

❶ 请将噪声滤波器输入与输出配线分开布置，勿将两者归入同一管道内或捆扎在一起。如图 3-39 所示。

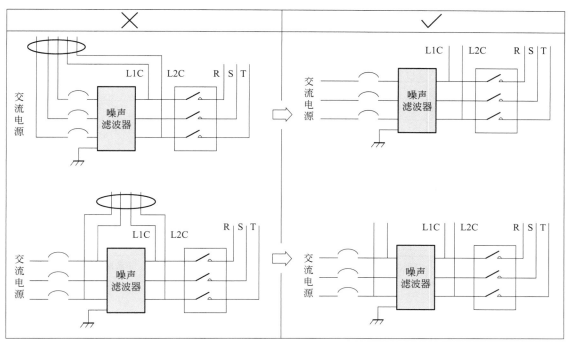

图 3-39　噪声滤波器输入与输出配线分开走线示意图

❷ 将噪声滤波器的接地线与输出电源分开布置。如图 3-40 所示。

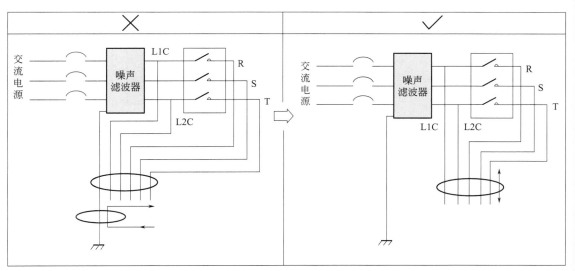

图 3-40　将噪声滤波器接地线与输出电源分开布置

❸ 噪声滤波器需使用尽量短的粗线单独接地，请勿与其他接地设备共用一根地线。如图 3-41 所示。

❹ 安装于控制柜内的噪声滤波器地线处理。当噪声滤波器与伺服驱动器安装在一个控制柜内时，建议将滤波器与伺服驱动器固定在同一金属板上，保证接触部分导电且搭接良好，并对金属板进行接地处理。如图 3-42 所示。

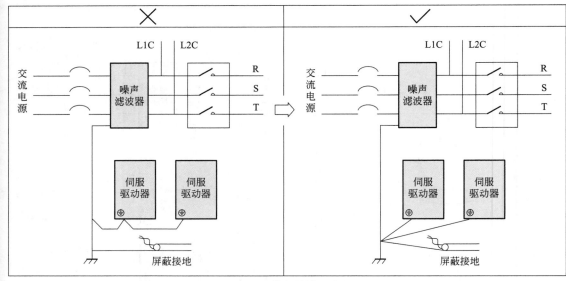

图 3-41　单点接地示意图

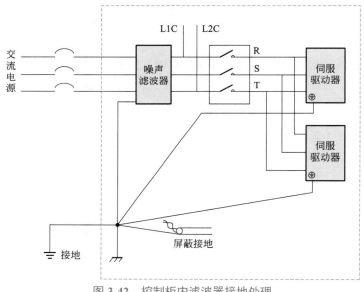

图 3-42　控制柜内滤波器接地处理

3. 伺服驱动系统电缆使用注意事项

❶ 请勿使电缆弯曲或承受张力。因信号用电缆的芯线直径只有 0.2mm 或 0.3mm，容易折断，使用时请注意。

❷ 需移动线缆时，请使用柔性电缆线，普通电缆线容易在长期弯折后损坏。小功率电动机自带线缆不能用于线缆移动场合。

❸ 使用线缆保护链时请确保：

● 电缆的弯曲半径应在外径的 10 倍以上；

● 电缆保护链内的配线请勿进行固定或者捆束，只能在电缆保护链的不可动的两个末端进行捆束固定；
- 勿使电缆缠绕、扭曲；
- 电缆保护链内的占空系统确保在 60% 以下；
- 外形差异太大的电缆请勿混同配线，防粗线将细线压断，如果一定要混同配线请在线缆中间设置隔板装置。线缆保护链安装示意图如图 3-43 所示。

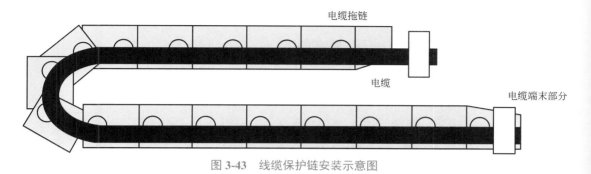

图 3-43　线缆保护链安装示意图

第三节　伺服驱动器的三种控制运行模式

按照伺服驱动器的命令方式与运行特点，可分为三种运行模式，即位置模式、速度模式、转矩模式等。

位置模式一般是通过脉冲的个数来确定移动的位移，外部输入的脉冲频率确定转动速度的大小。由于位置模式可以对速度和位置严格控制，故一般应用于定位装置，是伺服应用最多的控制模式，主要用于机械手、贴片机、雕铣雕刻、数控机床等。

速度模式是通过模拟量输入或数字量给定、通信给定控制速度，主要应用于一些恒速场合，如模拟量雕铣机应用、上位机采用位置控制，伺服驱动器采用速度模式。

转矩模式是通过即时改变模拟量的设定或以通信方式改变对应的地址数值来改变设定的力矩大小，主要应用在对材质的受力有严格要求的缠绕和放卷的装置中，例如绕线装置或拉光纤设备等一些张力控制场合，转矩的设定要根据缠绕半径的变化随时更改，以确保材质的受力不会随着缠绕半径的变化而改变。

其实对于初学者来说，伺服驱动器运行模式简单理解就是伺服电动机速度控制和转矩控制都是用模拟量来控制，位置控制是通过发脉冲来控制。具体采用什么控制方式要根据客户现场的要求以及满足何种运动功能来选择。所以下面以 IS600P 伺服驱动器为例介绍伺服电动机的三种控制方式。

一、伺服驱动器位置模式

IS600P 伺服驱动器位置模式如图 3-44 所示。

1. 伺服驱动器位置模式使用步骤

❶ 正确连接伺服主电路和控制电路的电源，以及电动机动力线和编码器线，上电后伺服面板显示 "rdy" 即表示伺服电源接线正确，电动机编码器接线正确。

❷ 通过按键进行伺服 JOG 试运行（慢速点动运行）确认电动机能否正常运行。

❸ 参考位置模式接线说明连接控制信号端子中的脉冲方向输入和脉冲指令输入以及必要的 DI/DO 信号，如伺服使能，定位完成信号等。

❹ 进行位置模式的相关设定。根据实际情况设置所用到的 DI/DO，功能码组，此外根据需要有时还要设置原点复归、分频输出等功能，各品牌不同需要参照伺服驱动器手册。

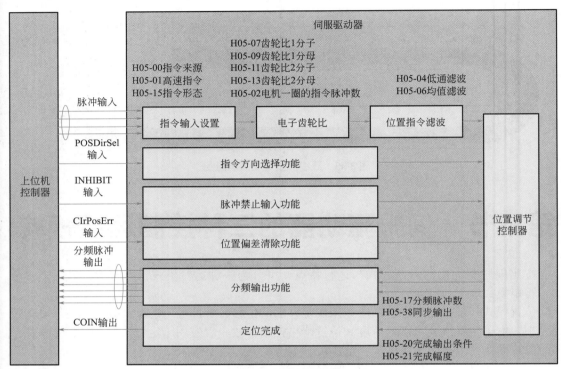

图 3-44 位置模式框图

❺ 使能伺服，通过上位机发出位置指令控制伺服电动机旋转。首先使电动机低速旋转，并确认旋转方向及电子齿轮比是否正常，参考伺服驱动器一般调试步骤然后进行增益调节。

IS600P 伺服驱动器位置模式配线图如图 3-45 所示。

> **说明**
>
> ① 信号线缆与动力线缆一定要分开走线，间隔在 30cm 以上；+5V 以 GND 为参考，+24V 以 COM 为参考；请勿超过最大允许电流，否则驱动器无法正常工作；
>
> ② 信号线缆因为长度不够进行续接电缆时，一定将屏蔽层可靠连接以保证屏蔽及接地可靠；∫ 表示双绞线。

2. 伺服驱动器位置模式相关功能码设定（以 IS600P 伺服驱动器为例介绍）

位置模式下参数设置，包括模式选择、指令脉冲形式、电子齿轮比、DI/DO 等。

（1）位置指令输入设置

❶ 位置指令来源。设置功能码 H05-00=0，位置指令来源于脉冲指令，也可根据实际情况设为其他值。如表 3-19 所示。

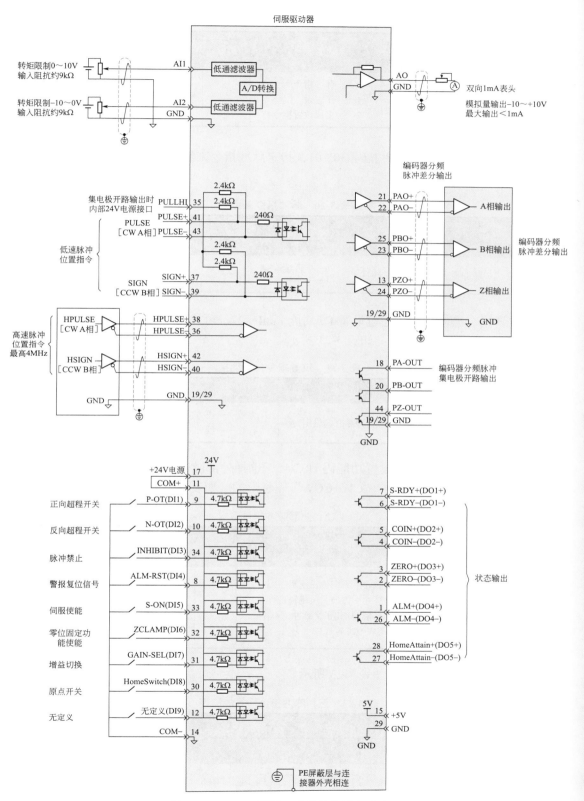

图 3-45 **IS600P** 伺服驱动器位置模式配线图

表 3-19　位置指令来源

功能码		名称	设定范围	单位	出厂设定	生效方式	设定方式	相关模式
H05	00	位置指令来源	0——脉冲指令 1——步进量 2——多段位置指令	—	0	立即生效	停机设定	P

❷ 脉冲指令来源。设置功能码 H05-01，指定脉冲指令来源于低速脉冲口或者高速脉冲口。如表 3-20 所示。

表 3-20　脉冲指令来源

功能码		名称	设定范围	单位	出厂设定	生效方式	设定方式	相关模式
H05	01	脉冲指令输入端子选择	0——低速 1——高速	—	0	再次通电	停机设定	P

❸ 位置指令方向切换。通过设置 DI 功能 FunIN.27，可使用 DI 控制位置指令的方向切换，满足需要切换方向的情况。如表 3-21 所示。

表 3-21　位置指令方向切换

编码	名称	功能名	描述	备注
FunIN.27	POSDirSel	位置指令方向设定	无效——正方向； 有效——反方向	相应端子的逻辑选择，建议设置为：电平有效

❹ 脉冲指令形态选择。设置功能码 H05-15，选择外部脉冲指令的形式，包括"方向＋脉冲（正负逻辑）""正交脉冲""CW+CCW"三种形式。如表 3-22 所示。

表 3-22　外部脉冲指令形式

功能码		名称	设定范围	单位	出厂设定	生效方式	设定方式	相关模式
H05	15	脉冲指令形态	0——脉冲＋方向，正逻辑 1——脉冲＋方向，负逻辑 2——A 相 +B 相正交脉冲，4 倍频 3——CW+CCW	—	0	再次通电	停机设定	P

三种脉冲指令形式的原理如表 3-23 所示。

表 3-23　三种脉冲指令形式的原理

脉冲指令形式	正逻辑		负逻辑	
	正转	反转	正转	反转
方向＋脉冲	PULS SIGN	PULS SIGN	PULS SIGN	PULS SIGN

续表

脉冲指令形式	正逻辑		负逻辑	
	正转	反转	正转	反转
正交脉冲 （A 相 +B 相）	PULS ⊓⊔⊓⊔ SIGN ⊔⊓⊔⊓	PULS ⊓⊔⊓⊔ SIGN ⊓⊔⊓⊔		
CW+CCW	PULS ⊓⊔⊓⊔ SIGN ⊔⊓⊔⊓	PULS ⊓⊔⊓⊔ SIGN ⊔⊓⊔		
	PULS ⊔⊓⊔⊓ SIGN ⊓⊔⊓⊔	PULS ⊔⊓⊔ SIGN ⊔⊓⊔⊓		

❺ 脉冲禁止输入。通过设置 DI 功能 FunIN.13，禁止脉冲指令输入。如表 3-24 所示。

表 3-24　禁止脉冲指令输入

编码	名称	功能名	描述	备注
FunIN.13	INHIBIT	位置指令禁止	有效——禁止指令脉冲输入； 无效——允许指令脉冲输入	原来为脉冲禁止功能。现升级为位置指令禁止，含内部和外部位置指令。相应端子的逻辑选择，必须设置为：电平有效

（2）电子齿轮比设置　电子齿轮比参数如表 3-25 所示。

表 3-25　电子齿轮比参数

功能码		名称	设定范围	单位	出厂设定	生效方式	设定方式	相关模式
H05	07	电子齿数比 1（分子）	1 ～ 1073741824	1	4	立即生效	运行设定	P
H05	09	电子齿数比 1（分母）	1 ～ 1073741824	1	1	立即生效	运行设定	P
H05	11	电子齿数比 2（分子）	1 ～ 1073741824	1	4	立即生效	运行设定	P
H05	13	电子齿数比 2（分母）	1 ～ 1073741824	1	1	立即生效	运行设定	P

电子齿轮比的作用原理如图 3-46 所示。

图 3-46　电子齿轮比作用原理图

当 H05-02=0 时，电动机与负载通过减速齿轮连接，假设电动机轴与负载机械侧的减速比为 n/m（电动机轴旋转 m 圈，负载轴旋转 n 圈），电子齿轮比的计算公式如下：

$$电子齿轮比=\frac{B}{A}=\frac{H05-07}{H05-09}=\frac{编码器分辨率}{负载轴旋转一圈的位移量（指令单位）}\times\frac{m}{n}$$

当 H05-02≠0 时；

$$电子齿轮比=\frac{B}{A}=\frac{编码器分辨率}{H05-02}$$

如表 3-26 所示。

表 3-26 当 H05-02≠0 时的参数

功能码		名称	设定范围	单位	出厂设定	生效方式	设定方式	相关模式
H05	02	电动机每旋转 1 圈的位置指令数	0 ～ 10000	P/r	0	再次通电	停机设定	P

此时齿轮比与 H05-07、H05-09、H05-11、H05-13 无关，齿轮比切换功能无效。

（3）位置指令滤波设置　位置指令平滑功能是指对输入的位置指令进行滤波，使伺服电动机的旋转更平滑，该功能在以下场合效果明显：

❶ 上位装置输出脉冲指令未经过加/减速处理，且加/减速度很大；

❷ 指令脉冲频率过低；

❸ 电子齿轮比为 10 倍以上。

 注意

该功能对位移量（位置指令总数）没有影响。

位置指令平滑功能相关参数的设定如表 3-27 所示。

表 3-27 位置指令平滑功能相关参数的设定

功能码		名称	设定范围	单位	出厂设定	生效方式	设定方式	相关模式
H05	04	一阶低通滤波时间常数	0.0 ～ 6553.5	ms	0.0	立即生效	停机设定	P

一阶滤波示意图如图 3-47 所示。

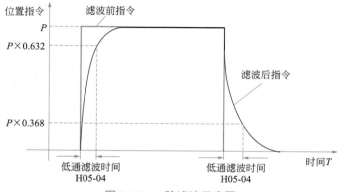

图 3-47 一阶滤波示意图

平均值滤波时间常数如表 3-28 所示。

表 3-28　平均值滤波时间常数

功能码		名称	设定范围	单位	出厂设定	生效方式	设定方式	相关模式
H05	06	平均值滤波时间常数	0.0～128.0	ms	0.0	立即生效	停机设定	P

注：H05-06=0 时，平均值滤波器无效。

平均值滤波对两种不同位置指令滤波效果对比如图 3-48 所示。

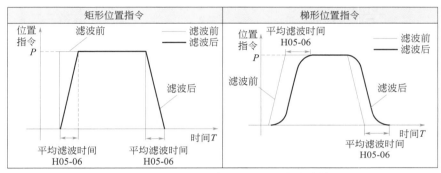

图 3-48　平均值滤波对两种不同位置指令滤波效果对比

（4）位置偏差清除功能　通过设置 DI 功能 FunIN.35，可使用 DI 控制是否对位置偏差清零。如表 3-29 所示。

表 3-29　位置偏差清除功能

编码	名称	功能名	描述	备注
FunIN.35	ClrPosErr	清除位置偏差（沿有效功能）	有效——位置偏差清零；无效——位置偏差不清零	相应端子的逻辑选择，建议设置为：边沿有效。该 DI 功能建议配置到 DI8 或 DI9 端子上

（5）分频输出功能　伺服脉冲输出来源由 H05-38 选择，脉冲指令同步输出功能一般用于同步控制场合。如表 3-30 所示。

表 3-30　分频输出来源

功能码		名称	设定范围	单位	出厂设定	生效方式	设定方式	相关模式
H05	38	伺服脉冲输出来源选择	0——编码器分频输出 1——脉冲指令同步输出 2——分频和同步输出禁止	—	0	再次通电	停机设定	P

通过设置 H05-07，伺服驱动器对编码器反馈的脉冲数按照设定值分频后通过分频输出端口输出，H05-17 设定的值对应 PAO/PBO 每个输出的脉冲数（4 倍频前）。如表 3-31 所示。

表 3-31　H05-17 设定

功能码		名称	设定范围	单位	出厂设定	生效方式	设定方式	相关模式
H05	17	编码器分频脉冲数	35 ～ 32767	P/r	2500	再次通电	停机设定	—

输出相位形态如表 3-32 所示。

表 3-32　输出相位形态

正转时（A 相超前 B 相 90°）	反转时（B 相超前 A 相 90°）
PAO ⊓⊔⊓⊔ PBO ⊔⊓⊔⊓	PAO ⊓⊔⊓⊔ PBO ⊓⊔⊓⊔

输出脉冲反馈相应形态可通过 H02-03 调整。如表 3-33 所示。

表 3-33　输出脉冲反馈相位参数设定

功能码		名称	设定范围	单位	出厂设定	生效方式	设定方式	相关模式
H02	03	输出脉冲相位	0——以 CCW 方向为正转方向（A 超前 B） 1——以 CW 方向为正转方向（反转模式，A 滞后 B）	—	0	再次通电	停机设定	PST

二、伺服驱动器速度模式

伺服驱动器速度模式（以 IS600P 为例）框图如图 3-49 所示。

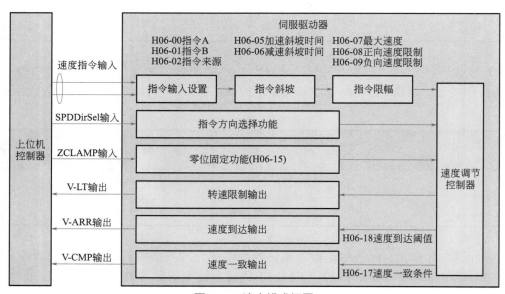

图 3-49　速度模式框图

1. 伺服驱动器速度模式主要使用步骤

❶ 正确连接伺服主电路和控制电路的电源，以及电动机动力线和编码器线，上电后伺服面板显示"rdy"，即表示伺服电源接线正确，电动机编码器接线正确。

❷ 通过按键进行伺服 HOG 试运行，慢速点动运行，确认电动机能否正常运行。

❸ 参考速度模式接线说明连接控制信号端子中必要的 DI/DO 信号及模拟量速度指令。

❹ 进行速度模式的相关设定。

❺ 使能伺服，首先使电动机低速旋转，判断电动机的旋转方向是否正常，然后进行增益调节。

2. 速度模式配线

IS600P 速度模式配线如图 3-50 所示。

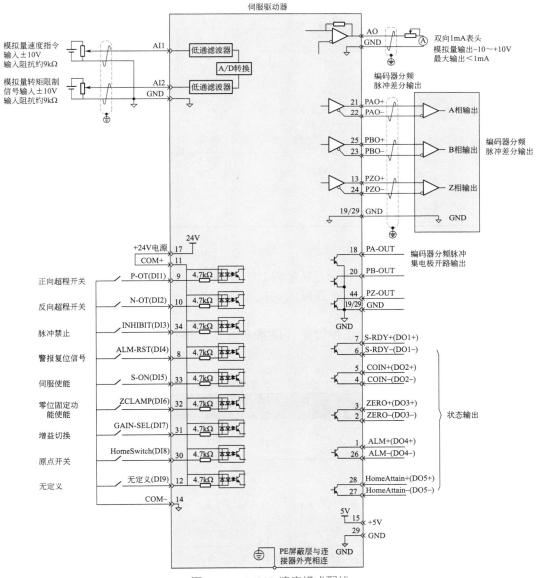

图 3-50　IS600P 速度模式配线

注意速度模式配线中：信号线缆与动力线缆一定要分开走线，间隔至少30cm；信号线缆因为长度不够进行续接电费时，一定将屏蔽层可靠连接以保证屏蔽及接地可靠；+5V以GND为参考，+24V以GND为参考，请勿超过最大允许电流，否则驱动器无法正常工作。「表示双绞线。

3. 速度模式相关代码设定

（1）速度指令输入设置

❶ 速度指令来源。速度模式下，速度指令有两组来源：来源A和来源B，如表3-34所示。

表3-34　速度指令两组来源

功能码		名称	设定范围	单位	出厂设定	生效方式	设定方式	相关模式
H06	00	主速度指令A来源	0——数字给定（H06-03） 1——AI1 2——AI2	—	0	立即生效	停机设定	S
H06	01	辅助速度指令B来源	0——数字给定（H06-03） 1——AI1 2——AI2 3——0（无作用） 4——0（无作用） 5——多段速度指令	—	1	立即生效	停机设定	S
H06	03	速度指令键盘设定值	−6000 ～ 6000	rpm	200	立即生效	运行设定	S
H06	04	点动速度设定值	0 ～ 6000	rpm	100	立即生效	运行设定	S

其中：

● 数字设定，即键盘设定，指通过功能码H06-03存储设定的速度值并作为速度指令。

● 模拟速度指令来源，指将外部输入的模拟电压信号转换为控制电动机速度的指令信号。

下面就以AI2为例说明模拟量设定速度指令方法。模拟量设定速度操作模式举例如表3-35所示。

表3-35　模拟量设定速度操作模式举例

步骤	操作内容	备注
1	设定指令来源为主速度指令A中AI2来源 H06-00=2，H06-02=0	设定速度控制下的速度指令来源
2	调整AI2相关参数： （1）零漂校正 （H03-59设置或H0D-10选择自动校正） （2）偏置设置（由H03-55设置） （3）死区设置（由H03-58设置）	通过零漂、偏置、死区设置，对AI2采样进行调整
3	H03-80设定±10V对应速度指令最大/最小值，H03-80=3000rpm	指定+10V对应的最大转速值（H03-80） 指定−10V对应的最小转速值（−H03-80）

当 AI2 输入信号中存在干扰时，可以设置 AI2 低通滤波参数（H03-56），进行滤波处理。在 AI2 参数设置中图 3-51 是无偏置和偏置后曲线。

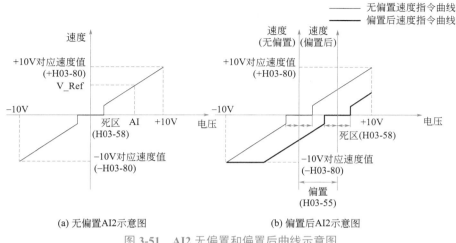

图 3-51　AI2 无偏置和偏置后曲线示意图

可通过 H0B-01 查看给定速度指令值。

● 多段速度指令，指用户通过外部 DI 或内部指定的方式选择内部寄存器存储的 16 组速度指令和相关控制参数。

● 点动速度指令，指用户通过配置两个外部 DI 或上位机控制软件，设置点动运行功能（FunIN.18、FunIN.19），根据功能码 H06-04 存储的速度值和为点动运行速度，DI 状态选择速度指令方向。

❷ 速度指令方向切换。通过设置功能码 FunIN.26，可使用 DI 控制速度指令的方向切换，满足需要切换方向的情况。如表 3-36 所示。

表 3-36　速度指令方向切换

编码	名称	功能名	描述	备注
FunIN.26	SPDDirSel	速度指令方向设定	无效——正方向 有效——反方向	相应端子的逻辑选择，建议设置为：电平有效

❸ 速度指令选择。速度模式具有如表 3-37 所示五种速度指令获取方式，通过功能码 H06-02 设定。

表 3-37　速度指令选择

功能码		名称	设定范围	单位	出厂设定	生效方式	设定方式	相关模式
H06	02	速度指令选择	0——主速度指令 A 来源 1——辅助速度指令 B 来源 2——A+B 3——A/B 切换 4——通信给定	—	0	立即生效	停机设定	S

精通伺服控制技术及应用

当速度指令选择"A/B 切换"即功能码 H06-02=3 时，需对 DI 端子单独分配一个功能定义，通过此输入端子决定当前是 A 指令输入有效或 B 指令输入有效。如表 3-38 所示。

表 3-38　主辅运行指令切换

编码	名称	功能名	描述	备注
FunIN.4	CMD-SEL	主辅运行指令切换	无效——当前运行指令为 A；有效——当前运行指令为 B	相应端子的逻辑选择，建议设置为：电平有效

（2）指令斜坡函数设置　斜坡函数控制功能是指将变化较大速度指令转换为较为平滑的恒定加减速的速度指令，即通过设定加减速时间，以达到控制加速和减速的目的。在速度控制模式下，若给出的速度指令变化太大，则导致电动机出现跳动或剧烈振动现象，若增加软启动的加速和减速时间，则可实现电动机的平稳启动，避免上述情况的发生和造成机械部件损坏。相关的功能代码如表 3-39 所示。

表 3-39　斜坡函数相关的功能代码

功能码		名称	设定范围	单位	出厂设定	生效方式	设定方式	相关模式
H06	05	速度指令加速斜坡时间常数	0～65535	ms	0	立即生效	运行设定	S
H06	06	速度指令减速斜坡时间常数	0～65535	ms	0	立即生效	运行设定	S

斜坡函数控制功能将阶跳速度指令转换为较为平滑的恒定加减速的速度指令，实现平滑的速度控制（包括内部设定速度控制），如图 3-52 所示。

图 3-52　斜坡函数定义示意图

H06-05：速度指令从零速加速到 1000r/min 所需时间。

H06-06：速度指令从 1000r/min 减速到零速度所需时间。

实际的加减速时间计算公式如下：

实际加速时间 =（速度指令 /1000）× 速度指令加速斜坡时间

实际减速时间 =（速度指令 /1000）× 速度指令减速斜坡时间

如图 3-53 所示。

（3）速度指令限幅限制设置　速度模式下，伺服驱动器可以限制速度指令的大小。速度指令限制包括：

❶ H06-07：设定速度指令的幅度限制，正、负方向的速度指令都不能超过这个数值，否则将被限定为以该值输出。

❷ H06-08：设定正向速度限制，正方向速度指令若超过该设定值都将被限定为以该值

116

输出。

❸ H06-09：设定负向速度限制，负方向速度指令若超过该设定值都将被限定为以该值输出。

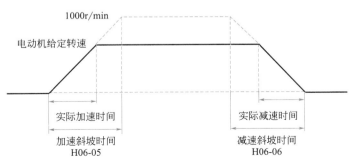

图 3-53　加减速时间示意图

电动机最高转速为默认的限制点，当匹配不同电动机时，此参数会随着电动机参数而变更。

功能码 H06-07、H06-08 和 H06-09 在限制转速时，以最小的限制点为限制条件，如图 3-54 所示，因 H06-09 设定值大于 H06-07，实际的工作转速限制为 H06-08，反转转速限制为 H06-07。

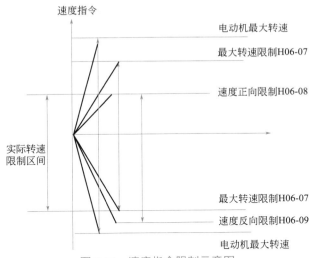

图 3-54　速度指令限制示意图

 注意

电动机最大转速是默认的限制最大点。

实际电动机转速限制区间满足：

$|$正向转速指令的幅度$| \leqslant$ min$\{$电动机最大转速、H06-07、H06-08$\}$

$|$负向转速指令的幅度$| \leqslant$ min$\{$电动机最大转速、H06-07、H06-09$\}$

相关功能代码如表 3-40 所示。

表 3-40 相关功能代码

功能码		名称	设定范围	单位	出厂设定	生效方式	设定方式	相关模式
H06	07	最大转速阈值	0～6000	rpm	6000	立即生效	运行设定	S
H06	08	正向速度阈值	0～6000	rpm	6000	立即生效	运行设定	S
H06	09	反向速度阈值	0～6000	rpm	6000	立即生效	运行设定	S

（4）零位固定功能　在速度模式下，当 ZCLAMP 有效，且速度指令的幅度小于或等于 H06-15 设定的速度值时，伺服电动机进入零位固定状态的控制，若此时发生振荡，可以调节位置环增益。当速度指令的幅度大于 H06-15 设定的速度值时，伺服电动机退出零位固定状态的控制。

DI 功能选择如表 3-41 所示。

表 3-41 DI 功能选择

编码	名称	功能名	描述	备注
FunIN.12	ZCLAMP	零位固定使能	有效——使能零位固定功能；无效——禁止零位固定功能	相应端子的逻辑选择，建议设置为：电平有效

功能代码如表 3-42 所示。

表 3-42 功能代码

功能码		名称	设定范围	单位	出厂设定	生效方式	设定方式	相关模式
H06	15	零位固定转速阈值	0～6000r/min	rpm	10	立即生效	运行设定	S

三、伺服驱动器转矩模式

伺服驱动器转矩模式框图（以 IS600P 为例）如图 3-55 所示。

1. 伺服驱动器转矩控制模式使用步骤

❶ 正确连接伺服主电路和控制电路的电源，以及电动机动力线和编码器线，上电后伺服面板显示"rdy"即表示伺服电源接线正确，电动机编码器接线正确。

❷ 通过按键进行伺服 HOG 试运行，慢速点动运行，确认电动机能否正常运行。

❸ 按照转矩模式接线说明连接控制信号端子中必要的 DI/DO 信号及模拟量速度指令。

❹ 进行转矩模式的相关参数设定。

❺ 使能伺服，设置一个较低的速度限制值，给伺服旋加一个正向或反向转矩指令，确

认电动机旋转方向是否正确，转速是否被正确限制，若正常则可以开始使用。

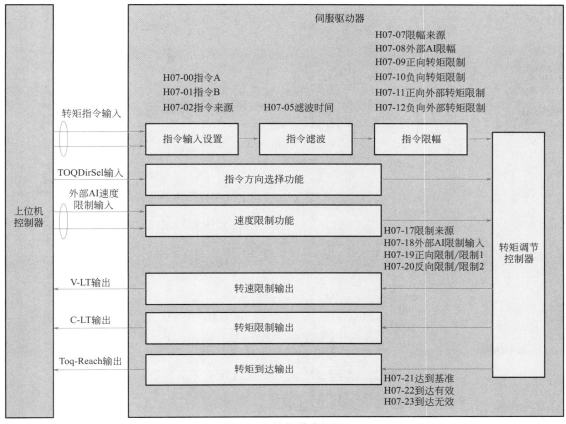

图 3-55　转矩模式框图

2. 伺服驱动器转矩模式配线

以 IS600P 为例，如图 3-56 所示。图 3-56 中⌠表示双绞线。同时线中注意以下三点：

❶ 信号线缆与动力线缆一定要分开走线，间隔至少 30cm；

❷ 信号线缆因为长度不够进行续接电缆时，一定将屏蔽层可靠连接以保证屏蔽及接地可靠；

❸ +5V 以 GND 为参考，+24V 以 COM 为参考。请勿超过最大允许电流，否则驱动器无法正常工作。

3. 转矩模式相关功能码设定

（1）转矩指令输入设置

❶ 转矩指令来源。转矩模式下，转矩指令有两组来源：来源 A 和来源 B，可通过以下两种方式设定：

a. 数字设定，即键盘设定，指功能码 H07-03 存储的转矩值与额定转矩的百分比作为转矩指令。

b. 模拟量指令来源，指将外部输入的模拟电压信号转换为控制电动机的转矩指令信号，此时可以任意指定模拟量和转矩指令的对应关系。功能参数如表 3-43 所示。

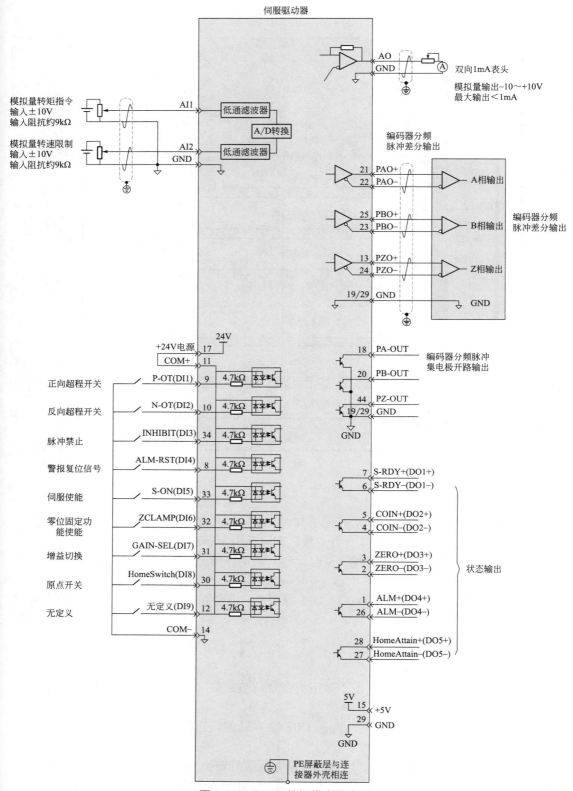

图 3-56 IS600P 转矩模式配线图

表 3-43　功能参数

功能码		名称	设定范围	单位	出厂设定	生效方式	设定方式	相关模式
H07	00	主转矩指令A 来源	0——数字给定（H07-03） 1——AI1 2——AI2	—	0	立即生效	停机设定	T
H07	01	辅助转矩指令B 来源	0——数字给定（H07-03） 1——AI1 2——AI2	—	1	立即生效	停机设定	T
H07	03	转矩指令键盘设定值	−300.0 ～ 300.0	%	0	立即生效	运行设定	T

❷ 转矩指令选择。转矩模式具有五种转矩指令获取方式，通过功能码 H07-02 设定，如表 3-44 所示。

表 3-44　五种转矩指令获取方式

功能码		名称	设定范围	单位	出厂设定	生效方式	设定方式	相关模式
H07	02	转矩指令选择	0——主转矩指令 A 来源 1——辅助转矩指令 B 来源 2——A+B 来源 3——A/B 切换 4——通信给定	—	0	立即生效	停机设定	T

❸ 转矩指令方向切换。通过设置功能码 FunIN.25，可使用 DI 控制转矩指令的方向切换，满足需要切换方向的情况。如表 3-45 所示。

表 3-45　转矩指令方向切换

编码	名称	功能名	描述	备注
FunIN.25	TOQDirSel	转矩指令方向设定	无效——正方向； 有效——反方向	相应端子的逻辑选择，建议设置为：电平有效

当转矩指令选择"A/B 切换"即功能码 H07-02=3 时，需对 DI 端子单独分配一个功能定义。通过此输入端子选择当前是 A 指令输入有效或 B 指令输入有效。如表 3-46 所示。

表 3-46　A/B 指令切换

编码	名称	功能名	描述	备注
FunIN.4	CMD-SEL	主辅运行指令切换	无效——当前运行指令为 A； 有效——当前运行指令为 B	相应端子的逻辑选择，建议设置为：电平有效

以 AI1 为例说明模拟量设定转矩指令方法。模拟量设定转矩操作指令举例如表 3-47 所示。

表 3-47　模拟量设定转矩操作指令

步骤	操作内容	备注
1	设定指令来源为辅助转矩指令 B 中的 AI1 来源 H07-02=1，H07-01= 1	设定转矩控制下的转矩指令来源
2	调整 AI1 相关参数： （1）零漂校正（H03-54 设置或 H0D-10 选择自动校正） （2）偏置设置（由 H03-50 设置） （3）死区设置（由 H03-53 设置）	通过零漂、偏置、死区设置，对 AI1 采样进行调整
3	H03-81 设定 ±10V 对应转矩最大 / 最小值 H03-81=3.00 倍额定转矩	指定 +10V 对应的最大转矩值（H03-81） 指定 −10V 对应的最小转矩值（−H03-81）

当 AI1 输入信号中存在干扰时，可以设置 AI1 低通滤波参数（H03-51），进行滤波处理。AI1 相关参数设置无偏置和偏置后指令曲线示意图如图 3-57 所示。

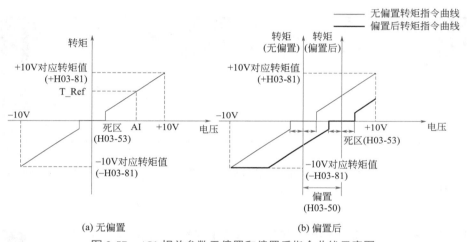

图 3-57　AI1 相关参数无偏置和偏置后指令曲线示意图

在转矩模式中可通过 H0B-02 查看给定转矩指令（相对于电动机额定转矩的百分比）。

（2）**转矩模式速度限制功能**　在转矩模式下，为保护机械需限制伺服电动机的转速，转矩控制时，伺服电动机仅受控于输出的转矩指令，不控制转速，因此若设定转矩指令过大，高于机械侧的负载转矩，则电动机将一直加速，可能发生超速现象，此时需设定电动机的转速限制值。

超出限制速度范围时，将超速与限制速度的速度差转化为一定比例的转矩，通过负向清除，使速度向限制速度范围内回归。因此，实际的电动机转速限制值，会因负载功条件不同而发生波动。可以通过内部给定或模拟量采样给定方式给定速度限制值（同速度控制时的速度指令）。速度限制示意图如图 3-58 所示。

速度限制来源包括内部速度限制来源和外部速度限制来源。当选择内部速度限制来源（H07-17=0）时，直接设定 H07-19 限制正向速度、H07-20 限度负向速度。若 H07-17=2，在 FunIN.36 分配情况下，则通过 DI 选择 H07-19 或 H07-20 作为速度限制。当 H07-17=1 选择外部速度限制来源时，先通过 H07-18 指定模拟量通道，再根据需要设定模拟量对应关系，此时外部限制值需小于内部速度限制值来源，以防由于外部速度限制来源设置不当引发危险。

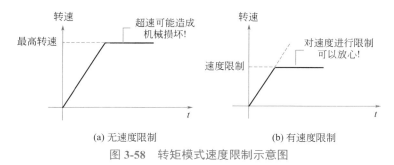

图 3-58　转矩模式速度限制示意图

DO 功能选择：电动机转速在受到限速后信号如表 3-48 所示。

表 3-48　转速限制信号

编码	名称	功能名	描述	备注
FunOUT.8	V-LT	转速限制信号	转矩控制时速度受限的确认信号： 有效——电动机转速受限； 无效——电动机转速不受限	—

注：V-LT 需要对信号进行分配。

以 IS600P 伺服驱动器举例，速度限制方式通过如表 3-49 所示功能表设定。

表 3-49　速度限制方式通过此功能表设定

功能码		名称	设定范围	单位	出厂设定	生效方式	设定方式	相关模式
H07	17	速度限制来源选择	0——内部速度限制（转矩控制时速度限制） 1——将 V-LMT 用作外部速度限制输入 2——通过 FunIN.36（V-SEL）选择第 1 或第 2 速度限制输入	—	0	立即生效	运行设定	T
H07	18	V-LMT 选择	1——AI1 2——AI2	—	1	立即生效	运行设定	T
H07	19	转矩控制正向速度限制值 / 转矩控制速度限制值 1	0 ～ 6000	rpm	3000	立即生效	运行设定	T
H07	20	转矩控制反向速度限制值 / 转矩控制速度限制值 2	0 ～ 6000	rpm	3000	立即生效	运行设定	T

（3）转矩指令限幅设置　为保护机械装置，可通过设定功能码 H07-07 限制输出转矩，

转矩限制选择有以下几种方式，如表3-50所示。

表3-50　转矩限制选择方式

功能码		名称	设定范围	单位	出厂设定	生效方式	设定方式	相关模式
H07	07	转矩限制来源	0——正负内部转矩限制（默认） 1——正负外部转矩限制（利用P-CL，N-CL选择） 2——T-LMT用作外部转矩限制输入 3——以正负外部转矩和外部T-LMT的最小值为转矩限制（利用P-CL，N-CL选择） 4——正负内部转矩限制和T-LMT转矩限制之间切换（利用P-CL，N-CL选择）	—	0	立即生效	停机设定	PST

DI功能选择：输入正/反转外部转矩限制选择信号P-CL/N-CL。如表3-51所示。

表3-51　DI功能选择

编码	名称	功能名	描述	备注
FunIN.16	P-CL	正外部转矩限制	根据H07-07的选择，进行转矩限制源的切换。 H07-07=1时： 有效——正转外部转矩限制有效； 无效——正转内部转矩限制有效。 H07-07=3且AI限制值大于正转外部限制值时： 有效——正转外部转矩限制有效； 无效——AI转矩限制有效。 H07-07=4时： 有效——AI转矩限制有效； 无效——正转内部转矩限制有效	相应端子的逻辑选择，建议设置为：电平有效
FunIN.17	N-CL	反外部转矩限制	根据H07-07的选择，进行转矩限制源的切换。 H07-07=1时： 有效——反转外部转矩限制有效； 无效——反转内部转矩限制有效。 H07-07=3且AI限制值小于反转外部限制值时： 有效——反转外部转矩限制有效； 无效——AI转矩限制有效。 H07-07=4时： 有效——AI转矩限制有效； 无效——反转内部转矩限制有效	相应端子的逻辑选择，建议设置为：电平有效

DO功能选择：输出转矩限制确认信号C-LT。如表3-52所示。

表 3-52　DO 功能选择

编码	名称	功能名	描述	备注
FunOUT.7	C-LT	转矩限制信号	转矩限制的确认信号： 有效——电动机转矩受限； 无效——电动机转矩不受限	—

需设置 DI/DO 相关功能码进行功能和逻辑分配。

如：设置模拟量输入 AI 时，首先通过功能码 H07-08 指定 T-LMT 变量，再设定转矩和模拟量电压的对应关系。

当 H07-07=1 时，正反转外部转矩限制是利用外部 DI 给定（P-CL、N-CL）触发，按照 H07-11、H07-12 设定的值进行转矩限制，当外部限制和 T-LMT 及其组合限制超过内部限制时，取内部限制，即所有的限制条件均按最小限制值进行约束转矩控制，使得转矩限制在电动机最大转矩范围内。T-LMT 是对称的，正转时按照 |T-LMT| 值限制，反转时按照 -|T-LMT| 值限制。如表 3-53 所示。

表 3-53　设置 DI/DO 相关功能码

功能码		名称	设定范围	单位	出厂设定	生效方式	设定方式	相关模式
H07	07	转矩限制来源	0——正负内部转矩限制 1——正负外部转矩限制（利用 P-CL，N-CL 选择） 2——T-LMT 用作外部转矩限制输入 3——以正负外部转矩和外部 T-LMT 的最小值为转矩限制（利用 P-CL，N-CL 选择） 4——正负内部转矩限制和 T-LMT 转矩限制之间切换（利用 P-CL，N-CL 选择）	—	0	立即生效	停机设定	PST
H07	08	T-LMT 选择	1——AI1 2——AI2	—	2	立即生效	停机设定	PST
H07	09	正内部转矩限制	0.0～300.0 （100% 对应一倍额定转矩）	%	300.0	立即生效	运行设定	PST
H07	10	负内部转矩限制	0.0～300.0 （100% 对应一倍额定转矩）	%	300.0	立即生效	运行设定	PST
H07	11	正外部转矩限制	0.0～300.0 （100% 对应一倍额定转矩）	%	300.0	立即生效	运行设定	PST
H07	12	负外部转矩限制	0.0～300.0 （100% 对应一倍额定转矩）	%	300.0	立即生效	运行设定	PST

第四节　伺服驱动器运行前的检查与调试

一、伺服驱动器运行前的检查工作

首先脱离伺服电动机连接的负载、与伺服电动机轴连接的联轴器及其相关配件。保证无负载情况下伺服电动机可以正常工作后，再连接负载，以避免不必要的危险。

运行前请检查并确保：

❶ 伺服驱动器外观上无明显的毁损。

❷ 配线端子已进行绝缘处理。

❸ 驱动器内部没有螺钉或金属片等导电性物体，可燃性物体，接线端口处没有导电异物。

❹ 伺服驱动器或外部的制动电阻器未放置于可燃物体上。

❺ 配线完成及正确。

驱动器电源、电源、接地端等接线正确；各控制信号线缆接线正确、可靠；各限位开关、保护信号均已正确连接。

❻ 使能开关已置于 OFF 状态。

❼ 切断电源回路及急停报警回路保持通路。

❽ 伺服驱动器外加电压基准正确。

在控制器没有发送运行命令信号的情况下，给伺服驱动器上电，检查并保证伺服电动机可以正常转动，无振动或运行声音过大现象；各项参数设置正确。根据机械特性的不同可能出现不预期动作，请勿有过度极端的参数；母线电压指示灯与数码管显示器无异常。

二、伺服驱动器负载惯量辨识和增益调整

得到正确负载惯量比后，建议先进行自动增益调整，若效果不佳，再进行手动增益调整。通过陷波器抑制机械共振，可设置两个共振频率。一般调整流程如图 3-59 所示。

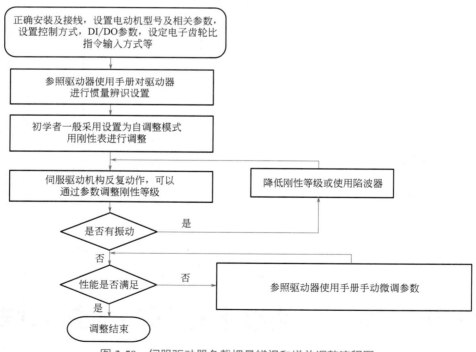

图 3-59 伺服驱动器负载惯量辨识和增益调整流程图

以 IS600P 为例，伺服驱动器调试流程图如图 3-60 所示。

（1）惯量辨识 自动增益调整或手动增益调整前需进行惯量辨识，以得到真实的负载惯量比，惯量辨识的调试流程图如图 3-61 所示。

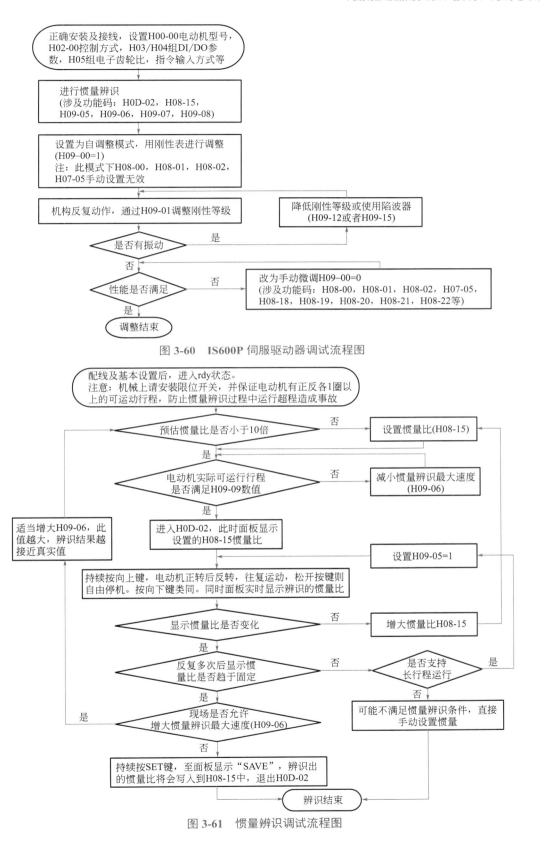

图 3-60　IS600P 伺服驱动器调试流程图

图 3-61　惯量辨识调试流程图

注意

若在负载转动惯量比默认值情况下，由于量比过小导致实际速度跟不上指令，使得辨识失败，需预置"惯量辨识最后输出平均值"，预置值建议以 5 倍为起始值，逐步递增至可正常辨识为止。

离线惯量辨识模式，一般建议用三角波模式，如果碰到有辨识不好的场合用阶跃矩形波模式尝试。在点动模式的情况下注意机械行程，防止离线惯量辨识过程中超程造成事故。IS600P 伺服驱动器惯量自调整参数功能代码如表 3-54 所示。

表 3-54 IS600P 伺服驱动器惯量自调整参数功能代码

功能码		名称	设定范围	单位	出厂设定	生效方式	设定方式	相关模式
H09	05	离线惯量辨识模式选择	0：正反三角波模式 1：JOG 点动模式	—	0	立即生效	停机设定	PST
H09	06	惯量辨识最大速度	100 ～ 1000	rpm	500	立即生效	停机设定	PST
H09	07	惯量辨识时加速至最大速度时间常数	20 ～ 800	ms	125	立即生效	停机设定	PST
H09	08	单次惯量辨识完成后等待时间	50 ～ 10000	ms	800	立即生效	停机设定	PST
H09	09	完成单次惯量辨识电动机转动圈数	0.00 ～ 2.00	r	—	—	显示	PST

（2）惯量辨识有效条件

❶ 实际电动机最高转速高于 150rpm；

❷ 实际加减速时的加速度在 3000rpm/s 以上；

❸ 负载转矩比较稳定，不能剧烈变化；

❹ 最大可辨识 120 倍惯量；

❺ 机械刚性极低或传动机械背隙较大时可能会辨识失效。

三、自动增益调整

自动增益调整的一般方法是，先设定成参数自调整模式，再施加令使伺服电动机运动起来，此时一边观察效果一边调整刚性等级的值，直到达到满意效果，如果始终不能满意则转为手动增益调整模式。

 注意

刚性调高后可能产生振动，推荐使用陷波器抑制，为避免因刚性等级突然增高产生振动，请逐渐增加刚性等级。请检查增益是否有裕量以避免伺服系统处于临界稳定状态。

IS600P 伺服驱动器参数自调整模式和刚性等级参数如表 3-55 所示。

表 3-55　IS600P 伺服驱动器参数自调整模式和刚性等级参数

功能码		名称	设定范围	单位	出厂设定	生效方式	设定方式	相关模式
H09	00	自调整模式选择	0——参数自调整无效，手动调节增益参数 1——参数自调整模式，用刚性表自动调节增益参数 2——定位模式，用刚性表自动调节增益参数	—	0	立即生效	运行设定	PST
H09	01	刚性等级选择	0～31	—	12	立即生效	运行设定	PST
推荐刚性等级			负载机构类型					
4～8 级			一些大型机械					
8～15 级			皮带等刚性较低的应用					
15～20 级			滚珠丝杠、直连等刚性较高的应用					

四、伺服驱动器手动增益调整

手动增益调整时，需要将增益调整参数设置成手动增益调整模式，再单独调整几个增益相关的参数，加大位置环增益和速度环增益都会使系统的响应变快，但是太大的增益会引起系统不稳定。此外在负载惯量比基本准确的前提下，速度环增益和位置环增益应满足一定的关系，如下所示，否则系统也容易不稳定。

$$\frac{1}{3} \leqslant \frac{H08-00[Hz]}{H08-02[Hz]} \leqslant 1$$

加大转矩指令滤波时间，对抑制机械共振有帮助，但会降低系统的响应，相对速度环增益，滤波时间不能随意加大，应满足如下条件：

$$H08-00 \leqslant \frac{1000}{2II \times H07-05 \times 4}$$

手动增益调整功能代码如表 3-56 所示。

表 3-56　手动增益调整功能代码

功能码		名称	设定范围	单位	出厂设定	生效方式	设定方式	相关模式
H08	00	速度环增益	0.1～2000.0	Hz	25.0	立即生效	运行设定	PS
H08	01	速度环积分时间常数	0.15～512.00	ms	31.83	立即生效	运行设定	PS
H08	02	位置环增益	0.0～2000.0	Hz	40.0	立即生效	运行设定	P
H07	05	转矩指令滤波时间常数	0.00～30.00	ms	0.79	立即生效	运行设定	PST

精通伺服控制技术及应用

五、伺服驱动器陷波器

机械系统具有一定的共振频率，若伺服增益设置过高，则有可能在机械共振频率附近产生共振，此时可考虑使用陷波器，陷波器通过降低特定频率的增益达到抑制机械共振的目的，增益也因此可以设置得更高。

共有 4 组陷波器，每组陷波器均有 3 个参数，分别为频率，宽度等级和衰减等级。当频率为默认值 4000Hz 时，陷波器实际无效。其中第 1 和第 2 组陷波器为手动陷波器，各参数由用户手动设定。第 3 和第 4 组陷波器为自适应陷波器，当开启自适应陷波器模式时，由驱动器自动设置，如不开启自适应陷波器模式，也可以手动设置。

若使用陷波器抑制共振，优先使用自适应陷波器，如果自适应陷波器无效或效果不佳，可以使用手动陷波器。使用手动陷波器时，将频率参数设置为实际的共振频率。此频率可以由后台软件的机械特性分析工具得到。宽度等级建议保持默认值 2。深度等级根据情况进行调节，此参数设的越小，对共振的抑制效果越强，设的越大，抑制效果越弱，如果设为 99，则几乎不起作用。虽然降低深度等级会增强抑制效果，但也会导致相位滞后，可能使系统不稳定，因此不可随意降低。

以 IS600P 为例：自适应陷波器的模式由 H09-02 功能码进行控制。H09-02 设为 1 时，第 3 组陷波器有效，当伺服使能且检测到共振发生时参数会被自动设定以抑制振动。H09-02 设为 2 时，第 3 和第 4 组陷波器共同有效，两组陷波器都可以被自动设定。

提示：陷波器只能在转矩模式以外的模式下使用。

如果 H09-02 一直设为 1 或 2，自适应陷波器更新的参数每隔 30min 自动写入 EEPROM 一次，在 30min 内的更新则不会存入 EEPROM。H09-02 设为 0 时，自适应陷波器会保持当前参数不再发生变化。在使用自适应陷波器正确抑制且稳定一段时间后，可以使用此功能将自适应陷波器参数固定。虽然总共有 4 组陷波器，但建议最多 2 组陷波器同时工作，共振频率在 300Hz 以下时，自适应陷波器的效果会有所降低。使用自适应陷波器的时候，如果振动长时间不能消除，请及时关闭驱动器使能。

IS600P 伺服驱动器陷波器相关功能代码如表 3-57 所示。

表 3-57　IS600P 伺服驱动器陷波器相关功能代码

功能码		名称	设定范围	单位	出厂设定	生效方式	设定方式	相关模式
H09	02	自适应陷波器模式选择	0 ～ 4 0——自适应陷波器不再更新； 1——一个自适应陷波器有效； （第 3 组陷波器） 2——两个自适应陷波器有效； （第 3 组和第 4 组陷波器） 3——只检测共振频率，不更新陷波器参数，H09-24 显示共振频率； 4——恢复第 3 组和第 4 组陷波器的值到出厂状态	1	0	立即生效	运行设定	PST

续表

功能码		名称	设定范围	单位	出厂设定	生效方式	设定方式	相关模式
H09	12	第 1 组陷波器频率	50 ～ 4000	Hz	4000	立即生效	运行设定	PS
H09	13	第 1 组陷波器宽度等级	0 ～ 20	—	2	立即生效	运行设定	PS
H09	14	第 1 组陷波器深度等级	0 ～ 99	—	0	立即生效	运行设定	PS
H09	15	第 2 组陷波器频率	50 ～ 4000	Hz	4000	立即生效	运行设定	PS
H09	16	第 2 组陷波器宽度等级	0 ～ 20	—	2	立即生效	运行设定	PS
H09	17	第 2 组陷波器深度等级	0 ～ 99	—	0	立即生效	运行设定	PS
H09	18	第 3 组陷波器频率	50 ～ 4000	Hz	4000	立即生效	运行设定	PS
H09	19	第 3 组陷波器宽度等级	0 ～ 20	—	2	立即生效	运行设定	PS
H09	20	第 3 组陷波器衰减等级	0 ～ 99	—	0	立即生效	运行设定	PS
H09	21	第 4 组陷波器频率	50 ～ 4000	Hz	4000	立即生效	运行设定	PS
H09	22	第 4 组陷波器宽度等级	0 ～ 20	—	2	立即生效	运行设定	PS
H09	23	第 4 组陷波器衰减等级	0 ～ 99	—	0	立即生效	运行设定	PS
H09	24	共振频率辨识结果	—	Hz	—	—	—	PS

IS600P 伺服驱动器功能参数表参数概要如表 3-58 所示，详细内容由于篇幅请大家参照厂家配置说明书。

表 3-58 IS600P 伺服驱动器功能参数表参数概要

功能码组	参数组概要
H00 组	伺服电动机参数
H01 组	驱动器参数
H02 组	基本控制参数
H03 组	端子输入参数
H04 组	端子输出参数
H05 组	位置控制参数

续表

功能码组	参数组概要
H06 组	速度控制参数
H07 组	转矩控制参数
H08 组	增益类参数
H09 组	自调整参数
H0A 组	故障与保护参数
H0B 组	监控参数
H0C 组	通信参数
H0D 组	辅助功能参数
H0F 组	全闭环功能参数
H11 组	多段位置功能参数
H12 组	多段速度参数
H17 组	虚拟 DIDO 参数
H30 组	通信读取伺服相关变量
H31 组	通信给定伺服相关变量

第五节　伺服驱动器的故障处理

本节以 IS600P 伺服驱动器为例进行典型故障实例介绍，其他品牌思路大体相同。

一、伺服驱动器启动时的警告和处理

1. 位置模式（以 IS600P 伺服驱动器为例，电路可参阅第二章）

在位置模式 IS600P 伺服驱动器故障检查如表 3-59 所示。

表 3-59　IS600P 伺服驱动器故障检查

启动过程	故障现象	原因	确认方法
接通控制电源（L1C、L2C）主电源（L1、L2）（R、S、T）	数码管不亮或不显示 "rdy"	控制电源电压故障	◆拔下 CN1、CN2、CN3、CN4 后，故障依然存在。 ◆测量（L1C、L2C）之间的交流电压
		主电源电压故障	◆单相 220V 电源机型测量（L1、L2）之间的交流电压。主电源直流母线电压幅值（P⊕、⊖间电压）低于 200V 数码管显示 "nrd"。 ◆三相 220V/380V 电源机型测量（R、S、T）之间的交流电压。主电源直流母线电压幅值（P⊕、⊖间电压）低于 460V 数码管显示 "nrd"

续表

启动过程	故障现象	原因	确认方法
接通控制电源（L1C、L2C）主电源（L1、L2）（R、S、T）	数码管不亮或不显示"rdy"	烧录程序端子被短接	◆检查烧录程序的端子，确认是否被短接
		伺服驱动器故障	
	面板显示"Er.xxx"		查驱动器手册，按照手册说明进行故障排除
	■排除上述故障后，面板应显示"rdy"		
伺服使能信号置为有效（S-ON 为 ON）	面板显示"Er.xxx"		查驱动器手册，查找原因，排除故障
	伺服电动机的轴处于自由运行状态	伺服使能信号无效	◆将面板切换到伺服状态显示，查看面板是否显示为"rdy"，而不是"run"。 ◆查看 H03 组和 H17 组，是否设置伺服使能信号（DI 功能 1：S-ON）。若已设置，则查看对应端子逻辑是否有效；若未设置，则进行设置，并使端子逻辑有效。 ◆若 H03 组已设置伺服使能信号，且对应端子逻辑有效，但面板依然显示"rdy"，则检查该 DI 端子接线是否正确
		控制模式选择错误	◆查看 H02-00 是否为 1，若误设为 2（转矩模式），由于默认转矩指令为零，电动机轴也处于自由运行状态
	■排除上述故障后，面板应显示"run"		
输入位置指令	伺服电动机不旋转	输入位置指令计数器（H0B-13）为 0	◆高 / 低速脉冲口接线错误。 H05-00=0 脉冲指令来源时，查看高 / 低速脉冲口接线是否正确，同时查看 H05-01 设置是否匹配。 ◆未输入位置指令。 ①是否使用 DI 功能 13（FunIN.13：Inhibit，位置指令禁止）或 DI 功能 37（FunIN.37：PulseInhibit，脉冲指令禁止）； ② H05-00=0 脉冲指令来源时，上位机或其他脉冲输出装置未输出脉冲，可用示波器查看高 / 低速脉冲口是否有脉冲输入； ③ H05-00=1 步进量指令来源时，查看 H05-05 是否为 0，若不为 0，查看是否已设置 DI 功能 20（FunIN.20：PosStep，步进量指令使能）及对应端子逻辑是否有效； ④ H05-00=2 多段位置指令来源时，查看 H11 组参数是否设置正确，若正确，查看是否已设置 DI 功能 28（FunIn.28：PosInSen，内部多段位置使能）及对应端子逻辑是否有效； ⑤若使用过中断定长功能，查看 H05-29 是否为 1（中断定长运行完成后，是否可以直接响应其他位置指令），若为 1，确认是否使用 DI 功能 29（FunIN.29：XintFree，中断定长状态解除）解除锁定状态

133

续表

启动过程	故障现象	原因	确认方法
输入位置指令	伺服电动机反转	输入位置指令计数器（H0B-13）为负数	◆ H05-00=0 脉冲指令来源时，查看 H05-15（脉冲指令形态）参数设置与实际输入脉冲是否对应，若不一致，则 H05-15 设置错误或者端子接线错误； ◆ H05-00=1 步进量指令来源时，查看 H05-05 数值的正负； ◆ H05-00=2 多段位置指令来源时，查看 H11 组每段移动位移的正负； ◆ 查看是否已设置 DI 功能 27（FunIN.27: PosDirSel，位置指令方向设置）及对应端子逻辑是否有效； ◆ 查看 H02-02 参数是否设置错误
	■ 排除上述故障后，伺服电动机能旋转		
低速旋转不平稳	低速旋转时速度不稳定	增益设置不合理	◆进行自动增益调整
	电动机轴左右振动	负载转动惯量比（H08-15）太大	◆若可安全运行，则重新进行惯量辨识； ◆进行自动增益调整
	■ 排除上述故障后，伺服电动机能正常旋转		
正常运行	定位不准	产生不符合要求的位置偏差	◆确定输入位置指令计数器（H0B-13）、反馈脉冲计数器（H0B-17）及机械停止位置，确认步骤如下

伺服驱动器定位不准故障原因和检查步骤：伺服驱动器定位原理框图如图 3-62 所示。

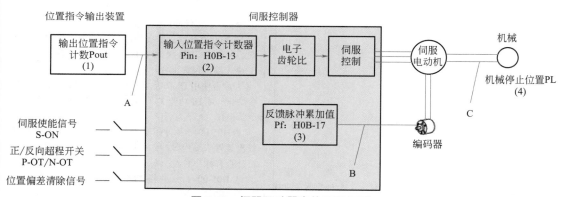

图 3-62　伺服驱动器定位原理框图

对于伺服驱动器定位不准故障，在发生定位不准问题时主要检查图 3-62 中 4 个信号。

❶ 位置指令输出装置（上位机或者驱动器内部参数）中的输出位置指令计数值 Pout；

❷ 伺服控制器接收到的输入位置指令计数器 Pin，对应于参数 H0B-13；

❸ 伺服电动机自带编码器的反馈脉冲累加值 Pf，对应于参数 H0B-17；

❹ 机械停止的位置 PL。

导致定位不准的原因有 3 个，对应图中的 A、B、C，其中：

A 表示：位置指令输出装置（专指上位机）和伺服驱动器的接线中，由于噪声的影响而引起输入位置指令计数错误。

B 表示：电动机运行过程中，输入位置指令被中断。原因：伺服使能信号被置为无效（S-ON 为 OFF），正向 / 反向超程开关信号（P-OT 或 N-OT）有效，位置偏差清除信号（ClrPosErr）有效。

C 表示：机械与伺服电动机之间发生了机械位置滑动。

在不发生位置偏差的理想状态下，以下关系成立：

● Pout=Pin，输出位置指令计数值 = 输入位置指令计数器；

● Pin× 电子齿轮比 Pf，输入位置指令计数器 × 电子齿轮比 = 反馈脉冲累加值；

● Pf× ΔL=PL，反馈脉冲累加值 ×1 个位置指令对应负载位移 = 机械停止的位置。

发生定位不准的状态下，检查方法：

（1）Pout≠Pin。

故障原因：A。

排除方法与步骤：

❶ 检查脉冲输入端子是否采用双绞屏蔽线。

❷ 如果选用的是低速脉冲输入端子中的集电极开路输入方式，应改成差分输入方式。

❸ 脉冲输入端子的接线务必与主电路（L1C、L2C、R、S、T、U、V、W）分开走线。

❹ 选用的是低速脉冲输入端子，增大低速脉冲输入引脚滤波时间常数（H0A-24）；反之，选用的是高速脉冲输入端子，增大高速脉冲输入引脚滤波时间常数（H0A-30）。

（2）Pin× 电子齿轮比 ≠Pf。

故障原因：B。

排除与步骤：

❶ 检查是否运行过程中发生了故障，导致指令未全部执行而伺服已经停机；

❷ 若是由于位置偏差清除信号（ClrPosErr）有效，应检查位置偏差清除方式（H05-16）是否合理。

（3）Pf× ΔL≠PL。

故障原因：C。

排除方法与步骤：

逐级排查机械的连接情况，找到发生相对滑动的位置。

2. 速度模式（以 IS600P 伺服驱动器为例，电路可参阅第二章）

在速度模式 IS600P 伺服驱动器故障检查如表 3-60 所示。

表 3-60　在速度模式 IS600P 伺服驱动器故障检查

启动过程	故障现象	原因	确认方法
接通控制电源（L1C、L2C）主电源（L1、L2）（R、S、T）	数码管不亮或不显示"rdy"	（1）控制电源电压故障	◆拔下 CN1、CN2、CN3、CN4 后，故障依然存在。 ◆测量（L1C、L2C）之间的交流电压
		（2）主电源电压故障	◆单相 220V 电源机型测量（L1、L2）之间的交流电压。主电源直流母线电压幅值（P⊕、⊖间电压）低于 200V 数码管显示"nrd"。 ◆三相 220V/380V 电源机型测量（R、S、T）之间的交流电压。主电源直流母线电压幅值（P⊕、⊖间电压）低于 460V 数码管显示"nrd"

续表

启动过程	故障现象	原因	确认方法
接通控制电源（L1C、L2C）主电源（L1、L2）（R、S、T）	数码管不亮或不显示"rdy"	（3）烧录程序端子被短接	◆检查烧录程序的端子，确认是否被短接
		（4）伺服驱动器故障	—
	面板显示"Er.xxx"		参考伺服驱动器相关使用手册查找原因，排除故障
	■排除上述故障后，面板应显示"rdy"		
伺服使能信号置为有效（S-ON 为 ON）	面板显示"Er.xxx"		参考伺服驱动器相关使用手册查找原因，排除故障
	伺服电动机的轴处于自由运行状态	（1）伺服使能信号无效	◆将面板切换到伺服状态显示，查看面板是否显示为"rdy"，而不是"run"。 ◆查看 H03 组和 H17 组，是否设置伺服使能信号（DI 功能 1：S-ON）。若已设置，则查看对应端子逻辑是否有效；若未设置，则进行设置，并使端子逻辑有效。 ◆若 H03 组已设置伺服使能信号，且对应端子逻辑有效，但面板依然显示"rdy"，则检查该 DI 端子接线是否正确
		（2）控制模式选择错误	◆查看 H02-00 是否为 0，若误设为 2（转矩模式），由于默认转矩指令为零，电动机轴也处于自由运行状态
	■排除上述故障后，面板应显示"run"		
输入速度指令	伺服电动机不旋转或转速不正确	速度指令（H0B-01）为 0	◆AI 接线错误。 选用模拟量输入指令时，首先查看 AI 模拟量输入通道选择是否正确，然后查看 AI 端子接线是否正确。 ◆速度指令选择错误。 查看 H06-02 是否设置正确。 ◆未输入速度指令或速度指令异常。 （1）选用模拟量输入指令时，首先查看 H03 组 AI 相关参数设置是否正确；然后检查外部信号源输入电压信号是否正确，可用示波器观测或通过 H0B-21 或 H0B-22 读取； （2）数字给定时，查看 H06-03 是否正确； （3）多段速度指令给定时，查看 H12 组参数是否设置正确； （4）通信给定时，查看 H31-09 是否正确； （5）点动速度指令给定时，查看 H06-04 是否正确，是否已设置 DI 功能 18 和 19，及对应端子逻辑是否有效； （6）查看加减速时间 H06-05 和 H06-06 设置是否正确； （7）零位固定功能是否被误启用，即查看 DI 功能 12 是否误配置，以及相应 DI 端子有效逻辑是否正确
	伺服电动机反转	速度指令（H0B-01）为负数	◆选用模拟量输入指令时，查看输入信号正负极性是否反向； ◆数字给定时，查看 H06-03 是否小于 0； ◆多段速度指令给定时，查看 H12 组每组速度指令的正负； ◆通信给定时，查看 H31-09 是否小于 0； ◆点动速度指令给定时，查看 H06-04 数值、DI 功能 18、19 的有效逻辑与预计转向是否匹配； ◆查看是否已设置 DI 功能 26（FunIN.26：SpdDirSel，速度指令方向设置）及对应端子逻辑是否有效； ◆查看 H02-02 参数是否设置错误

续表

启动过程	故障现象	原因	确认方法
输入速度指令	■ 排除上述故障后，伺服电动机能旋转		
低速旋转不平稳	低速旋转时速度不稳定	增益设置不合理	◆进行自动增益调整
	电动机轴左右振动	负载转动惯量比（H08-15）太大	◆若可安全运行，则重新进行惯量辨识； ◆进行自动增益调整

3. 伺服驱动器转矩模式（以 IS600P 伺服驱动器为例，电路可参阅第二章）

转矩模式 IS600P 伺服驱动器故障检查如表 3-61 所示。

表 3-61　在转矩模式 IS600P 伺服驱动器故障检查

启动过程	故障现象	原因	确认方法
接通控制电源（L1C、L2C）主电源（L1、L2）（R、S、T）	数码管不亮或不显示"rdy"	（1）控制电源电压故障	◆拔下 CN1、CN2、CN3、CN4 后，故障依然存在。 ◆测量（L1C、L2C）之间的交流电压
		（2）主电源电压故障	◆单相 220V 电源机型测量（L1、L2）之间的交流电压。主电源直流母线电压幅值（P⊕、⊖间电压）低于 200V 数码管显示"nrd"。 ◆三相 220V/380V 电源机型测量（R、S、T）之间的交流电压。主电源直流母线电压幅值（P⊕、⊖间电压）低于 460V 数码管显示"nrd"
		（3）烧录程序端子被短接	◆检查烧录程序的端子，确认是否被短接
		（4）伺服驱动器故障	—
	面板显示"Er.xxx"	参考伺服驱动器相关使用手册查找原因，排除故障	
	■ 排除上述故障后，面板应显示"rdy"		
伺服使能信号置为有效（S-ON 为 ON）	面板显示"Er.xxx"	参考伺服驱动器相关使用手册查找原因，排除故障	
	伺服电动机的轴处于自由运行状态	伺服使能信号无效	◆将面板切换到伺服状态显示，查看面板是否显示为"rdy"，而不是"run"。 ◆查看 H03 组和 H17 组，是否设置伺服使能信号（DI 功能 1：S-ON）。若已设置，则查看对应端子逻辑是否有效；若未设置，则进行设置，并使端子逻辑有效。 ◆若 H03 组已设置伺服使能信号，且对应端子逻辑有效，但面板依然显示"rdy"，则检查该 DI 端子接线是否正确
	■ 排除上述故障后，面板应显示"run"		

续表

启动过程	故障现象	原因	确认方法
输入转矩指令	伺服电动机不旋转	内部转矩指令（H0B-02）为 0	◆ AI 接线错误。 选用模拟量输入指令时，查看 AI 端子接线是否正确。 ◆转矩指令选择错误。 查看 H07-02 是否设置正确。 ◆未输入转矩指令。 (1) 选用模拟量输入指令时，首先查看 H03 组 AI 相关参数设置是否正确；然后查看外部信号源输入电压信号是否正确，可用示波器观测或通过 H0B-21 或 H0B-22 读取； (2) 数字给定时，查看 H07-03 是否为 0； (3) 通信给定时，查看 H31-11 是否为 0
	伺服电动机反转	内部转矩指令（H0B-02）为负数	◆选用模拟量输入指令时，外部信号源输入电压极性是否反向，可用示波器或通过 H0B-21 或 H0B-22 查看； ◆数字给定时，查看 H07-03 是否小于 0； ◆通信给定时，查看 H31-11 是否小于 0； ◆查看是否已设置 DI 功能 25（FunIN.25：TopDirSel，转矩指令方向设置）及对应端子逻辑是否有效； ◆查看 H02-02 参数是否设置错误
	■ 排除上述故障后，伺服电动机能旋转		
低速旋转不平稳	低速旋转时速度不稳定	增益设置不合理	◆进行自动增益调整
	电动机轴左右振动	负载转动惯量比（H08-15）太大	◆若可安全运行，则重新进行惯量辨识； ◆进行自动增益调整

二、伺服驱动器运行中的故障和警告处理

以 IS600P 伺服驱动器为例，电路可参阅第二章，伺服驱动器运行中的故障和警告代码如下。

（1）故障和警告分类 伺服驱动器的故障和警告按严重程度分级，可分为三级：第 1 类、第 2 类、第 3 类。严重等级：第 1 类 > 第 2 类 > 第 3 类。具体分类如下：

第 1 类（简称 NO.1）不可复位故障；

第 1 类（简称 NO.1）可复位故障；

第 2 类（简称 NO.2）可复位故障；

第 3 类（简称 NO.3）可复位故障。

"可复位"是指通过给出"复位信号"使面板停止故障显示状态。

以 IS600P 为例具体操作：

设置参数 H0D-01=1（故障复位）或者使用 DI 功能 2（FunIN.2/：ALM-RST，故障和警告复位）且置为逻辑有效，可使面板停止故障显示。

NO.1、NO.2 可复位故障的复位方法：先关闭伺服使能信号（S-ON 置为 OFF），然后置 H0D-01=1 或使用 DI 功能 2。

NO.3 可复位警告的复位方法：置 H0D-01=1 或使用 DI 功能 2。

注：对于一些故障或警告，必须通过更改设置，将产生的原因排除后，才可复位，但复位不代表更改生效。对于需要重新上控制电（L1C、L2C）才生效的更改，必须重新上控制电；对于需要停机才生效的更改，必须关闭伺服使能，更改生效后，伺服驱动器才能正常运行。

在操作中关联功能代码如表 3-62 所示。

表 3-62　在操作中关联功能代码

功能码		名称	设定范围	单位	出厂设定	设定方式	生效时间	相关模式
H0D	01	故障复位	0——无操作 1——故障和警告复位	—	0	停机设定	立即生效	—

编码	名称	功能名	功能
FunIN.2	ALM-RST	故障和警告复位信号	该 DI 功能为边沿有效，电平持续为高 / 低电平时无效。 按照报警类型，有些报警复位后伺服是可以继续工作的。 分配到低速 DI 时，若 DI 逻辑设置为电平有效，将被强制为沿变化有效，有效的电平变化务必保持 3ms 以上，否则将导致故障复位功能无效。请勿分配故障复位功能到快速 DI，否则功能无效。 无效，不复位故障和警告； 有效，复位故障和警告

（2）伺服驱动器故障和警告记录　伺服驱动器具有故障记录功能，可以记录最近 10 次的故障和警告名称及故障或警告发生时伺服驱动器的状态参数。若最近 5 次发生了重复的故障或警告，则故障或警告代码即驱动器状态仅记录一次。

故障或警告复位后，故障记录依然会保存该故障和警告；使用"系统参数初始化功能"IS600P 使用（H02-31=1 或 2）可清除故障和警告记录。

通过监控参数 H0B-33 可以选择故障或警告距离当前故障的次数 n，H0B-34 可以查看第 $n+1$ 次故障或警告名称，H0B-35 ～ H0B-42 可以查看对应第 $n+1$ 次故障或警告发生时伺服驱动器的状态参数，没有故障发生时面板上 H0B-34 显示"Er.000"。

通过面板查看 H0B-34（第 $n+1$ 次故障或警告名称）时，面板显示"Et.xxx"，"xxx"为故障或警告代码；通过和驱动调试平台软件或者通信读取 H0B-34 时，读取的是代码的十进制数据，需要转化成十六进制数据以反映真实的故障或警告代码。如表 3-63 所示。

表 3-63　伺服驱动器故障和警告记录

面板显示故障或警告 "Er.xxx"	H0B-34（十进制）	H0B-34（十六进制）	说明
Er.101	257	0101	0：第 1 类不可复位故障 101：故障代码
Er.130	8496	2130	2：第 1 类可复位故障 130：故障代码
Er.121	24865	6121	6：第 2 类可复位故障 121：故障代码
Er.110	57616	E110	E：第 3 类可复位警告 110：警告代码

（3）故障和警告编码输出　伺服驱动器能够输出当前最高级别的故障或警告编码。

"故障编码输出"是指将伺服驱动器的 3 个 DO 端子设定成 DO 功能 12、13、14，其中 FunOUT.12；ALMO1（报警代码第 1 位，简称 AL1），FunOUT.13；ALMO2（报警代码第 2 位，简称 AL2），FunOUT.14；ALMO3（报警代码第 3 位，简称 AL3）。不同的故障发生时，3 个 DO 端子的电平将发生变化。

❶ 第 1 类（NO.1）不可复位故障，如表 3-64 所示。

表 3-64　第 1 类（NO.1）不可复位故障

显示	故障名称	故障类型	能否复位	编码输出		
				AL3	AL2	AL1
Er.101	H02 及以上组参数异常	NO.1	否	1	1	1
Er.102	可编程逻辑配置故障	NO.1	否	1	1	1
Er.104	可编程逻辑中断故障	NO.1	否	1	1	1
Er.105	内部程序异常	NO.1	否	1	1	1
Er.108	参数存储故障	NO.1	否	1	1	1
Er.111	内部故障	NO.1	否	1	1	1
Er.120	产品匹配故障	NO.1	否	1	1	1
Er.136	电动机 ROM 中数据校验错误或未存入参数	NO.1	否	1	1	1
Er.200	过流 1	NO.1	否	1	1	0
Er.201	过流 2	NO.1	否	1	1	0
Er.208	FPGA 系统采样运算超时	NO.1	否	1	1	0
Er.210	输出对地短路	NO.1	否	1	1	0
Er.220	相序错误	NO.1	否	1	1	0
Er.234	飞车	NO.1	否	1	1	0
Er.430	控制电欠压	NO.1	否	0	1	1
Er.740	编码器干扰	NO.1	否	1	1	1
Er.834	AD 采样过压	NO.1	否	1	1	1
Er.835	高精度 AD 采样故障	NO.1	否	1	1	1
Er.A33	编码器数据异常	NO.1	否	0	1	0
Er.A34	编码器回送校验异常	NO.1	否	0	1	0
Er.A35	Z 信号丢失	NO.1	否	0	1	0

注："1"表示有效，"0"表示无效，它们不代表 DO 端子电平的高低。

❷ 第 1 类（NO.1）可复位故障，如表 3-65 所示。

表 3-65　第 1 类（NO.1）可复位故障

显示	故障名称	故障类型	能否复位	编码输出		
				AL3	AL2	AL1
Er.130	DI 功能重复分配	NO.1	是	1	1	1
Er.131	DO 功能分配超限	NO.1	是	1	1	1
Er.207	D/Q 轴电流溢出故障	NO.1	是	1	1	0
Er.400	主回路电过压	NO.1	是	0	1	1
Er.410	主回路电欠压	NO.1	是	1	1	0
Er.500	过速	NO.1	是	0	1	0
Er.602	角度辨识失败	NO.1	是	0	0	0

❸ 第 2 类（NO.2）可复位故障，如表 3-66 所示。

表 3-66　第 2 类（NO.2）可复位故障

显示	故障名称	故障类型	能否复位	编码输出		
				AL3	AL2	AL1
Er.121	伺服 ON 指令无效故障	NO.2	是	1	1	1
Er.410	主回路电欠压	NO.2	是	1	1	0
Er.420	主回路电缺相	NO.2	是	0	1	1
Er.510	脉冲输出过速	NO.2	是	0	0	0
Er.610	驱动器过载	NO.2	是	0	1	0
Er.620	电动机过载	NO.2	是	0	0	0
Er.630	电动机堵转	NO.2	是	0	0	0
Er.650	散热器过热	NO.2	是	0	0	0
Er.B00	位置偏差过大	NO.2	是	1	0	0
Er.B01	脉冲输入异常	NO.2	是	1	0	0
Er.B02	全闭环位置偏差过大	NO.2	是	1	0	0
Er.B03	电子齿轮比设定超限	NO.2	是	1	0	0
Er.B04	全闭环功能参数设置错误	NO.2	是	1	0	0
Er.D03	CAN 通信连接中断	NO.2	是	1	0	1

❹ 警告，可复位，如表 3-67 所示。

表 3-67　警告，可复位

显示	故障名称	故障类型	能否复位	编码输出		
				AL3	AL2	AL1
Er.110	分频脉冲输出设定故障	NO.3	是	1	1	1
Er.601	回原点超时故障	NO.3	是	0	0	0
Er.831	AI 零漂过大	NO.3	是	1	1	1
Er.900	DI 紧急刹车	NO.3	是	1	1	1
Er.909	电动机过载警告	NO.3	是	1	1	0
Er.920	制动电阻过载	NO.3	是	1	0	1
Er.922	外接制动电阻过小	NO.3	是	1	0	1
Er.939	电动机动力线断线	NO.3	是	1	0	0
Er.941	变更参数需重新上电生效	NO.3	是	0	1	1
Er.942	参数存储频繁	NO.3	是	0	1	1
Er.950	正向超程警告	NO.3	是	0	0	0
Er.952	反向超程警告	NO.3	是	0	0	0
Er.980	编码器内部故障	NO.3	是	0	0	1
Er.990	输入缺相警告	NO.3	是	0	0	1
Er.994	CAN 地址冲突	NO.3	是	0	0	1
Er.A40	内部故障	NO.3	是	0	1	0

三、伺服驱动器典型故障处理措施

1. Er.101：伺服内部参数出现异常

产生机理：功能码的总个数发生变化，一般在更新软件后出现；功能码的参数值超出上下限，一般在更新软件后出现。处理方法如表 3-68 所示。

表 3-68　故障处理

原因	确认方法	处理措施
①控制电源电压瞬时下降	◆确认是否处于切断控制电（L1C、L2C）过程中或者发生瞬间停电	系统参数恢复初始化后，重新写入参数
	◆测量运行过程中控制电线缆的非驱动器侧输入电压是否符合以下规格： 220V 驱动器： 有效值：220 ～ 240V 允许偏差：-10% ～ +10%（198 ～ 264V） 380V 驱动器： 有效值：380 ～ 440V 允许偏差：-10% ～ +10%（342 ～ 484V）	提高电源容量或者更换大容量的电源，系统参数恢复初始化后，重新写入参数

续表

原因	确认方法	处理措施
②参数存储过程中瞬间掉电	◆确认是否参数值存储过程发生瞬间停电	重新上电，系统参数恢复初始化后，重新写入参数
③一定时间内参数的写入次数超过了最大值	◆确认是否上级装置频繁地进行参数变更	改变参数写入方法，并重新写入。或是伺服驱动器故障，更换伺服驱动器
④更新了软件	◆确认是否更新了软件	重新设置驱动器型号和电动机型号，系统参数恢复初始化
⑤伺服驱动器故障	◆多次接通电源，并恢复出厂参数后，仍报故障时，伺服驱动器发生了故障	更换伺服驱动器

2. Er.105：内部程序异常

产生机理：EEPROM读/写功能码时，功能码总个数异常；功能码设定值的范围异常（一般在更新程序后出现）。处理方法如表3-69所示。

表3-69　Er.105故障处理

原因	确认方法	处理措施
① EEPROM故障		系统参数恢复初始化后，重新上电
②伺服驱动器故障	◆多次接通电源后仍报故障	更换伺服驱动器

3. Er.108：参数存储故障

产生机理：无法向EEPROM中写入参数值；无法向EEPROM中计取参数值。处理方法如表3-70所示。

表3-70　Er.108故障处理

原因	确认方法	处理措施
①参数写入出现异常	◆更改某参数后，再次上电，查看该参数值是否保存	未保存，且多次上电仍出现该故障，需要更换驱动器
②参数读取出现异常		

4. Er.201：过流

产生机理：硬件检测到过流。处理方法如表3-71所示。

表3-71　Er.201故障处理

原因	确认方法	处理措施
①输入指令与接通伺服同步或输入指令过快	◆检查是否在伺服面板显示"rdy"前已经输入了指令	指令时序：伺服面板显示"rdy"后，先打开伺服使能信号（S-ON），再输入指令。 允许情况下，加入指令滤波时间常数或加大加减速时间

原因	确认方法	处理措施
②制动电阻过小或短路	◆若使用内置制动电阻，确认P⊕、D之间是否用导线可靠连接，若是，则测量C、D间电阻阻值； ◆若使用外接制动电阻，测量P⊕、C之间外接制动电阻阻值。 ◆制动电阻规格符合驱动器厂家要求	若使用内置制动电阻，阻值为"0"，则调整为使用外接制动电阻，并拆除P⊕、D之间导线，电阻阻值与功率可选用与内置制动电阻规格一致； 若使用外接制动电阻，阻值小于"制动电阻规格"，更换新的电阻，重新连接于P⊕、C之间
③电动机线缆接触不良	◆检查驱动器动力线缆两端和电动机线缆中驱动器UVW侧的连接是否松脱	紧固有松动、脱落的接线
④电动机线缆接地	◆确保驱动器动力线缆、电动机线缆紧固连接后，分别测量驱动器UVW端与接地线（PE）之间的绝缘电阻是否为兆欧姆（MΩ）级数值	绝缘不良时更换电动机
⑤电动机UVW线缆短路	◆将电动机线缆拔下，检查电动机线缆UVW间是否短路，接线是否有毛刺等	正确连接电动机线缆
⑥电动机烧坏	◆将电动机线缆拔下，测量电动机线缆UVW间电阻是否平衡	不平衡则更换电动机
⑦增益设置不合理，电动机振荡	◆检查电动机启动和运行过程中，是否振动或有尖锐声音	进行增益调整
⑧编码器接线错误、老化腐蚀，编码器插头松动	◆检查是否选用标配的编码器线缆，线缆有无老化腐蚀、接头松动情况	重新焊接、插紧或更换编码器线缆
⑨驱动器故障	◆将电动机线缆拔下，重新上电仍报故障	更换伺服驱动器

5. Er.210：输出对地短路

产生机理：驱动器上电检测，检测到电动机相电流或母线电压异常。处理方法如表3-72所示。

表3-72　Er.210故障处理

原因	确认方法	处理措施
①驱动器动力线缆（UVW）对地发生短路	◆拔掉电动机线缆，分别测量驱动器动力线缆UVW是否对地（PE）短路	重新接线或更换驱动器动力线缆
②电动机对地短路	◆确保驱动器动力线缆、电动机线缆紧固连接后，分别测量驱动器UVW端与接地线（PE）之间的绝缘电阻是否为兆欧姆（MΩ）级数值	更换电动机
③驱动器故障	◆将驱动器动力线缆从伺服驱动器上卸下，多次接通电源后仍报故障	更换伺服驱动器

6. Er.234：飞车

产生机理：转矩控制模式下，转矩指令方向与速度反馈方向相反；位置或速度控制模式下，速度反馈与速度指令方向相反。处理方法如表 3-73 所示。

表 3-73　Er.234 故障处理

原因	确认方法	处理措施
①ＵＶＷ 相序接线错误	◆检查驱动器动力线缆两端和电动机线缆ＵＶＷ端、驱动器ＵＶＷ端的连接是否一一对应	按照正确ＵＶＷ相序接线
②上电时，干扰信号导致电动机转子初始相位检测错误	◆ＵＶＷ相序正确，但使能伺服驱动器即报初始相位检测错误	重新上电
③编码器型号错误或接线错误	◆根据驱动器及电动机铭牌，确认（电动机编号）设置正确	更换为相互匹配的驱动器及电动机
④编码器接线错误、老化腐蚀、编码器插头松动	◆检查是否选用标配的编码器线缆，线缆有无老化腐蚀、接头松动情况	重新焊接、插紧或更换编码器线缆
⑤垂直轴工况下，重力负载过大	◆检查垂直轴负载是否过大，调整抱闸参数，是否可消除故障	减小垂直轴负载，或提高刚性，或在不影响安全和使用的前提下，屏蔽该故障

7. Er.400：上回路电过压

产生机理：P⊕、⊖之间直流母线电压超过故障值。
220V 驱动器：正常值 310V，故障值 420V；
380V 驱动器：正常值 540V，故障值 760V。
处理方法如表 3-74 所示。

表 3-74　Er.400 故障处理

原因	确认方法	处理措施
①主回路输入电压过高	◆查看驱动器输入电源规格，测量主回路线缆驱动器侧（R、S、T）输入电压是否符合以下规格：220V 驱动器：有效值：220～240V 允许偏差：-10%～+10%（198～264V）380V 驱动器：有效值：380～440V 允许偏差：-10%～+10%（342～484V）	按照左边规格，更换或调整电源
②电源处于不稳定状态，或受到了雷击影响	◆监测驱动器输入电源是否遭受到雷击影响，测量输入电源是否稳定，满足上述规格要求	接入浪涌抑制器后，再接通控制电和主回路电，若仍然发生故障，则更换伺服驱动器
③制动电阻失效	◆若使用内置制动电阻，确认P⊕、D 之间是否用导线可靠连接，若是，则测量C、D 间电阻阻值 ◆若使用外接制动电阻，测量P⊕、C 之间外接制动电阻阻值	若阻值"∞"（无穷大），则制动电阻内部断线；若使用内置制动电阻，则调整为使用外接制动电阻，并拆除P⊕、D 之间导线，电阻阻值与功率可选为与内置制动电阻一致；若使用外接制动电阻，则更换新的电阻，重新接于P⊕、C 之间

原因	确认方法	处理措施
④外接制动电阻阻值太大，最大制动能量不能完全被吸收	◆测量 P⊕、C 之间的外接制动电阻阻值，与推荐值相比较	更换外接制动电阻阻值为推荐值，重新接于 P⊕、C 之间
⑤电动机运行于急加减速时，最大制动能量超过可吸收值	◆确认运行中的加减速时间，测量 P⊕、⊖之间直流母线电压，确认是否处于减速段时，电压超过故障值	首先确保主回路输入电压在规格范围内，其次在允许情况下增大加减速时间
⑥母线电压采样值有较大偏差	测量 P⊕、⊖之间直流母线电压数值是否处于正常值	咨询驱动器厂家正常值进行调整
⑦伺服驱动器故障	◆多次下电后，重新接通主回路电，仍报故障	更换伺服驱动器

8. Er.410：主回路电欠压

产生机理：P⊕、⊖之间直流母线电压低于故障值。

220V 驱动器：正常值 310V，故障值 200V；

380V 驱动器：正常值 540V，故障值 380V。

处理方法如表 3-75 所示。

表 3-75　Er.410 故障处理

原因	确认方法	处理措施
①主回路电源不稳或者掉电	◆查看驱动器输入电源规格，测量主回路线缆非驱动器侧和驱动器侧（R、S、T）输入电压是否符合以下规格： 220V 驱动器： 有效值：220～240V 允许偏差：-10%～+10%（198～264V）	
②发生瞬间停电	380V 驱动器： 有效值：380～440V 允许偏差：-10%～+10%（342～484V） 三相均需要测量	提高电源容量
③运行中电源电压下降	◆监测驱动器输入电源电压，查看同一主回路供电电源是否过多开启了其他设置，造成电源容量不足电压下降	
④缺相，应输入三相电源运行的驱动器实际以单相电源运行	◆检查主回路接线是否正确可靠	更换线缆并正确连接主回路电源线： 三相：R、S、T 单相：L1、L2
⑤伺服驱动器故障	◆观察参数母线电压值是否处于以下范围： 220V 驱动器：< 200V 380V 驱动器：< 380V 多次下电后，重新接通主回路电（R、S、T）仍报故障	更换伺服驱动器

9. Er.420：主回路电缺相

产生机理：三相驱动器缺 1 相或 2 相。处理方法如表 3-76 所示。

表 3-76　Er.420 故障处理

原因	确认方法	处理措施
①三相输入线接线不良	◆检查非驱动器侧与驱动器主回路输入端子（R、S、T）间线缆是否良好并紧固连接	更换线缆并正确连接主回路电源线
②三相规格的驱动器运行在单相电源下	◆查看驱动器输入电源规格，检查实际输入电压规格，测量主回路输入电压是否符合以下规格： 220V 驱动器： 有效值：220 ~ 240V 允许偏差：−10% ~ +10%（198 ~ 264V）	若输入电压不符合左边规格，请按照左边规格，更换或调整电源
③三相电源不平稳或者三相电压均过低	380V 驱动器： 有效值：380 ~ 440V 允许偏差：−10% ~ +10%（342 ~ 484V） 三相均需要测量	
④伺服驱动器故障	◆多次下电后，重新接通主回路电（R、S、T）仍报故障	更换伺服驱动器

10. Er.430 控制电欠压

产生机理：

220V 驱动器：正常值 310V，故障值 190V。

380V 驱动器：正常值 540V，故障值 350V。

处理方法如表 3-77 所示。

表 3-77　Er.430 故障处理

原因	确认方法	处理措施
①控制电电源不稳或者掉电	◆确认是否处于切断控制电（L1C、L2C）过程中或发生瞬间停电	重新上电。若是异常掉电，需确保电源稳定
	◆测量控制电线缆的输入电压是否符合以下规格： 220V 驱动器： 有效值：220 ~ 240V 允许偏差：−10% ~ +10%（198 ~ 264V） 380V 驱动器： 有效值：380 ~ 440V 允许偏差：−10% ~ +10%（342 ~ 484V）	提高电源容量
②控制电线缆接触不好	◆检测线缆是否连通，并测量控制电线缆驱动器侧（L1C、L2C）的电压是否符合以上要求	重新接线或更换线缆

11. Er.500：过速

生产机理：伺服电动机实际转速超过过速故障阈值。

处理方法如表 3-78 所示。

表 3-78　Er.500 故障处理

原因	确认方法	处理措施
①电动机线缆 UVW 相序错误	◆检查驱动器动力线缆两端与电动机线缆 UVW 端，驱动器 UVW 端的连接是否一一对应	按照正确 UVW 相序接线
②H0A-08 参数设置错误	◆检查过速故障阈值是否小于实际运行需达到的电动机最高转速： 过速故障阈值 =1.2 倍电动机最高转速	根据机械要求重新设置过速故障阈值
③输入指令超过了过速故障阈值	◆确认输入指令对应的电动机转速是否超过了过速故障阈值。 位置控制模式，指令来源为脉冲指令时： $电动机转速（rpm）= \dfrac{输入脉冲频率（Hz）}{编码器分辨率} \times$ 电子齿轮比 $\times 60$	位置控制模式： 位置指令来源为脉冲指令时：在确保最终定位准确前提下，降低脉冲指令频率或在运行速度允许情况下，减小电子齿轮比； 速度控制模式：查看输入速度指令数值或速度限制值并确认其均在过速故障阈值之内； 转矩控制模式：将速度限制阈值设定在过速故障阈值之内
④电动机速度超调	◆查看"速度反馈"是否超过了过速故障阈值	进行增益调整或调整机械运行条件
⑤伺服驱动器故障	◆重新上电运行后，仍发生故障	更换伺服驱动器

12. Er.A33：编码器数据异常

产生机理：编码器内总参数异常。处理方法如表 3-79 所示。

表 3-79　Er.A33 故障处理

原因	确认方法	处理措施
①串行编码器线缆断线或松动	◆检查接线	确认编码器线缆是否有误连接，或断线、接触不良等情况，如果电动机线缆和编码器线缆捆扎在一起，则请分开布线
②串行编码器参数读写异常	◆多次接通电源后，仍报故障时，编码器发生故障	更换伺服电动机

13. Er.A35：编码器 Z 信号丢失

产生机理：2500 线增量式编码器 Z 信号丢失或者 AB 信号沿同时跳变。处理方法如表 3-80 所示。

表 3-80　Er.A35 故障处理

原因	确认方法	处理措施
①编码器故障导致 Z 信号丢失	◆使用完好的编码器线缆且正确接线后，用手拧动电动机轴，查看是否依然报故障	更换伺服电动机
②接线不良或接错导致编码器 Z 信号失	◆用手拧动电动机轴，查看是否依然报故障	检查编码器线是否接触良好，重新接线或更换线缆

第四章

经济型伺服驱动器与数字式步进电动机驱动器及应用

第一节　经济型伺服驱动器 V80

西门子 V80 伺服驱动系统包括伺服驱动器和伺服电动机两部分，伺服驱动器总是与其对应的同等功率的伺服电动机一起配套使用。SINAMICS V80 伺服驱动器通过脉冲输入接口直接接收从上位控制器发来的脉冲序列，进行速度和位置控制，通过数字量接口信号来完成驱动器运行的控制和实时状态的输出。

一、驱动器特点与优势

❶ SINAMICS V80 采用了全新的伺服驱动技术，无需设置任何参数，无需增益调节，便可以实现极高的定位精度。

❷ SINAMICS V80 的调试出人意料地简单：组件连线工作完成之后，仅需采用旋转式开关选择设定点分辨率即可。系统集成有自动调节功能，可以根据所连接的机器，自动调整闭环控制器的参数设置，且对负载变化的响应极为快捷。系统还另外设计有一个旋转开关，可以根据具体应用，精细地调整驱动器的动态行为特性。

❸ SINAMICS V80 集成的编码器接口，可直接实现闭环控制。

❹ SINAMICS V80 通信连接采用标准的连接电缆，与 PLC 配套实现顺畅、可靠地连接。

二、SINAMICS V80 经济型伺服驱动器和配套伺服电动机选型说明

SINAMICS V80 经济型伺服驱动器和配套伺服电动机型号介绍如图 4-1 所示。

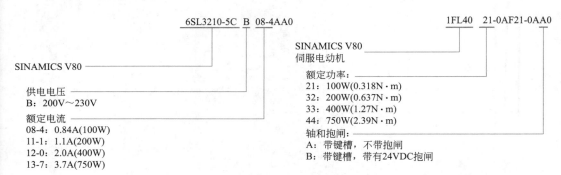

图 4-1　SINAMICS V80 经济型伺服驱动器和配套伺服电动机型号

三、SINAMICS V80 伺服驱动器通信电缆

SIMATIC PLC/SINAMICS V80 通信电缆是为 SIMATIC PLC 与 SINAMICS V80 之间进行信号交换定制的专用电缆。电缆中部的集成电路中包含了信号优化所需的电阻以及源型、漏型 PLC 选择电路。通过这根电缆，将 SIMATIC PLC 与 SINAMICS V80 组成一个全新的可靠的系统。其外形如图 4-2 所示。

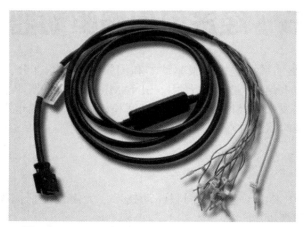

图 4-2　SIMATIC PLC/SINAMICS V80 通信电缆

SIMATIC PLC/SINAMICS V80 通信电缆信号针脚功能描述如表 4-1 所示。

表 4-1　SIMATIC PLC/SINAMICS V80 通信电缆信号针脚功能描述

信号	线色	描述
P24V/M	红 + 白	源型 / 漏型（PNP/NPN）选择
PULS	橙色	反向脉冲串，参考脉冲串
SIGN	蓝色	正向脉冲串，参考方向信号
CLR	褐色	停止脉冲串并且清除剩余脉冲
ON/OFF	白色	驱动器使能信号

续表

信号	线色	描述
P24V	红色	外部 24V 电源正
M	黑色	外部 24V 电源零
Z	绿色	输出编码器零脉冲（1 个脉冲 / 转）
Z_COM	绿 + 白	零脉冲信号零
Alarm	蓝 + 白	驱动器报警
BK	橙 + 白	输出信号 ON 时释放抱闸
POS_OK	褐 + 白	定位完成
Shield	黄色	屏蔽线

注：1 号针（P24V/M），如果选用的 PLC 是源型（PNP），那么必须与 M 连接，如果选用的 PLC 是漏型（NPN），那么必须与 P24V 连接。

四、SINAMICS V80 伺服驱动器接口

SINAMICS V80 伺服驱动器接口如图 4-3 所示。

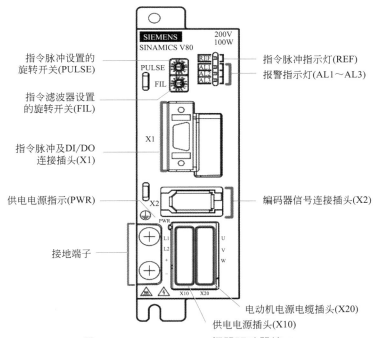

图 4-3　SINAMICS V80 伺服驱动器接口

1. 指令脉冲设置（PULSE）

指令脉冲设定必须在装置没有通电的情况下，来设定指令脉冲（出厂设置为 0）。指令脉冲旋转开关设置如表 4-2 所示。

表 4-2　指令脉冲旋转开关设置

设置	指令脉冲分辨率	指令脉冲连接方式	指令脉冲类型
0	1000	集电极开路或者线驱动	CW+CCW 正逻辑
1	2500		
2	5000	线驱动	CW ⊓⊔　CCW ⊓⊔
3	10000		
4	1000	集电极开路或者线驱动	CW+CCW 负逻辑
5	2500		
6	5000	线驱动	CW ⊔⊓　CCW ⊔⊓
7	10000		
8	1000	集电极开路或者线驱动	方向 + 脉冲序列 正逻辑
9	2500		
A	5000	线驱动	PULS ⊓⊔　SIGN
B	10000		
C	1000	集电极开路或者线驱动	方向 + 脉冲序列 负逻辑
D	2500		
E	5000	线驱动	脉冲 ⊔⊓　方向
F	10000		

2. 指令滤波设置（FIL）

对于指令滤波设置只有在机器振动时才需要改变此值（出厂设置为 0）。如表 4-3 所示。

表 4-3　指令滤波设置

设置	滤波时间常数	指令结束到定位完成时间	说明
0	45ms	100～200ms	较短的滤波时间常数（高动态）↓ 较长的滤波时间常数（较稳定）
1	50ms	110～220ms	
2	60ms	130～260ms	
3	65ms	150～300ms	
4	70ms	170～340ms	
5	80ms	200～400ms	
6	85ms	250～500ms	
7	170ms	500～1000ms	
8～F	不要设定成该值		

3. 指令脉冲指示（REF）

（1）指令脉冲指示如表 4-4 所示。

表 4-4　指令脉冲指示

指示灯①	电动机通电状态	指令脉冲
橙色亮	关	—
橙色闪	关	脉冲正在输入
绿色亮	开	—
绿色闪	开	脉冲正在输入

① 当清除信号输入时黄色亮 1s。

（2）SINAMICS V80 伺服驱动器信号说明如表 4-5 所示。

表 4-5　SINAMICS V80 伺服驱动器信号说明

信号类型			技术规格	说明
指令脉冲输入（通过脉冲开关可选择脉冲种类、脉冲分辨率）		脉冲类型	• CW+CCW 脉冲序列 • 方向 + 脉冲序列	SINAMICS V80 输入的脉冲序列类型"CW+CCW"是指用正转和反转指令脉冲序列作为输入
		脉冲分辨率	• 集电极开路： 1000 脉冲 / 秒（最大为 75k 脉冲 / 秒） 2500 脉冲 / 秒（最大为 187.5k 脉冲 / 秒） • 线驱动： 1000 脉冲 / 秒（最大为 75k 脉冲 / 秒） 2500 脉冲 / 秒（最大为 187.5k 脉冲 / 秒） 5000 脉冲 / 秒（最大为 375k 脉冲 / 秒） 10000 脉冲 / 秒（最大为 750k 脉冲 / 秒）	电动机每秒的指令脉冲数
DI/DO 信号	输入	清除（CLR）	该信号的上升沿将停止指令脉冲，并删除剩余位置（$\_\sqcap\_$）	线驱动输入：3V 时为 7mA 集电极开路：7 ～ 15mA
		启动（ON/OFF）	驱动器的启动和停止（驱动器使能）	
	输出	报警（Alarm）	当报警时，驱动器没有输出。 注：接通电源后约 2s 为 OFF 状态	输出信号：最大电压为 30V 最大电流为 50mA
		抱闸（BK）	控制电动机抱闸	
		定位完成（POS_OK）	当位置偏差为 10% 的指令位置时，POS_OK 为 ON	
		编码器 Z 相信号（Phase Z）	电动机零脉冲（宽度为 1/1000rev），用信号的下降沿（$\sqcap\_\_$）	电动机一圈只有一个零脉冲
内置功能	动态制动（DB）		主电源关闭，驱动器报警及电动机停止（电动机停止后将关闭）	通过 SINAMICS V80 的内部保护使电动机停车
	保护		速度异常，过载，编码器错误，电压异常，过流，驱动器内的冷却风扇停止，系统错误。 注意：驱动器内没有接地保护电路	—
	LED 显示		5 种（PWR，REF，AL1，AL2，AL3）	—
	指令滤波		用 FIL 开关来选择（共有 8 种选择）	—

4. I/O 信号连接器（X1）

SINAMICS V80 伺服驱动器 I/O 信号连接器端口说明如表 4-6 所示。

表 4-6　SINAMICS V80 伺服驱动器 I/O 信号连接器端口说明

端子号	输入 / 输出	信号	说明
1	输入	+CW/PULS	指令脉冲（反转）
2	输入	−CW/PULS	
3	输入	+CCW/SIGN	指令脉冲（正转）/ 旋转方向
4	输入	−CCW/SIGN	
5	输入	+24VIN	外部 +24V 电源
6	输入	ON/OFF	伺服启动命令
7	输出	M ground	输出信号地
8	输入	+CLR	停止指令脉冲并删除剩余位置（ ）
9	输入	−CLR	
10	输出	Phase Z	编码器 Z 相信号（1 脉冲 / 秒） 注意：该信号的下降沿有效（ ）
11	输出	Phase Z common	编码器 Z 相信号地
12	输出	Alarm	驱动器报警
13	输出	BK	电动机松闸
14	输出	POS_OK	定位完成
外壳	—	—	屏蔽

5. 编码器连接器（X2）

SINAMICS V80 伺服驱动器编码器连接器端口说明如表 4-7 所示。

表 4-7　SINAMICS V80 伺服驱动器编码器连接器端口说明

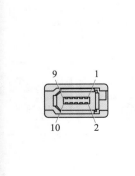

端子号	信号	说明
1	P __ Encoder 5V	编码器电源
2	M_Encoder（M）	编码器电源地
3	AP	编码器 A+
4	AN	编码器 A−
5	BP	编码器 B+
6	BN	编码器 B−
7	Z	编码器 Z
8	U	U 相
9	V	V 相
10	W	W 相
外壳	—	屏蔽

6. 输入电源连接器（X10）

SINAMICS V80 伺服驱动器输入电源连接器说明如表 4-8 所示。

表 4-8　SINAMICS V80 伺服驱动器输入电源连接器说明

端子号	信号	说明
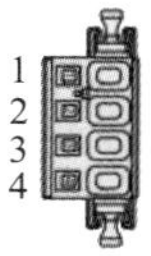 1	L1	1AC 200V 至 230V 输入电源端子
2	L2	
3	+	备用
4	—	

7. 电动机电源连接器（X20）

SINAMICS V80 伺服驱动器电动机电源连接器说明如表 4-9 所示。

表 4-9　SINAMICS V80 伺服驱动器电动机电源连接器说明

端子号	信号	说明
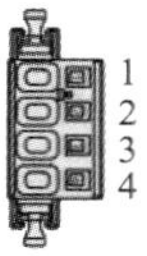 1	U	U 相
2	V	V 相
3	W	W 相
4	—	备用

五、SINAMICS V80 驱动器系统接线

1. SINAMICS V80 驱动器标准接线示例

SINAMICS V80 驱动器标准接线示例如图 4-4 所示。

2. SINAMICS V80 驱动器 I/O 时序信号说明

SINAMICS V80 通过接收从上位控制器输出来的指令脉冲来控制电动机的速度和位置，它能够支持下列指令脉冲类型的电路：

- 线路驱动器输出；
- +24V 集电极开路输出；
- +12V 集电极开路输出；
- +5V 集电极开路输出。

输入输出信号的时序举例如图 4-5 所示。

在使用中注意以下方面：

❶ 开通驱动器 ON 信号到输入指令脉冲的时间间隔请设置为 40ms 以上。如果开通伺服 ON 信号后在 40ms 以内输入指令脉冲，SINAMICS V80 有可能无法接收指令脉冲。

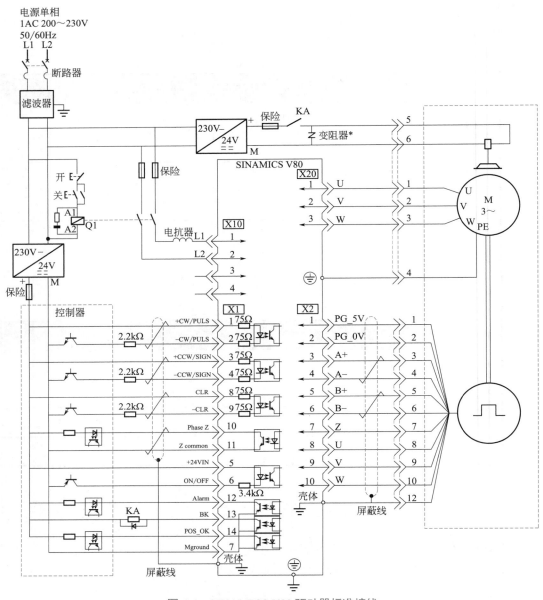

图 4-4　SINAMICS V80 驱动器标准接线

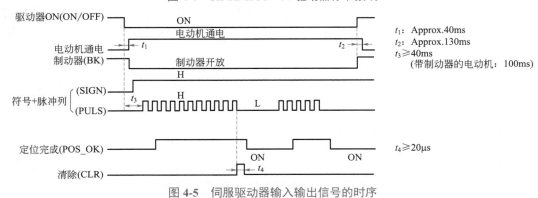

图 4-5　伺服驱动器输入输出信号的时序

使用带抱闸的电动机时，由于抱闸松开还需要时间，因此请将时间间隔设定在 100ms 以上。

❷ 清除信号（CLR）的 ON 信号必须保持在 20μs 以上，当清除信号 ON 时，指令脉冲将被禁止，电动机将停在该位置。

❸ 抱闸的延迟时间为 100ms。抱闸用的继电器推荐使用动作时间在 30ms 以下的继电器。

❹ 从检测到报警输出之间的延迟时间最大为 2ms。如图 4-6 所示。

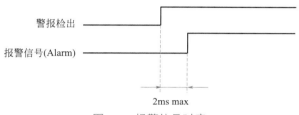

图 4-6 报警信号时序

指令脉冲信号时序如表 4-10 所示。

表 4-10 指令脉冲信号时序

指令脉冲信号形态	电器规格		备注
符号 + 脉冲列输入 （SIGN+PULS 信号） 最大指令频率：705k 脉冲 / 秒 （集电极开路输出时： 187.5k 脉冲 / 秒）	SIGN / PULS 波形图 t_1, t_2, $t_3 > 3\mu s$；正转指令；逆转指令	t_1, t_2, $t_3 > 3\mu s$ $\tau \geqslant 0.65\mu s$ $(\tau/T) \times 100 \leqslant 50\%$	符号（SIGN）： 表示为 H= 正转指令 L= 逆转指令
CW 脉冲 +CCW 脉冲 最大指令频率：750k 脉冲 / 秒 （集电极开路输出时： 187.5k 脉冲 / 秒）	CCW / CW 波形图 正转指令；逆转指令	$t_1 > 3\mu s$ $\tau \geqslant 0.65\mu s$ $(\tau/T) \times 100 \leqslant 50\%$	—

3. 使用 SIMATIC PLC/SINAMICS V80 通信电缆举例

❶ 源型（PNP）PLC 与 SINAMICS V80 接线举例如图 4-7 所示。

❷ 漏型（NPN）PLC 与 SINAMICS V80 接线举例如图 4-8 所示。

4. SINAMICS V80 输入信号接线举例

❶ 控制器集电极开路输出的接线举例如图 4-9 所示。

在接线中我们需要选择 R_1、R_2、R_3，确保输入电流 7 ～ 15 mA。

● U_{CC}=+24V：R_1，R_2，R_3=2.2kΩ。

● U_{CC}=+12V：R_1，R_2，R_3=1kΩ。

● U_{CC}=+5V：R_1，R_2，R_3=180Ω。

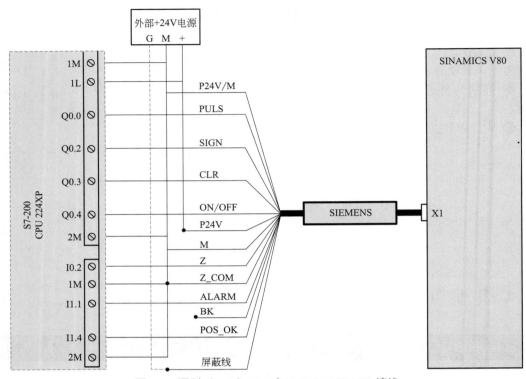

图 4-7　源型（PNP）PLC 与 SINAMICS V80 接线

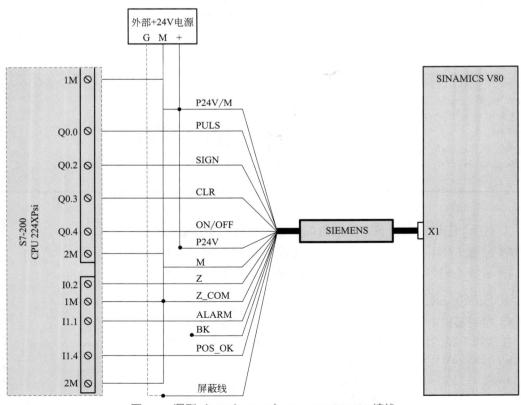

图 4-8　漏型（NPN）PLC 与 SINAMICS V80 接线

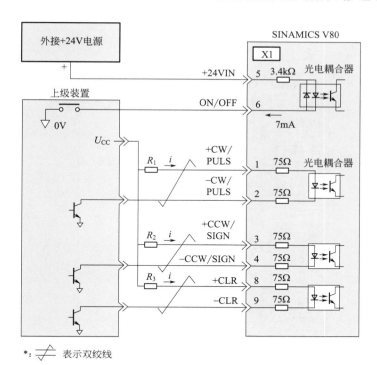

图 4-9　控制器集电极开路输出的接线

❷ 控制器线驱动器输出的接线举例如图 4-10 所示。

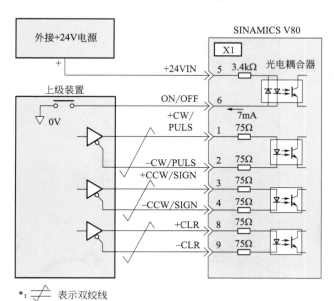

图 4-10　控制器线驱动器输出的接线举例

5. SINAMICS V80 输出信号接线举例

在输出信号接线中选择合适的负载，并满足：

● 最大电压：30V DC；

- 最大电流：50mA DC。

如图 4-11 所示。

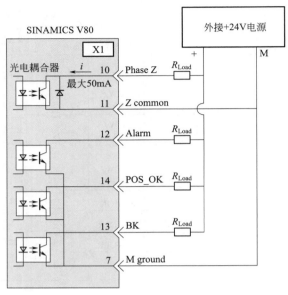

图 4-11　SINAMICS V80 输出信号接线

系统接线图如图 4-12 所示。

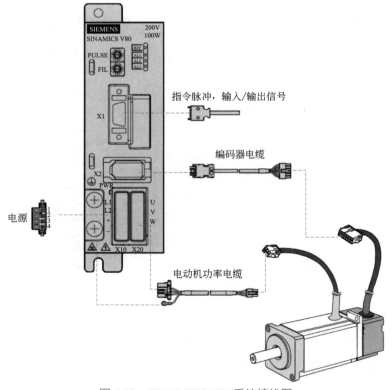

图 4-12　SINAMICS V80 系统接线图

供电电源接线如表 4-11 所示。

表 4-11　供电电源接线

	端子号	信号名	技术规格
	1	L1	电源端子
	2	L2	1AC 200 ～ 230V 50/60Hz
	3	+	备用
	4	−	

不带抱闸的电动机功率电缆接线如图 4-13 所示。

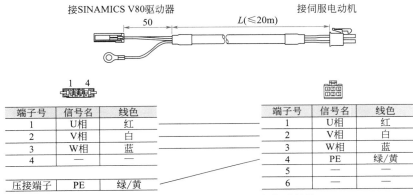

图 4-13　不带抱闸的电动机功率电缆接线

带抱闸的电动机功率电缆接线如图 4-14 所示。

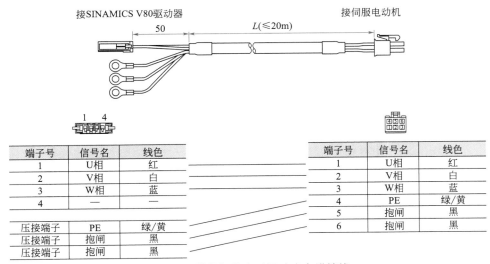

图 4-14　带抱闸的电动机功率电缆接线

编码器信号电缆连接如图 4-15 所示。

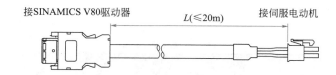

端子号	信号名	线色
1	P_Encoder 5V	红
2	M_Encoder(M)	黑
3	AP	蓝
4	AN	蓝/白
5	BP	黄
6	BN	黄/白
7	Z	紫
8	U	灰
9	V	绿
10	W	橙
外壳	—	屏蔽线

端子号	信号名	线色
1	P_Encoder 5V	红
2	M_Encoder(M)	黑
3	AP	蓝
4	AN	蓝/白
5	BP	黄
6	BN	黄/白
7	Z	紫
8	U	灰
9	V	绿
10	W	橙
11	—	—
12	PE	屏蔽线

图 4-15　编码器信号电缆连接

DI/DO 信号电缆连接如图 4-16 所示。

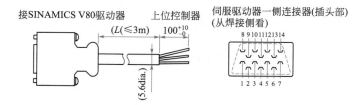

端子号	信号名	技术规格
1	+CW/PULS	指令脉冲(反转)
2	−CW/PULS	
3	+CCW/SIGN	指令脉冲(正转)/旋转方向
4	−CCW/SIGN	
5	+24VIN	外部输入电源
6	ON/OFF	驱动器启动命令
7	M ground	输出信号接地
8	+CLR	清除指令脉冲和剩余距离(⌐)
9	−CLR	
10	Phase Z	输出编码器的零脉冲(1脉冲/圈)
11	Phase Z common	零脉冲地信号
12	Alarm	伺服警报
13	BK	抱闸信号，当该信号为ON时松开电动机抱闸
14	POS_OK	定位完成
外壳	—	屏蔽

图 4-16　DI/DO 信号电缆连接

第二节　直流数字式步进电动机驱动器

一、步进电动机驱动器与伺服电动机驱动器的区别

伺服电动机又称执行电动机，在自动控制系统中用作执行元件，把收到的电信号转换成电动机轴上的角位移或角速度输出。伺服电动机内部的转子是永磁铁，驱动器控制的 U/V/W 三相电形成电磁场，转子在此磁场的作用下转动，同时电动机自带的编码器反馈信号给驱动器，驱动器根据反馈值与目标值进行比较，调整转子转动的角度。伺服电动机的精度决定于编码器的精度（线数），也就是说伺服电动机本身具备发出脉冲的功能，它每旋转一个角度，都会发出对应数量的脉冲，这样伺服驱动器和伺服电动机编码器的脉冲形成了呼应，所以它是闭环控制，而步进电动机驱动系统大部分是开环控制。

步进电动机是将电脉冲信号转变为角位移或线位移的开环控制器件，在非超载的情况下，电动机的转速、停止的位置只取决于脉冲信号的频率和脉冲个数，而不受负载变化的影响，当步进驱动器接收到一个脉冲信号时，它就驱动步进电动机按设定的方向转动一个固定的角度，称为"步距角"，它的旋转是以固定角度一步一步运行的。可以通过控制脉冲个数来控制角位移量，从而达到准确定位的目的，同时可以通过控制脉冲频率来控制电动机转动的速度和加速度，从而达到高速的目的。

二、步进电动机和伺服电动机的区别

❶ 控制精度不同。步进电动机的相数和拍数越多，它的精确度就越高；伺服电动机取决于自带的编码器，编码器的刻度越多，精度就越高。

❷ 速度响应性能不同。步进电动机从静止加速到工作转速需要上百毫秒，而交流伺服系统的加速性能较好，一般只需几毫秒，可用于要求快速启停的控制场合。

❸ 低频特性不同。步进电动机在低速时易出现低频振动现象，当它工作在低速时一般采用阻尼技术或细分技术来克服低频振动现象。伺服电动机运转非常平稳，即使在低速时也不会出现振动现象。交流伺服系统具有共振抑制功能，可涵盖机械的刚性不足，并且系统内部具有频率解析机能（FFT），可检测出机械的共振点便于系统调整。

❹ 过载能力不同。步进电动机一般不具有过载能力，而交流伺服电动机具有较强的过载能力。

❺ 矩频特性不同。步进电动机的输出力矩会随转速升高而下降，交流伺服电动机为恒力矩输出。

❻ 运行性能不同。步进电动机的控制为开环控制，启动频率过高或负载过大易出现丢步或堵转的现象，停止时转速过高易出现过冲现象，交流伺服驱动系统为闭环控制，驱动器可直接对电动机编码器反馈信号进行采样，内部构成位置环和速度环，一般不会出现步进电动机的丢步或过冲的现象，控制性能更为可靠。

❼ 控制方式不同。步进电动机是开环控制，伺服电动机是闭环控制。

三、步进电动机驱动器原理

步进电动机驱动控制器是一种能使步进电动机运转的功率放大器，能把控制器发来的脉

冲信号转化为步进电动机的角位移，电动机的转速脉冲频率成正比，所以控制脉冲频率可以精确调速，控制脉冲数就可以精确定位。

步进电动机必须有驱动器和控制器才能正常工作。驱动器的作用是对控制脉冲进行环形分配、功率放大，使步进电动机绕组按一定顺序通电。

以两相步进电动机为例，当给驱动器一个脉冲信号和一个正方向信号时，驱动器经过环形分配器和功率放大后，电动机顺时针转动；当方向信号变为负时，电动机就逆时针转动。随着电子技术的发展，功率放大电路由单电压电路、高低压电路发展到现在的斩波电路。其基本原理是：在电动机绕组回路中，串联一个电流检测回路，当绕组电流降低到某一下限值时，电流检测回路发出信号，控制高压开关管导通，让高压再次作用在绕组上，使绕组电流重新上升；当电流回升到上限值时，高压电源又自动断开。重复上述过程，使绕组电流的平均值恒定，电流波形的波顶维持在预定数值上，解决了高低压电路在低频段工作时电流下凹的问题，使电动机在低频段力矩增大。

步进电动机一定时，供给驱动器的电压值对电动机性能影响较大，电压越高，步进电动机转速越高，加速度越大；在驱动器上一般设有相电流调节开关，相电流设得越大，步进电动机转速越高、力距越大。如图 4- 17 所示。

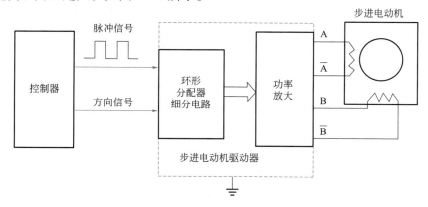

图 4-17　步进电动机控制系统原理图

步进电动机驱动器细分的作用是提高步进电动机的精确率。

其中步进电动机驱动器环形分配器作用是根据输入信号的要求产生电动机在不同状态下的开关波形信号处理。

步进电动机步距角：控制系统每发一个步进脉冲信号，电动机所转动的角度。

表 4-12 是常用步进电动机步距角的细分状态。

表 4-12　常用步进电动机步距角的细分状态

电动机固有步距角	所用驱动器类型及工作状态	电动机运行时的真正步距角
0.9°/1.8°	驱动器工作在半步状态	0.9°
0.9°/1.8°	驱动器工作在 5 细分状态	0.36°
0.9°/1.8°	驱动器工作在 10 细分状态	0.18°
0.9°/1.8°	驱动器工作在 20 细分状态	0.09°
0.9°/1.8°	驱动器工作在 40 细分状态	0.045°

四、DM432C 数字式步进电动机驱动器

1. 接口

（1）控制信号接口　控制信号接口如表 4-13 所示。

表 4-13　控制信号接口

名称	功能
PUL+（+5V）	脉冲控制信号：脉冲上升沿有效：PUL- 高电平时 4 ～ 5V，低电平时 0 ～ 0.5V。为了可靠响应脉冲信号，脉冲宽度应大于 1.2μs。如采用 +12V 或 +24V 时需串电阻
PUL-（PUL）	
DIR+（+5V）	方向信号：高 / 低电平信号，为保证电动机可靠换向，方向信号应先于脉冲信号至少 5μs 建立。电动机的初始运行方向与电动机的接线有关，互换任一相绕组（如 A+、A- 交换）可以改变电动机初始运行的方向，DIR- 高电平时 4 ～ 5V，低电平时 0 ～ 0.5V
DIR-（DIR）	
ENA+（+5V）	使能信号：此输入信号用于使能或禁止。ENA+ 接 +5V，ENA- 接低电平（或内部光耦导通）时，驱动器将切断电动机各相的电流使电动机处于自由状态，此时步进脉冲不被响应。当不需用此功能时，使能信号端悬空即可
ENA-（ENA）	

（2）强电接口　强电接口如表 4-14 所示。

表 4-14　强电接口

名称	功能
GND	直流电源地
+V	直流电源正极，+20 ～ +40V 间任何值均可，但推荐值 +24V DC 左右
A+、A-	电动机 A 相线圈
B+、B-	电动机 B 相线圈

（3）R-232 通信接口　可以通过专用串口电缆连接 PC 机或 STU 调试器，禁止带电插拔。通过 STU 或在 PC 机软件 ProTuner 可以进行客户所需要的细分和电流值、有效沿和单双脉冲等设置，还可以进行共振点的消除调节。通信接口引脚外形如图 4-18 所示，引脚功能说明如表 4-15 所示。

图 4-18　RS-232 通信接口引脚外形

表 4-15　引脚功能说明

端子号	符号	名称	说明
1	NC		
2	+5V	电源正端	仅供外部 STU
3	TxD	RS-232 发送端	
4	GND	电源地	0V
5	RxD	RS-232 接收端	
6	NC		

（4）状态指示　绿色 LED 为电源指示灯，当驱动器接通电源时，该 LED 常亮；当驱动器切断电源时，该 LED 熄灭。红色 LED 为故障指示灯，当出现故障时，该指示灯以 3s 为周期循环闪烁；当故障被用户清除时，红色 LED 常灭。红色 LED 在 3s 内闪烁次数代表不同的故障信息，具体关系如表 4-16 所示。

表 4-16　状态指示具体关系

序号	闪烁次数	红色 LED 闪烁波形	故障说明
1	1		过流或相间短路故障
2	2		过压故障（电压＞40V DC）
3	3		无定义
4	4		无定义

2. DM432C 驱动器控制信号接口电路

DM432C 驱动器采用差分式接口电路，可适用差分信号、单端共阴及共阳等接口，内置高速光电耦合器，允许接收长线驱动器，集电极开路和 PNP 输出电路的信号。现在以集电极开路和 PNP 输出为例，接口电路示意图如图 4-19 和图 4-20 所示。

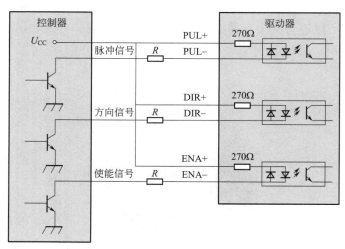

图 4-19　输入接口电路（共阳极接法）控制器集电极开路输出

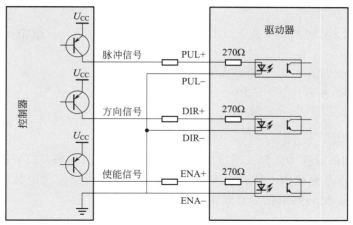

图 4-20 输入接口电路（共阴极接法）控制器 PNP 输出

在接线中注意：VCC 值为 5V 时，R 短接；

U_{CC} 值为 12V 时，R 为 1kΩ，大于等于 1/4W 电阻；

U_{CC} 值为 24V 时，R 为 2kΩ，大于等于 1/2W 电阻；R 必须接在控制器信号端。

例如：西门子 PLC 系统和驱动器共阳极的连接如图 4-21 所示。

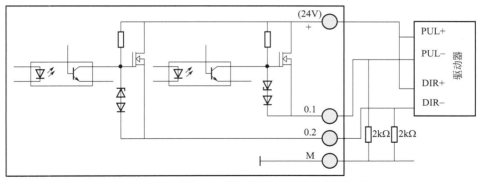

图 4-21 西门子 PLC 系统和驱动器共阳极的连接

3. 控制信号时序图

为了避免一些误动作和偏差，PUL、DIR 和 ENA 应满足一定要求，如图 4-22 所示。

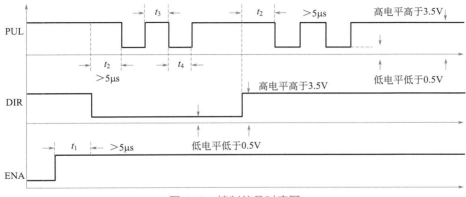

图 4-22 控制信号时序图

167

其中：

❶ t_1：ENA（使能信号）应提前 DIR 至少 5μs，确定为高。一般情况下建议 ENA+ 和 ENA- 悬空即可。

❷ t_2：DIR 至少提前 PUL 下降沿 5μs 确定其状态高或低。

❸ t_3：脉冲宽度至少不小于 2.5μs。

❹ t_4：低电平宽度不小于 2.5μs。

4. 控制信号模式设置

脉冲触发沿和单双脉冲选择：通过 PC 机 ProTuner 软件（一般在厂家随机文件内可以找到）或 STU 调试器设置脉冲上升沿或下降沿触发有效；还可以设置单脉冲模式或双脉冲模式。双脉冲模式时，另一端的信号必须保持在高电平或悬空。

5. DM432C 驱动器接线要求

❶ 为了防止驱动器受干扰，建议控制信号采用屏蔽电缆线，并且屏蔽层与地线短接，除特殊要求外，控制信号电缆的屏蔽线单端接地：屏蔽线的上位机一端接地，屏蔽线的驱动器一端悬空。同一机器内只允许在同一点接地，如果不是真实接地线，可能干扰严重，此时屏蔽层不接。

❷ 脉冲和方向信号线与电动机线不允许并排包扎在一起，最好分开至少 10cm，否则电动机噪声容易干扰脉冲方向信号引起电动机定位不准，系统不稳定等故障。

❸ 如果一个电源供多台驱动器，应在电源处采取并联连接，不允许先到一台再到另一台链状式连接。

❹ 严禁带电拔插驱动器强电端子，带电的电动机停止时仍有大电流流过线圈，拔插端子将导致巨大的瞬间感生电动势将烧坏驱动器。

❺ 接线时注意线头不能裸露在端子外，以防意外短路而损坏驱动器。

五、驱动器电流、细分拨码开关设定和参数自整定

DM432C 驱动器采用八位拨码开关设定细分精度、动态电流、静止半流以及实现电动机参数和内部调节参数的自整定。如图 4-23 所示。

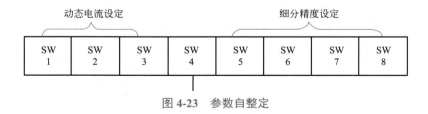

图 4-23　参数自整定

1. 电流设定

（1）工作（动态）电流设定　电流设定如表 4-17 所示。

（2）静止（静态）电流设定　静态电流可用 SW4 拨码开关设定，off 表示静态电流设为动态电流的一半，on 表示静态电流与动态电流相同。一般用途中应将 SW4 设成 off，使得电动机和驱动器的发热减少，可靠性提高。脉冲串停止后约 0.4s 左右电流自动减至一半左右（实际值的 60%），发热量理论上减至 36%。

表 4-17　电流设定

输出峰值电流	输出均值电流	SW1	SW2	SW3	电流自设定
Default		on	on	on	
1.31A	0.94A	off	on	on	
1.63A	1.16A	on	off	on	
1.94A	1.39A	off	off	on	当 SW1、SW2、SW3 设 为 on、on、on
2.24A	1.60A	on	on	off	时，可以通过 PC 软件设定为所需电流，
2.55A	1.82A	off	on	off	最大值为 3.2A，分辨率为 0.1A
2.87A	2.05A	on	off	off	
3.20A	2.29A	off	off	off	

2. 细分设定

驱动器细分设定如表 4-18 所示。

表 4-18　驱动器细分设定

步数 / 转	SW5	SW6	SW7	SW8	微步细分说明
Default	on	on	on	on	
400	off	on	on	on	
800	on	off	on	on	
1600	off	off	on	on	
3200	on	on	off	on	
6400	off	on	off	on	
12800	on	off	off	on	当 SW5、SW6、SW7、SW8 都
25600	off	off	off	on	为 on 时，驱动器细分采用驱动器
1000	on	on	on	off	内部默认细分数：1（整 步 =200
2000	off	on	on	off	步 / 转）；用户通过 PC 机软件 Pro
4000	on	off	on	off	Tuner 或 STU 调试器进行细分数设
5000	off	off	on	off	置，最小值为 1，分辨率为 1，最
8000	on	on	off	off	大值为 512
10000	off	on	off	off	
20000	on	off	off	off	
25000	off	off	off	off	

3. 参数自整定功能

若 SW4 在 1s 内变化一次，驱动器便可自动完成电动机参数和内部调节参数的自整定；在电动机、供电电压等条件发生变化时请进行一次自整定，否则电动机可能会运行不正常。注意此时不能输入脉冲，方向信号也不应变化。

参数自整定实现方法

❶ SW4 由 on 拨到 off，然后在 1s 内再由 off 拨回到 on。

❷ SW4 由 off 拨到 on，然后在 1s 内再由 on 拨回到 off。

六、直流数字式步进电动机驱动器供电电源的选择

电源电压在 DC 20 ～ 40V 之间都可以正常工作，对于 DM432C 驱动器最好采用非稳压型直流电源供电，也可以采用变压器降压＋桥式整流＋电容滤波，电容可取 6800μF 或 10000μF。但注意应使整流后电压纹波峰值不超过 40V。厂家一般建议用户使用 24 ～ 36V 直流供电，避免电网波动超过驱动器电压工作范围。如果使用稳压型开关电源供电，应注意开关电源的输出电流范围需设成最大。

对于供电电源接线时请注意：

❶ 接线时要注意电源正负极，切勿反接；

❷ 最好用非稳压型电源；

❸ 采用非稳压电源时，电源电流输出能力应大于驱动器设定电流的 60% 即可；

❹ 采用稳压开关电源时，电源的输出电流应大于或等于驱动器的工作电流。

七、直流数字式步进电动机、驱动器的选配

以 DM432C 直流数字式步进电动机驱动器为例，DM432C 可以用来驱动 4、6、8 线的两相、四相混合式步进电动机，步距角为 1.8° 和 0.9° 的均可适用。选择电动机时主要由电动机的转矩和额定电流决定。转矩大小主要由电动机尺寸决定。尺寸大的电动机转矩较大；而电流大小主要与电感有关，小电感电动机高速性能好，但电流较大。

（1）确定负载转矩，传动比工作转速范围。

（2）电动机输出转矩决定因素。

对于给定的步进电动机和线圈接法，输出转矩有以下特点：

❶ 电动机实际电流越大，输出转矩越大，但电动机铜损（$P=I^2R$）越多，电动机发热偏多；

❷ 驱动器供电电压越高，电动机高速转矩越大；

❸ 由步进电动机的矩频特性图可知，高速比中低速转矩小。

（3）电动机接线。对于 6、8 线步进电动机，不同线圈的接法电动机性能有相当大的差别，如图 4-24 所示。

（4）输入电压和输出电流的选用。

❶ 供电电压的设定。一般来说，供电电压越高，电动机高速时转矩越大，越能避免高速时掉步。但另一方面，电压太高会导致过压保护，电动机发热较多，甚至可能损坏驱动器。在高电压下工作时，电动机低速运动的振动会大一些。

❷ 输出电流的设定值。对于同一电动机，电流设定值越大时，电动机输出转矩越大，但电流大时电动机和驱动器的发热也比较严重。具体发热量的大小不但与电流设定值有关，

也与运动类型及停留时间有关。我们在实际应用中以下的设定方式采用步进电动机额定电流值作为参考，但实际应用中的最佳值应在此基础上调整。原则上如温度很低（<40℃）则可视需要适当加大电流设定值以增加电动机输出功率（转矩和高速响应）。

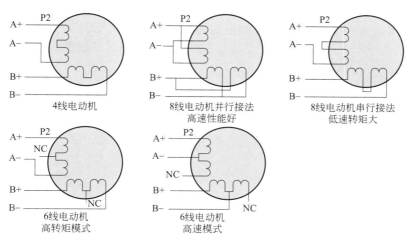

图 4-24　步进电动机接线不同性能区别

a. 四线电动机：输出电流设成等于或略小于电动机额定电流值；

b. 六线电动机高转矩模式：输出电流设成电动机单极性接法额定电流的 50%；

c. 六线电动机高速模式：输出电流设成电动机单极性接法额定电流的 100%；

d. 八线电动机串联接法：输出电流可设成电动机单极性接法额定电流的 70%；

e. 八线电动机并联接法：输出电流可设成电动机单极性接法额定电流的 140%。

八、直流数字式步进电动机驱动器典型接线举例

（1）DM432C 配 57HS09 串联、并联接法（若电动机转向与期望转向不同，仅交换 A+、A- 的位置即可）如图 4-25 所示。

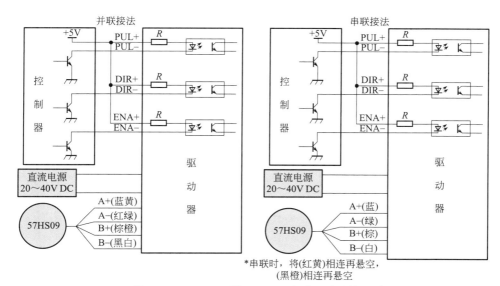

图 4-25　DM432C 配 57HS09 串联、并联接法

> **注意**
>
> ① 不同的电动机对应的颜色不一样，使用时以电动机资料说明为准，如 57HS22 与 86 型电动机线颜色是有差别的。
>
> ② 相是相对的，但不同相的绕组不能接在驱动器同一相的端子上（A+、A- 为一相，B+、B- 为另一相），57HS22 电动机引线定义、串联、并联接法如图 4-26 所示。

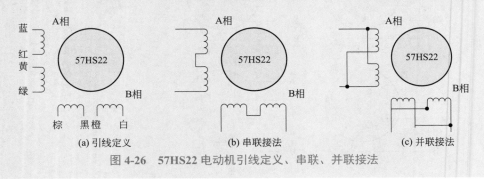

图 4-26　57HS22 电动机引线定义、串联、并联接法

（2）DMA860H 配 86 系列电动机串联、并联接法（若电动机转向与期望转向不同，仅交换 A+、A- 的位置即可），DMA860H 驱动器能驱动四线、六线或八线的两相 / 四相电动机。如图 4-27 列出了其与 86HS45 电动机的典型接法。

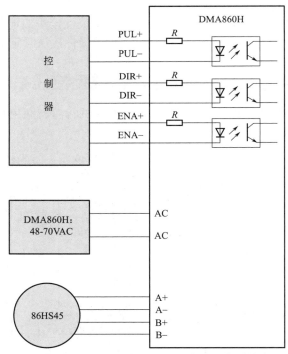

图 4-27　DMA860H 配 86HS45 电动机典型接法

在接线中需要注意：

❶ 不同的电动机对应的颜色不一样，使用时以电动机资料说明为准，如 57 与 86 型电动机线颜色是有差别的。

❷ 相是相对的，但不同相的绕组不能接在驱动器同一相的端子上（A+、A- 为一相，B+、B- 为另一相），86HS45 电动机引线定义、串联、并联接法如图 4-28 所示。

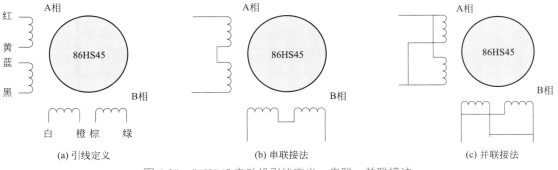

(a) 引线定义　　　　　　　(b) 串联接法　　　　　　　(c) 并联接法

图 4-28　86HS45 电动机引线定义、串联、并联接法

❸ DMA860H 驱动器只能驱动两相混合式步进电动机，不能驱动三相和五相步进电动机。

❹ 判断步进电动机串联或并联接法正确与否的方法：在不接入驱动器的条件下用手直接转动电动机的轴，如果能轻松均匀地转动，则说明接线正确，如果遇到阻力较大和不均匀并伴有一定的声音，说明接线错误。

九、数字式步进电动机驱动器的常见问题和处理方法

数字式步进电动机驱动器常见问题和处理方法如表 4-19 所示。

表 4-19　数字式步进电动机驱动器常见问题和处理方法

现象	可能问题	解决措施
电动机不转	电源灯不亮	检查供电电路，正常供电
	电动机轴有力	脉冲信号弱，信号电流加大至 7 ～ 16mA
	细分太小	选对细分
	电流设定太小	选对电流
	驱动器已保护	重新上电
	使能信号为低	此信号拉高或不接
	对控制信号不反应	未上电
电动机转向错误	电动机线接错	任意交换电动机同一相的两根线（例如 A+、A- 交换接线位置）
	电动机线有断路	检查并接对
报警指示灯亮	电动机线接错	检查接线
	电压过高或过低	检查电源
	电动机或驱动器损坏	更换电动机或驱动器

续表

现象	可能问题	解决措施
位置不准	信号受干扰	排除干扰
	屏蔽地未接或未接好	可靠接地
	电动机线有断路	检查并接对
	细分错误	设对细分
	电流偏小	加大电流
电动机加速时堵转	加速时间太短	加速时间加长
	电动机转矩太小	选大转矩电动机
	电压偏低或电流太小	适当提高电压或电流

第五章 伺服驱动系统的 PLC 控制

第一节　PLC 控制伺服驱动器基础

伺服电动机最主要的应用还是定位控制，通俗地讲就是控制伺服电动机以多快的速度到达什么地方，并准确地停下。伺服驱动器通过接收的脉冲频率和数量来控制伺服电动机运行的距离和速度。例如，我们设定伺服电动机每 10000 个脉冲转一圈。如果 PLC 在 1min 内发送 10000 个脉冲，那么伺服电动机就以 1r/min 的速度走完一圈，如果在 1s 内发送 10000 个脉冲，那么伺服电动机就以 60r/min 的速度走完一圈。

所以，PLC 是通过控制发送的脉冲数来控制伺服电动机的，用物理方式发送脉冲，也就是使用 PLC 的晶体管输出是最常用的方式，日系 PLC 是采用指令的方式，而欧系 PLC 是采用功能块的形式。但实质是一样的，比如要控制伺服走一个绝对定位，我们就需要控制 PLC 的输出通道、脉冲数、脉冲频率、加减速时间，以及需要知道伺服驱动器什么时候定位完成，是否碰到限位等等。无论哪种 PLC，无非就是对这几个物理量的控制和运动参数的读取，只是不同 PLC 实现方法不一样。

一、PLC 的构成

PLC 的硬件主要由 CPU 模块、I/O 端口组成。

（1）中央处理单元 CPU 是 PLC 的核心，它是运算、控制中心，将完成以下任务：

❶ 接收并存储用户程序和数据。

❷ 诊断工作状态。

❸ 接收输入信号，送入 PLC 的数据寄存器保存起来。

❹ 读取用户程序，进行解释和执行，完成用户程序中规定的各种操作。

（2）PLC 中的存储器分为系统程序存储器和用户程序存储器。

（3）I/O 接口模块的作用是将工业现场装置与 CPU 模块连接起来，包括开关量 I/O 接口模块、模拟量 I/O 接口模块、智能 I/O 接口模块以及外设通信接口模块等。图 5-1 为 PLC 的硬件组成框图。

二、PLC 的工作原理

PLC 工作过程一般可分为输入采样、程序执行和输出刷新三个主要阶段。PLC 按顺序采样所有输入信号并读入到输入映像寄存器中存储，在 PLC 执行程序时被使用，通过对当前输入输出映像寄存器中的数据进行运算处理，再将其结果写入输出映像寄存器中保存，当 PLC 刷新输出锁存器时被用作驱动用户设备，至此完成一个扫描周期。PLC 的扫描周期一般在 100ms 以内。PLC 程序的易修改性、可靠性、通用性、易扩展性、易维护性可和计算机程序相媲美，再加上其体积小，重量轻，安装调试方便，使其设计加工周期大为缩短，维修也方便，还可重复利用。 PLC 的循环扫描工作过程如图 5-2 所示。

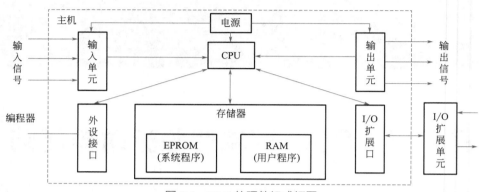

图 5-1　PLC 的硬件组成框图

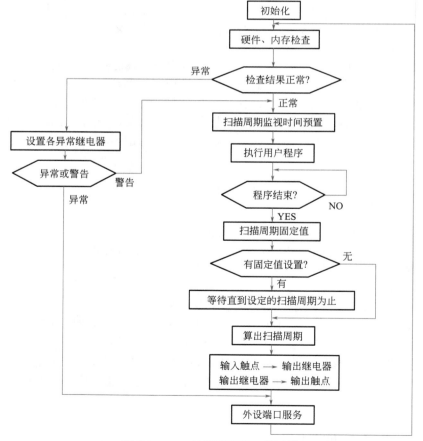

图 5-2　PLC 的循环扫描工作过程

第二节　西门子 S7-1200 和 V80 伺服驱动器实现点到点的位置控制

一、SINAMICS V80 伺服控制器系统组成

　　SINAMICS V80 伺服控制器系统组成主要包括 SINAMICS V80 伺服控制器、电缆和连接器以及 SINAMICS V80 专用的伺服电动机，如图 5-3 所示。

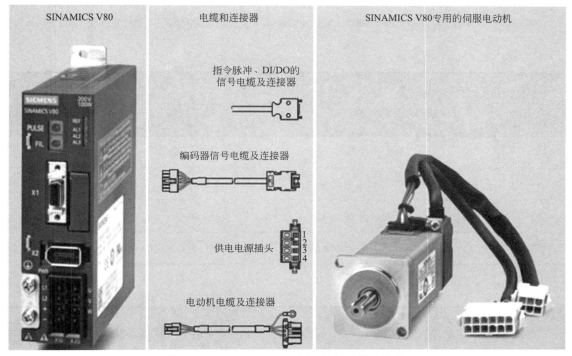

图 5-3　SINAMICS V80 伺服控制器系统组成

　　SINAMICS V80 伺服控制器接线和安装前参阅前面章节。

二、位置控制系统的结构和选型

　　图 5-4 是由 S7-1200 CPU 和 SINAMICS V80 伺服控制器组成的典型位置控制系统。其中 SINAMICS V80 接收来自 S7-1200 CPU 的目标位置和方向的脉冲信号后完成对定位单元的闭环位置控制。SINAMICS V80 的闭环位置控制参数能够自整定，兼具步进的易用性和伺服的高精度。

　　在 S7-1200 CPU 和 SINAMICS V80 伺服控制器组成的典型位置控制系统选型时，可先根据工艺要求（如转矩和转速）选定伺服电动机及驱动器，如表 5-1 所示。然后可根据表 5-2 选定 SINAMICS V80 动力进线回路各配电元件（如断路器、电源滤波器等）。其他型号 PLC 和伺服驱动系统类似。

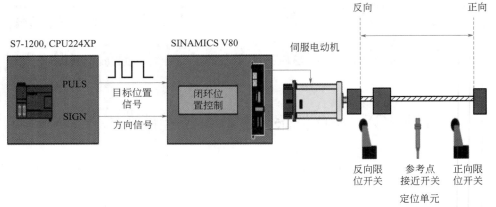

图 5-4　S7-1200 CPU 和 SINAMICS V80 伺服控制器组成的典型位置控制系统

表 5-1　驱动器及配套伺服电动机选型

额定功率/W	额定转矩/（N·m）	SINAMICS V80 驱动器	配套伺服电动机（额定转速 3000rpm）	
			不带抱闸	带抱闸
100	0.318	6SL3210-5CB08-4AA0	1FL4021-0AF21-0AA0	1FL4021-0AF21-0AB0
200	0.637	6SL3210-5CB11-1AA0	1FL4032-0AF21-0AA0	1FL4032-0AF21-0AB0
400	1.27	6SL3210-5CB12-0AA0	1FL4033-0AF21-0AA0	1FL4033-0AF21-0AB0
750	2.39	6SL3210-5CB13-7AA0	1FL4044-0AF21-0AA0	1FL4044-0AF21-0AB0

表 5-2　SINAMICS V80 动力进线回路配电元件型号选择

额定功率	断路器	电源滤波器	接触器	电抗器	熔断器
100W	3VU1340-0MJ00（4A）	FN2070-6/07	3TF40 20-0XM0（9A）	45mH，1A，200V	15A
200W	3VU1340-0MJ00（4A）	FN2070-6/07	3TF40 20-0XM0（9A）	20mH，2A，200V	15A
400W	3VU1340-0NK00（4A）	FN2070-10/0	3TF40 20-0XM0（9A）	5mH，3A，200V	15A
750W	3VU1340-0MM00（4A）	FN2070-16/07	3TF42 20-0XM0（16A）	2mH，5A，200V	30A

　　SINAMICS V80 的接口及接线示意图如图 5-5 和图 5-6 所示。

　　X10：V80 动力线进线（AC 200 ～ 230V，单相）；

　　X20：V80 动力出线到伺服电动机（三相交流）；

　　X1：V80 输入 / 输出信号线；

　　X2：V80 位置反馈来自伺服电动机编码器。

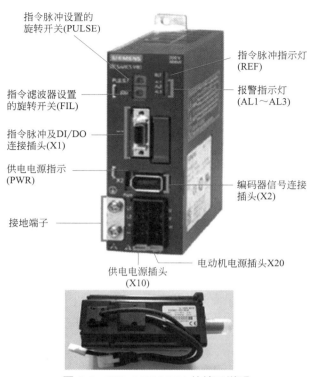

指令脉冲设置的
旋转开关(PULSE)

指令脉冲指示灯
(REF)

指令滤波器设置
的旋转开关(FIL)

报警指示灯
(AL1～AL3)

指令脉冲及DI/DO
连接插头(X1)

供电电源指示
(PWR)

编码器信号连接
插头(X2)

接地端子

电动机电源插头X20

供电电源插头
(X10)

图 5-5　SINAMICS V80 的接口说明

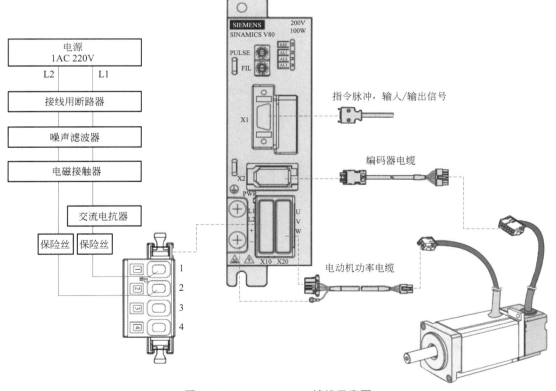

图 5-6　SINAMICS V80 接线示意图

179

SINAMICS V80 与控制器 S7-1200 端的典型配置及信号交互如图 5-7 所示。

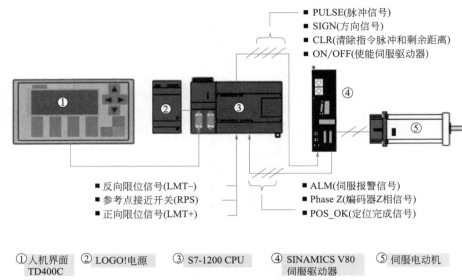

① 人机界面 TD400C　② LOGO!电源　③ S7-1200 CPU　④ SINAMICS V80 伺服驱动器　⑤ 伺服电动机

图 5-7　SINAMICS V80 与控制器 S7-1200 端的典型配置及信号交互

三、位置控制的软 / 硬件实现

（1）编程所需硬件　一台笔记本电脑、一根带 USB 接口的 PC/PPI 电缆。

（2）编程所需软件　编程软件 STEP 7/V12 SPI。

硬件及软件配置如图 5-8 所示。电路中可以采用最大 PTO 数，每个配备工艺版本 V4 的 CPU 都可以使用 PTO，也就是说最多可以控制 4 个驱动器。

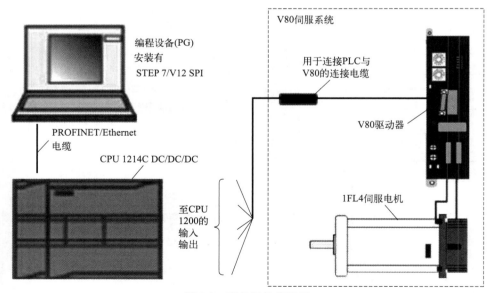

图 5-8　硬件及软件配置

4 路高速脉冲输出信号分配表见表 5-3。

表 5-3　4 路高速脉冲输出信号分配表

	脉冲	方向
PTO 0		
板载 I/O	Q0.0	Q0.1
信号板 I/O	Q4.0	Q4.1
PTO 1		
板载 I/O	Q0.2	Q0.3
信号板 I/O	Q4.2	Q4.3
PTO 2		
板载 I/O	Q0.4	Q0.5
信号板 I/O	Q4.0	Q4.1
PTO 3		
板载 I/O	Q0.6	Q0.7
信号板 I/O	Q4.2	Q4.3

四、硬件接线

连接电机动力电缆及编码器电缆到 SINAMICS V80 的 X20 和 X2 端口。 X10 端口接线如表 5-4 所示。

表 5-4　S7-1200 与 SINAMICS V80 接线

CPU 1214C	SIMATIC PLC/SINAMICS V80 通信电缆
M	P24V/M
Q0.1	SIGN
Q0.4	ON/OFF
L+	P24V
M	M
I1.2	硬件限位开关（上限位）
I1.3	硬件限位开关（下限位）
I0.7	参考点开关

五、软件实现

将图 5-9 中矩形框标示的 SINAMICS V80 驱动器的 "PULSE" 拨码开关旋转到箭头指向 "8" 的位置，完成控制器与伺服驱动器间的指令脉冲设置（即控制器向 V80 发送 1000 个脉冲会使伺服电动机转动一圈）。

181

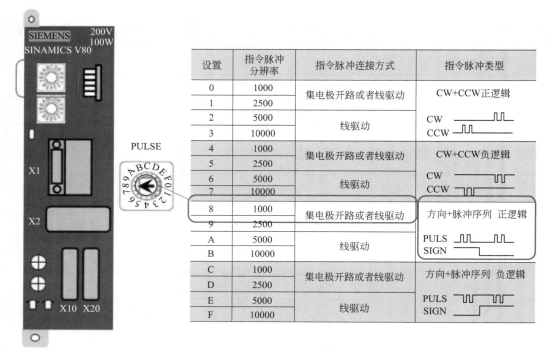

图5-9 指令脉冲拨码开关

> **注意**
>
> 此操作要在伺服驱动器断电时完成。

　　在完成 SINAMICS V80 驱动器和 S7-1200 CPU 的接线后即可给系统上电，开始软件测试。如下的软件测试是为了让大家快速了解此定位系统的软件的实现方式，请接入正反向限位信号和参考点接近开关信号，不要连接负载以免在不熟悉软件使用的情况下发生危险或损坏设备。

　　软件调试过程为：

　　（1）添加轴工艺对象　　添加轴工艺对象过程按照图5-10所示步骤完成。

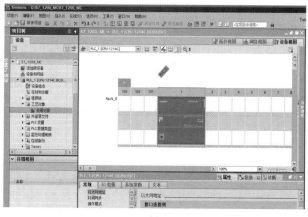

(a)

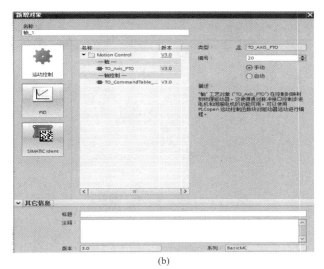

(b)

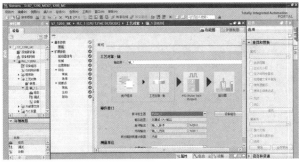

(c)

图 5-10　添加轴工艺对象过程图

（2）组态轴工艺对象的扩展对象参数　组态轴工艺对象的扩展对象参数过程按照图 5-11 所示步骤完成。

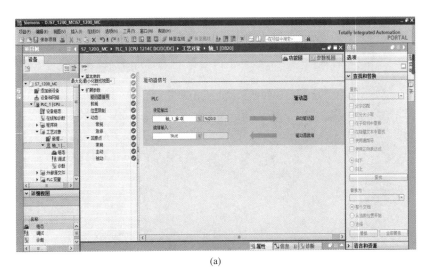

(a)

图 5-11

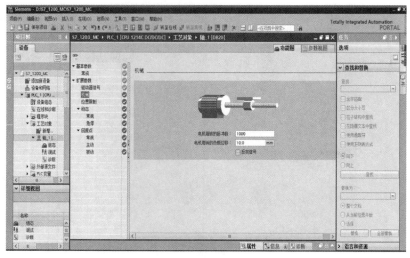

(b)

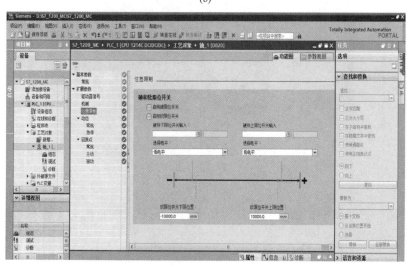

(c)

(d)

图 5-11 　组态轴工艺对象的扩展对象参数过程

（3）添加命令表　添加命令表可按照图 5-12 所示步骤完成。

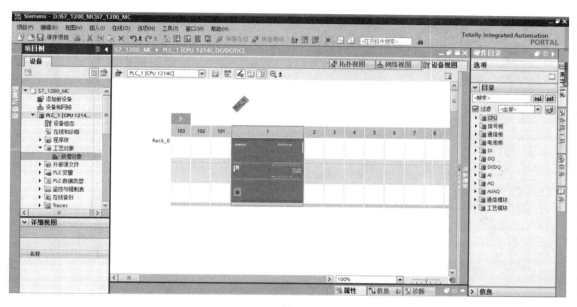

(a)

(b)

图 5-12　添加命令表

（4）程序编制　程序编制流程如图 5-13 所示。

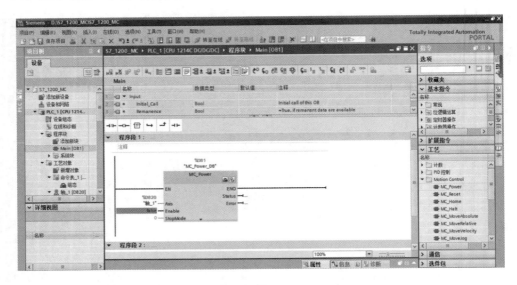

(a)

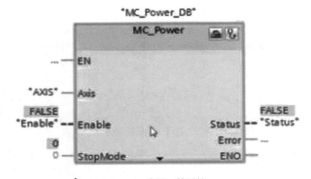

➤ MC_Power：启用、禁用轴

· Axis：轴工艺对象

· Enable：IRUE启用轴；False禁用轴

· StopMode：0紧急停止；1立即停止。

(b)

(c)

图 5-13　程序编制流程

（5）回原点　如图 5-14 所示。

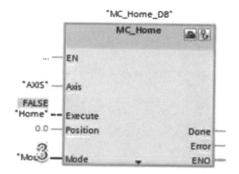

> MC_Power：使轴归位
- Mode =0：直接绝对归位，直接将轴的位置设置为Position的数值
- Mode =1：直接相对归位，轴的新位置为当前位置+Position的数值
- Mode =2：不会触发PTO输出，必须辅助其他运动指令，检测到参考点设置的边缘处，轴即归位
- Mode =3：主动执行归位步骤，并取消其他激活的运动

图 5-14　回原点

六、在位置控制向导下实现 EM253 位置控制模块的定位

连接电动机动力电缆及编码器电缆到 SINAMICS V80 的 X20 和 X2 端口。X1 的接线参见图 5-15。

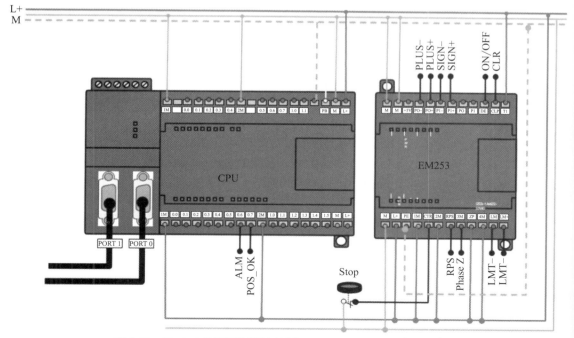

图 5-15　EM253 位置控制模块控制 SINAMICS V80 驱动器的接线

187

如图 5-16 所示，双击"EM253 位控"弹出 EM253 位控模块配置向导，第一步指定 EM253 位控模块位置，如紧连 CPU 模块则设为 0，也可在连线状态下点击"读取模块"按钮来读取模块地址。点击"下一步"。

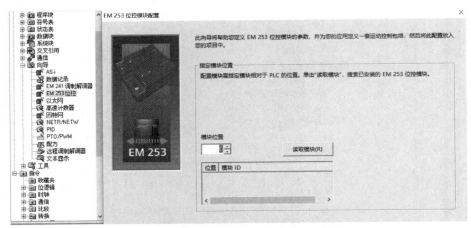

图 5-16　弹出 EM253 位控模块配置向导

如图 5-17 所示，选择度量单位时选择"使用相对脉冲数"，再点击"高级选项"按钮，在弹出对话框中"输入有效电平"栏设置正向限位、反向限位、参考点、急停信号的有效电平。因为通常使用正向限位、反向限位、急停信号的常闭点，所以选低电平有效。参考点用常开点所以选高电平有效。点击"确认"及"下一步"。

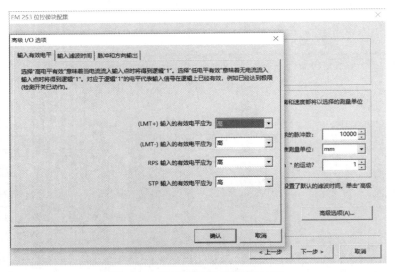

图 5-17　选择"使用相对脉冲数"

如图 5-18 所示，选择模块输入响应，在正向限位、反向限位动作时电动机减速停止，在急停动作时电动机立即停止。点击"下一步"。

如图 5-19 所示，设定电机最大、最小速度以及启动停止速度。点击"下一步"。

如图 5-20 所示，设定电动机点动速度。点击"下一步"。

如图 5-21 所示，设定加减速时间。点击"下一步"。

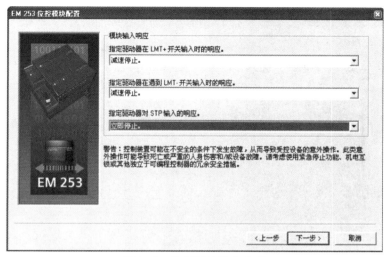

图 5-18　选择模块输入响应

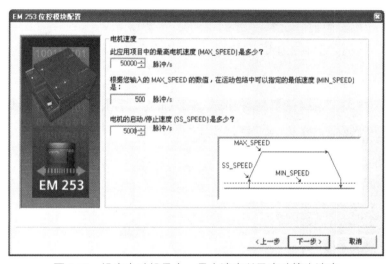

图 5-19　设定电动机最大、最小速度以及启动停止速度

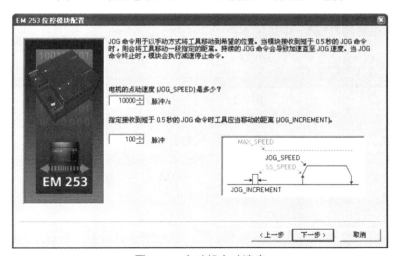

图 5-20　电动机点动速度

189

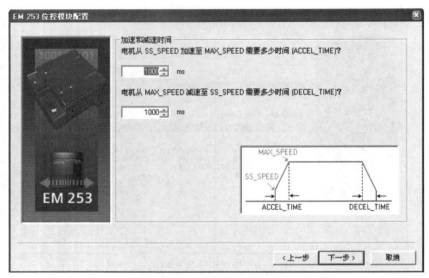

图 5-21　设定加减速时间

　　如图 5-22 所示，设定冲击补偿。点击"下一步"。在弹出界面中选择"配置参考点"，点击"下一步"。

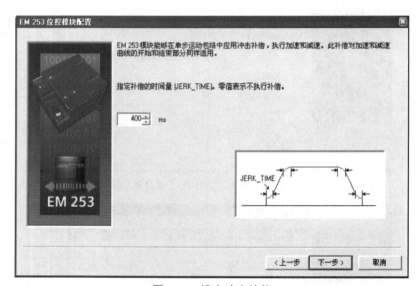

图 5-22　设定冲击补偿

　　如图 5-23 所示，设置参考点寻找速度及寻找方向。

　　如图 5-24 所示，选择参考点搜索顺序。共有 5 种选择，可在配置完成后修改配置选择不同搜索顺序来观察寻参过程的变化。点击"下一步"。

　　如图 5-25 所示，选择命令字节。点击"下一步"。

　　如图 5-26 所示，设置运动包络定义。

　　"绝对位置""相对位置""单速连续旋转""双速连续旋转"四种包络操作模式可生成如图 5-27 所示不同运动曲线，完成包络定义后点击"确认"。

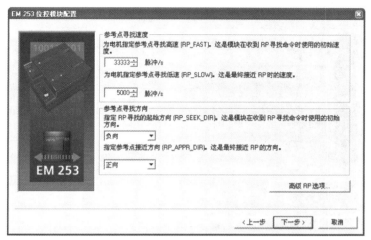

图 5-23 设置参考点

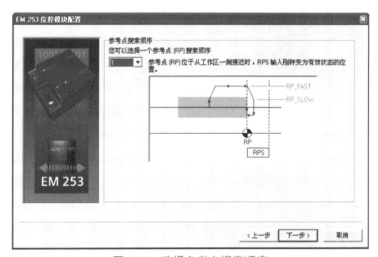

图 5-24 选择参考点搜索顺序

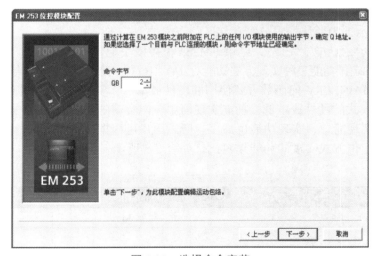

图 5-25 选择命令字节

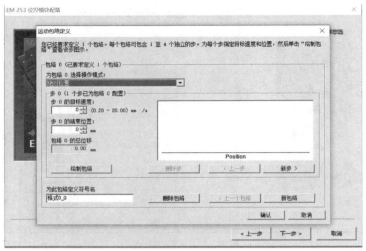

图 5-26 设置运动包络定义

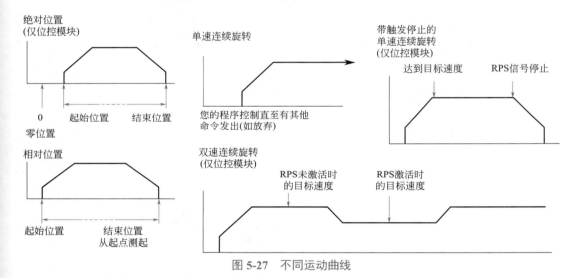

图 5-27 不同运动曲线

如图 5-28 所示，为模块配置分配存储区。点击"下一步"。

如图 5-29 所示，点击"完成"，结束 EM253 位控模块配置。

伺服驱动的轴定位功能三种实现方法功能对比：PTO 模式和 EM253 有向导辅助完成，因此使用相对简单。MAP_SERV 库函数方式使用的硬件成本低，实现功能多，但需要编写的程序要多一些。PTO 模式的硬件成本低，功能实现简单，但实现的功能少。EM253 的硬件成本相对高一些，功能实现简单，实现功能也最多。所以用户可根据实际情况选择合适方式。

对以上三种定位方式实现的功能作对比，如表 5-5 所示。

表 5-5 三种定位方式实现的功能作对比

项目名称	PTO 模式	MAP_SERV 库函数	EM253
转矩	Max	Max	Max
转速	Max	Max	Max
相对运动	Yes	Yes	Yes

续表

项目名称	PTO 模式	MAP_SERV 库函数	EM253
绝对运动	No	Yes	Yes
寻参	PLC	Yes	Yes
S 曲线	No	No	Yes
工程单位转换	PLC	Yes	Yes
限位开关	PLC	Yes	Yes
急停开关	PLC	PLC	Yes
零点信号（Z 信号）	PLC	PLC	Yes
向导支持	Yes	No	Yes
控制面板功能	No	No	Yes
运动轮廓	Yes	No	Yes

注：Max—可达到最大值；Yes—可立即使用的功能；No—无此功能；PLC—依靠 PLC 程序实现。PTO 模式和 EM253 最多支持 25 个包络，PTO 每一包络最大允许 29 个步，而 EM253 每一包络最大允许 4 个步。

图 5-28　为模块配置分配存储区

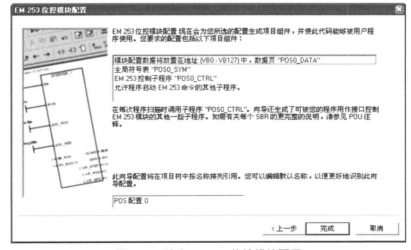

图 5-29　结束 EM253 位控模块配置

第三节　西门子 SINAMICS V90 伺服驱动控制与接线

一、西门子 SINAMICS V90 伺服驱动器的结构特点

SINAMICS V90 伺服驱动和 SIMOTICS S-1FL6 伺服电机组成了性能优化、易于使用的伺服驱动系统，其有八种驱动类型、七种不同的电机轴高规格，功率范围从 0.05kW 到 7.0kW 以及单相和三相的供电系统使其可以广泛用于各行各业，同时该伺服系统可以与 S7-1500/S7-1200 PLC 进行无缝配合，实现丰富的运动控制功能。输出控制电机可选用 SIMOTICS S-1FL6，该电机为自然冷却的永磁同步电机，通过电机表面散热，不同的电机轴高可满足市场的需要。1FL6 支持 3 倍过载，配合 SINAMICS V90 驱动系统可形成功能强大的伺服系统。SINAMICS V90 伺服驱动器的结构如图 5-30 所示。

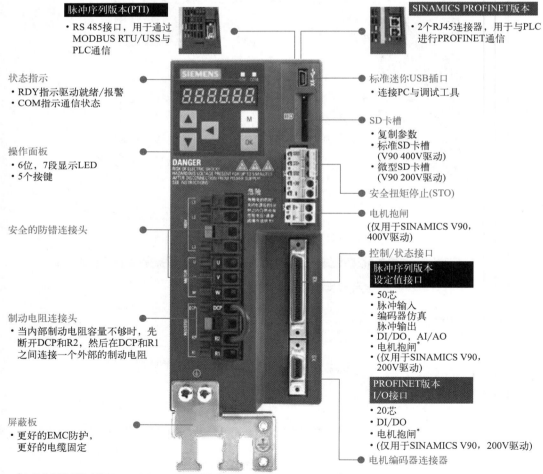

*电机抱闸信号仅用于SINAMICS V90 200V驱动。SINAMICS V90 200V驱动需要使用外部继电器来连接电机抱闸

图 5-30　西门子 SINAMICS V90 伺服驱动器的结构

二、西门子 SINAMICS V90 伺服驱动器的接线

V90 提供丰富全面的接口，每种控制模式都具有默认的接口定义，能满足各种应用需求；对于有特殊要求或个性设置的应用，用户可以根据需要对接口进行重新定义；在保证标准应用方便性的同时，也为特殊应用提供了灵活性。图 5-31 为脉冲串指令速度控制模式（PTI）下的默认接口定义，符合标准的应用习惯。

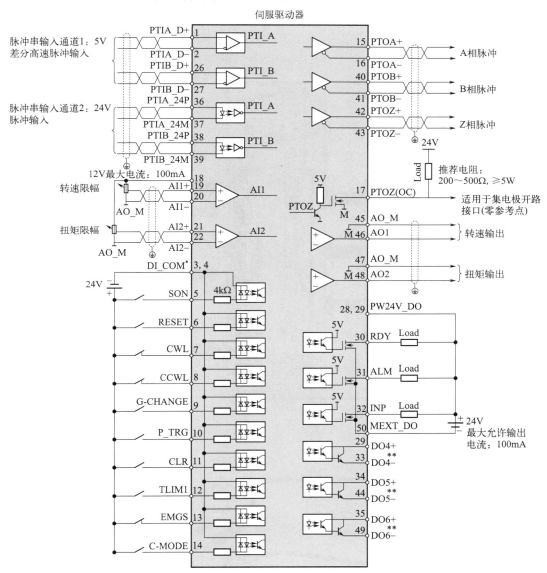

图 5-31 脉冲串指令速度控制模式（PTI）下的默认接口定义

三、驱动系统的连接

SINAMICS V90 PN 伺服驱动内置数字量输入 / 输出接口以及 PROFINET 通信端口。可将驱动器与 S7-1200 或 S7-1500 PLC 相连。图 5-32 和图 5-33 PLC 给出了 SINAMICS V90 PN 伺服系统用于单相 / 三相电网的连接示例。

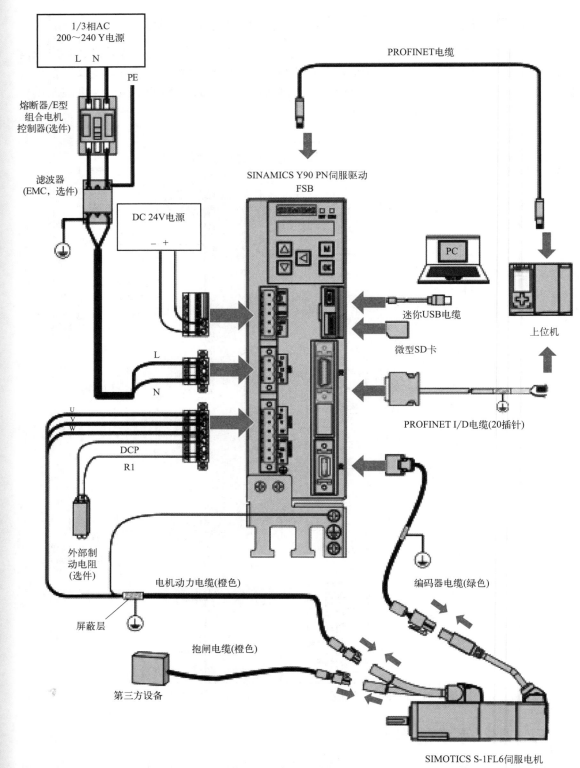

图 5-32 **FSB** 用于单相电网的连接图

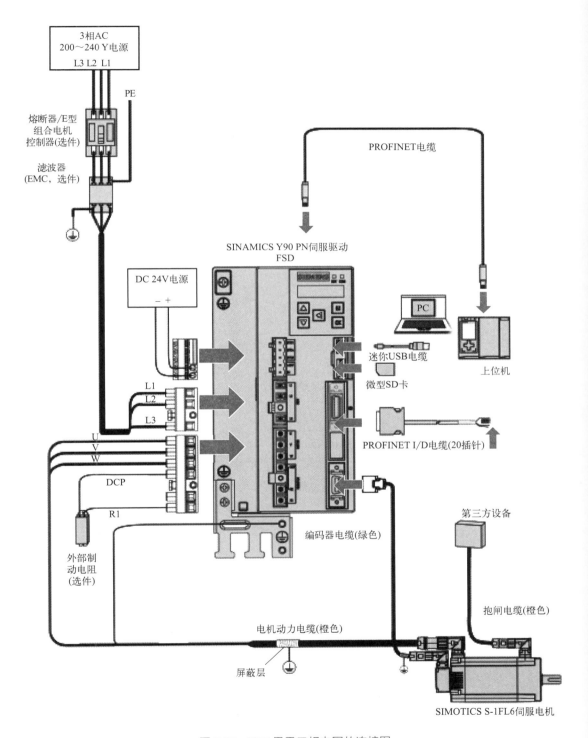

图 5-33　FSB 用于三相电网的连接图

四、西门子 SINAMICS V90 伺服驱动器与 PLC 连接示例

（1）西门子 SINAMICS V90 伺服驱动器与 SIMATICS S7-1200 PLC 的连接　如图 5-34 所示。

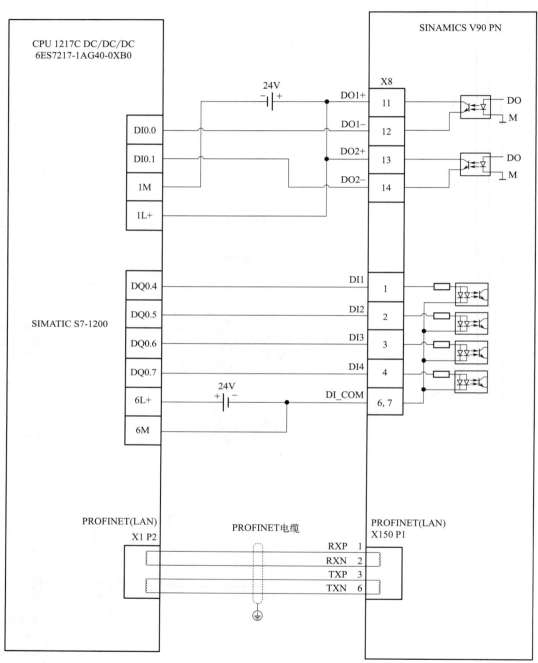

图 5-34　西门子 **SINAMICS V90** 伺服驱动器与 **SIMATICS S7-1200 PLC** 的连接

（2）西门子 SINAMICS V90 伺服驱动器与 SIMATICS S7-1500 PLC 的连接　如图 5-35 所示。

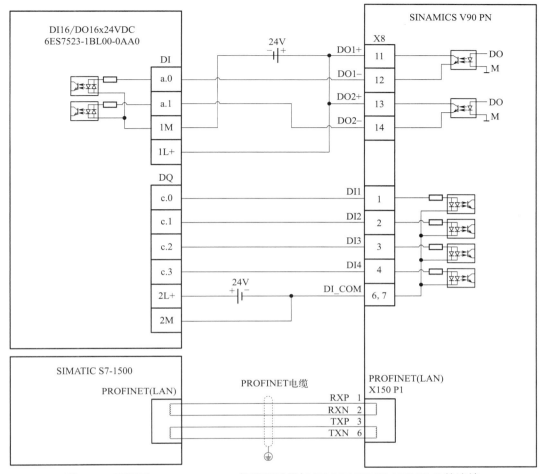

图 5-35　西门子 SINAMICS V90 伺服驱动器与 SIMATICS S7-1500 PLC 的连接

第六章

伺服驱动器的运动控制卡控制

第一节　运动控制卡在伺服驱动系统中的应用

一、运动控制卡在伺服驱动系统中的应用原理

运动控制卡是一种可以用于各种运动控制场合（比如位移、速度、加速度等）的伺服系统的上位控制单元。如图 6-1 所示是常见运动控制卡的外形。

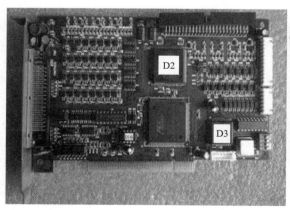

图 6-1　运动控制卡的外形

运动控制卡是一种基于 PC 总线，利用高性能微处理器（如 DSP）及大规模可编程器件实现多个伺服电动机的多轴协调控制的高性能的步进 / 伺服电动机运动控制器件，包括脉冲输出、脉冲计数、数字输入、数字输出、D/A 输出等功能。它可以发出连续的、高频率

的脉冲串，通过改变发出脉冲的频率来控制电动机的速度，改变发出脉冲的数量来控制电动机的位置，它的脉冲输出模式包括脉冲/方向、脉冲/脉冲方式。脉冲计数可用于编码器的位置反馈，提供机器准确的位置，纠正传动过程中产生的误差。数字输入/输出点可用于限位、原点开关等。库函数包括 S 型、T 型加速，直线插补和圆弧插补，多轴联动函数等。

运动控制卡广泛应用于工业自动化控制领域中需要精确定位、定长的位置控制系统和基于 PC 的 NC 控制系统。具体就是将实现运动控制的底层软件和硬件集成在一起，使其具有伺服电动机控制所需的各种速度、位置控制功能，这些功能能通过计算机方便地调用。

运动控制卡通常采用专业运动控制芯片或高速 DSP 作为运动控制核心，大多用于控制步进电动机或伺服电动机。一般地，运动控制卡与 PC 机构成主从式控制结构：PC 机负责人机交互界面的管理和控制系统的实时监控等方面的工作（例如键盘和鼠标的管理、系统状态的显示、运动轨迹规划、控制指令的发送、外部信号的监控等）；控制卡完成运动控制的所有细节（包括脉冲和方向信号的输出、自动升降速的处理、原点和限位等信号的检测等等）。

运动控制卡都配有开放的函数库供用户在 Windows 系统平台下自行开发、构造所需的控制系统。这类似于我们手机的安卓系统应用，因此这种结构开放的运动控制卡能够广泛地应用于制造业中设备自动化的各个领域。

二、伺服电动机与运动控制卡的一般连接方式

伺服电动机是一种高精度数字化控制的电动机，能够将电能转换为机械能，用于定位控制。其位移是通过脉冲信号数量控制的，转速是通过脉冲频率控制的。

通过前面章节讲述的 PLC 与伺服驱动器连接，在这里我们首先简单讲述一下怎样连接伺服电动机和运动控制卡。

1. 初始化参数

在接线之前，先初始化参数。

在控制卡上：选好控制方式；将 PID 参数清零；让控制卡上电时默认使能信号关闭；将此状态保存，确保控制卡再次上电时即为此状态。

在伺服驱动器上：设置控制方式；设置使能由外部控制；设置编码器信号输出的齿轮比；设置控制信号与电动机转速的比例关系。一般来说，建议使用与伺服工作中的最大设计转速对应的控制电压。比如，松下伺服驱动器是设置 1V 电压对应的转速，出厂与值为 500，如果只准备让电动机在 1000 转以下工作，那么，将这个参数设置为 111。

2. 接线

将控制卡断电，连接控制卡与伺服电动机之间的信号线。其中以下的线是必须要接的：控制卡的模拟量输出线、使能信号线、伺服输出的编码器信号线。复查接线没有错误后，电动机和控制卡（以及 PC）上电。此时电动机应该不动，而且可以用外力轻松转动，如果不是这样，检查使能信号的设置与接线。用外力转动电动机，检查控制卡是否可以正确检测到电动机位置的变化，否则检查编码器信号的接线和设置。

3. 测试电动机运行方向

对于一个闭环控制系统，如果反馈信号的方向不正确，后果肯定是灾难性的。通过控制卡打开伺服电动机的使能信号。这时伺服电动机应该以一个较低的速度转动，这就是传说中的"零漂"。一般控制卡上都会有抑制零漂的指令或参数。使用这个指令或参数，看电动机的转速和方向是否可以通过这个指令（参数）控制。如果不能控制，检查模拟量接线及控制方式的参数设置。确认给出正数，电动机正转，编码器计数增加；给出负数，电动机反转，编码器计数减小。如果电动机带有负载，行程有限，不要采用这种方式。测试不要给过大的电压，建议在 1V 以下。如果方向不一致，可以修改控制卡或电动机上的参数，使其一致。

4. 抑制零漂

在闭环控制过程中，零漂的存在会对控制效果有一定的影响，最好将其抑制住。使用控制卡或伺服电动机上抑制零漂的参数，仔细调整，使电动机的转速趋近于零。由于零漂本身也有一定的随机性，因此，不必要求电动机转速绝对为零。

5. 建立闭环控制

再次通过控制卡将伺服电动机使能信号打开，在控制卡上输入一个较小的比例增益，一般就输入控制卡能允许的最小值。将控制卡和伺服电动机的使能信号打开。这时，电动机应该已经能够按照运动指令大致做出动作了。

6. 调整闭环参数

细调控制参数，确保电动机按照控制卡的指令运动，这是必须要做的工作，而这部分工作，需要大家在实践中以特定的某一品牌实际操作慢慢就可以掌握（本章以 DMC3000 系列运动控制卡为实例进行介绍）。

第二节　DMC3000 系列运动控制卡的功能和典型应用

一、运动控制卡的应用场合和组成

1. 运动控制卡应用的场合

运动控制卡已广泛应用于各行各业自动化设备中。主要设备有：电子产品加工 / 装配设备，如丝印机、贴片机、PCB 钻孔机等；激光加工设备，如激光打标机、激光切割机等；机器视觉及自动检测设备，如影像测量仪、电路板自动检测设备等；生物 / 医学自动采样、处理设备等。

2. DMC3400A 卡的组成结构

图 6-2 为 DMC3400A 运动控制卡组成的 8 轴运动控制系统的典型结构图。

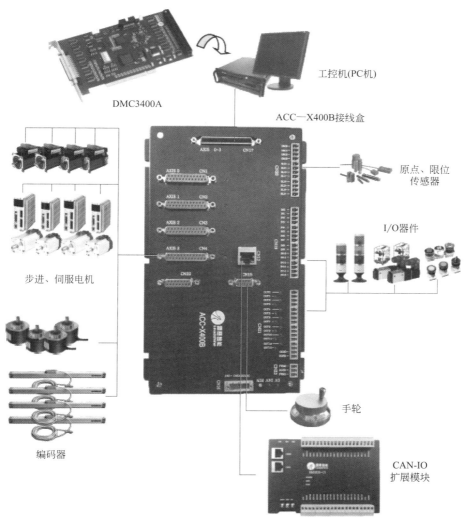

工控机(PC机)

ACC—X400B接线盒

原点、限位
传感器

I/O器件

步进、伺服电机

编码器

DMC3400A

手轮

CAN-IO
扩展模块

图 6-2　DMC3400A 运动控制卡组成的 **8 轴**运动控制系统的典型结构图

图 6-3 为 DMC3400A 运动控制卡的外观示意图。

图 6-3　DMC3400A 运动控制卡外观示意图

二、运动控制卡的功能

1. 运动控制功能

（1）点位运动　点位运动是指运动控制器控制运动平台从当前位置开始以设定的速度运动到指定位置后准确地停止。

点位运动只关注终点坐标，对运动轨迹的精度没有要求。点位运动的运动距离由脉冲数决定，运动速度由脉冲频率决定。

PC 机执行点位运动指令，即调用点位运动函数，并自动将运动参数通过 PCI 总线接口传送至 DMC3000 系列运动控制卡，使其按设定的速度输出脉冲；当输出脉冲数等于命令脉冲数时，DMC3000 系列卡停止脉冲输出。位移与时间的关系如图 6-4 所示。

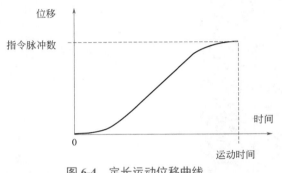

图 6-4　定长运动位移曲线

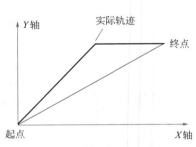

图 6-5　两轴复合运动的轨迹

多轴同时做点位运动，称之为多轴联动。由于软件处理速度远比机械系统响应速度快，虽然多条运动指令连续发出，需几微秒，可对机械系统，可认为是同时启动。如果每个轴的运动速度相同，则多轴运动的轨迹就可能是折线，如图 6-5 所示。

如果从起点到终点都需要按照规定的路径运动，就必须采用直线插补或圆弧插补功能。

❶ 梯形速度控制　为了让平台在运动过程中能平稳加速、准确停止，一般采用梯形速度曲线控制运动过程，如图 6-6 所示。即：电动机以起始速度开始运动，加速至最大速度后保持速度不变，结束前减速至停止速度，并停止。运动的距离由点位运动指令决定。

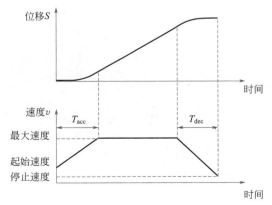

图 6-6　梯形速度曲线及对应的位移曲线
T_{acc}—总加速时间；T_{dec}—总减速时间

❷ S 形速度控制　为改善平台运动的平稳性，DMC3000 系列运动控制卡还提供了 S 形速度控制曲线。在 S 形速度控制过程中，指令脉冲频率从一个内部设定的速度快速加速到起始速度，然后作 S 形加速运动；运动结束前，指令脉冲频率作 S 形减速运动到停止速度，然后再快速减速到一个内部设定的速度，这时脉冲输出停止，如图 6-7 所示。

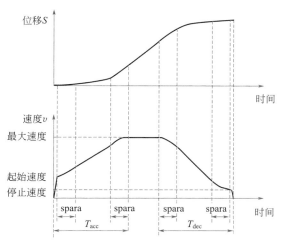

图 6-7　S 形速度曲线及对应的位移曲线

spara—S 段时间；T_{acc}—总加速时间；T_{dec}—总减速时间

❸ 运动中改变终点位置　在进行点位运动的过程中，DMC3000 系列运动控制卡可以改变运动的终点位置，且位置可增可减。如图 6-8 所示，原本点位运动的距离是 50000 个脉冲；但当运动了 550ms 时，将终点改为 100000 个脉冲，电动机从减速变为加速，继续向前运动，然后减速停在新的终点位置。

该功能在固晶机上使用十分方便。首先，取料臂开始向一个理想位置运动，摄像头检测晶片的实际位置，然后给出终点的修整位置，取料臂向新的位置运动。这样可以大大提高设备的生产效率。

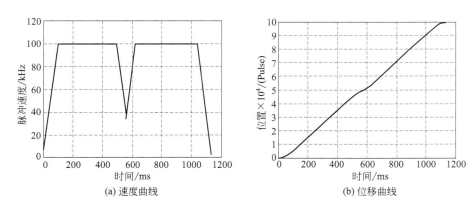

(a) 速度曲线　　　　　　　　　(b) 位移曲线

图 6-8　DMC3000 系列运动控制卡改变终点位置的过程

❹ 运动中改变当前速度　在点位运动（或连续运动）过程中，DMC3000 系列运动控制卡可以改变运动的速度，且速度变化过程和预设的梯形速度曲线或 S 形速度曲线相同，如图 6-9 所示。

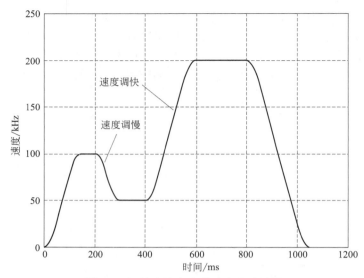

图 6-9　运动中改变当前速度调速过程

（2）连续运动　连续运动是指：电动机从起始速度开始运行，加速至最大速度后连续运动；只有当接收到停止指令或外部停止信号后，才减速停止。

连续运动指令其实就是速度控制指令，国外运动控制器将此指令称为 JOG 指令。运动控制卡可以控制电动机以梯形或 S 形速度曲线在指定的加速时间内从起始速度加速至最大速度，然后以该速度连续运行，直至调用停止指令或者该轴遇到限位信号、急停信号才会按启动时的速度曲线减速停止。连续运动指令的速度与时间曲线如图 6-10 所示。

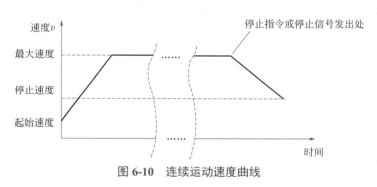

图 6-10　连续运动速度曲线

该功能的主要用途是速度控制，如传送带的速度、包装机连续送料速度等。

（3）直线、圆弧插补运动　为了实现轨迹控制，运动控制卡按照一定的控制策略控制多轴联动，使运动平台用微小直线段精确地逼近轨迹的理论曲线，保证运动平台从起点到终点上的所有轨迹点都控制在允许误差范围内。这种控制策略称为插补算法，因此轨迹运动通常称为插补运动。插补运动有许多种类，如直线插补、圆弧插补、螺旋线插补、抛物线插补等。

以 DMC3000 系列运动控制卡为例，采用积分法进行直线插补和圆弧插补。图 6-11 为直线插补的实例。理想轨迹为原点至点 Z 的直线；图中 7 条带箭头的线段为平台实际运动轨迹。在进行圆弧插补之前，必须确定圆弧轨迹的参数。如果只知道圆弧的起点、终点、半径，那么就有 4 条轨迹可选，如图 6-12 所示。顺时针方向圆弧轨迹称为顺圆；逆时针方向的圆弧轨迹称为逆圆。只有获得圆弧轨迹方向、圆心坐标或者知道圆弧角是小于 180° 还是大于 180°，才能确定唯一的圆弧插补轨迹。如图 6-13 所示，一段起点为 Q（7，0），终点为 Z（0，7），半径为 7（单位为脉冲），圆心在原点的逆圆轨迹。DMC3000 系列运动控制卡只能在任意 2 轴间的坐标平面内进行圆弧插补运动。

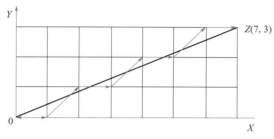

图 6-11 积分法直线插补实例

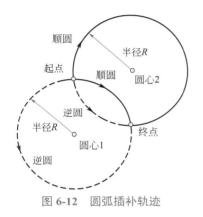

图 6-12 圆弧插补轨迹

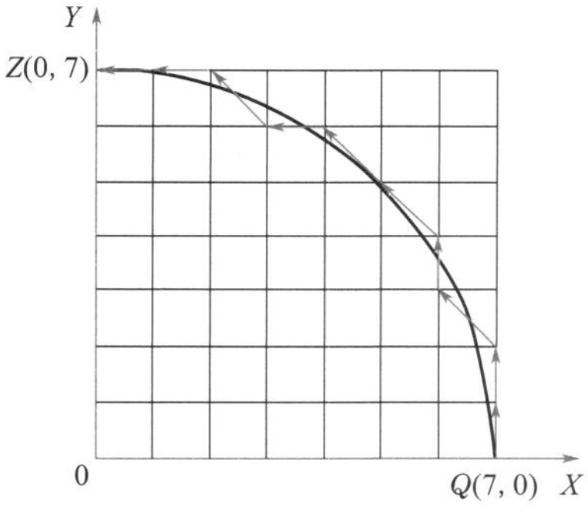

图 6-13 圆弧插补实例

（4）PVT 运动功能 国内大部分运动控制卡具有 PVT 运动功能。以 DMC3000 系列运动控制卡为例，PVT 运动功能共有四种 PVT 模式，分别为 PTT、PTS、PVT、PVTS 模式。其中 PTT、PTS 运动模式用于单轴速度规划； PVT、PVTS 运动模式则用于多轴轨迹规划。我们在实际应用中可以根据实际需求选择适合的 PVT 模式。

❶ 单轴速度规划功能 DMC3000 系列运动控制卡中提供了两种 PVT 模式来实现单轴速度规划，分别为 PTT 运动模式和 PTS 运动模式。

a. PTT 运动模式。PTT 模式中第一个字母 P 表示位置（Position），第二个字母 T 表示时间（Time），最后一个字母 T 表示梯形（Trapezoid）； PTT 模式表示在梯形速度曲线下规划点位运动。

用户通过输入一系列位置和时间参数，自定义单轴的运动规律。 首先将速度曲线分割成若干段，如图 6-14 所示。

整个速度曲线被分割成 5 段。

第 1 段起点速度为 0； 经过时间 T_1 后，位移量为 P_1，即速度曲线所围面积。 因此第 1 段的终点速度为 $V_1=2P_1/T_1$；

第 2 段起点速度为 V_1，经过时间 T_2 后，位移量为 P_2，即速度曲线所围面积。 因此第 2 段的终点速度为 $V_2=2P_2/T_2-V_1$；

第 3、4、5 段依此类推。

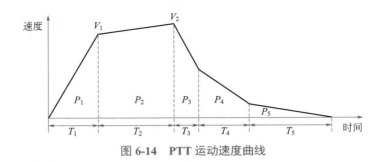

图 6-14　PTT 运动速度曲线

在定义一段完整的 PTT 运动时，第 1 段的起点位置和时间被设为 0；　各段的终点位置和时间都是相对于该段起点的相对值。位置单位为脉冲，时间单位为秒。

运动控制卡执行 PTT 运动时，根据用户定义的各段位移和时间参数，计算各点的速度，形成一条连续的速度曲线。

b. PTS 运动模式。PTS 运动模式是 PTT 的扩展功能模式。PTS 的最后一个字母 S 表示 S 形速度曲线；　PTS 模式是在 S 形速度曲线下规划点位运动；　和 PTT 模式相比，其各段速度过渡更加平滑。

用户通过输入一系列位置、时间、百分比参数，自定义单轴的运动规律。　其中位置、时间参数定义和 PTT 模式相同；"百分比"　参数是指相邻 2 个数据点之间加速度的变化时间占速度变化时间的百分比。

以图 6-15 为例说明。数据点 P_2 和 P_3 之间加速度不变，因此数据点 P_2 的百分比为 0。

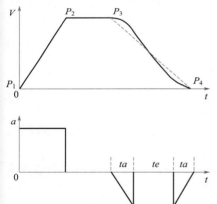

图 6-15　加速度变化时间百分比定义

数据点 P_3 和 P_4 之间加速度变化时间为 $2ta$，速度变化时间为 $2ta+te$，因此数据点 P_3 的百分比为 $[2ta/(2ta+te)]\times100\%$。

调整百分比参数，可以改变 S 形速度曲线的形状。　如图 6-15 所示，当数据点 P_3 的百分比为 0 时，数据点 P_3 和 P_4 之间的速度曲线为直线（如图 6-15 中虚线所示）；当数据点 P_3 的百分比不为 0 时，数据点 P_3 和 P_4 之间的速度曲线为 S 形曲线（如图 6-15 中实线所示）。"百分比"　参数越大，S 段曲线越长。

❷ 多轴高级轨迹规划功能　当直线插补、圆弧插补不能满足轨迹规划的需求时，可以使用运动控制卡的两种高级 PVT 运动功能。

以 DMC3000 系列运动控制卡为例，可提供的两种多轴轨迹规划的功能分别为 PVT、PVTS 运动模式；第二个字母 V 表示速度（Velocity），最后一个字母 S 表示平滑。

PVT 模式用于对各点的位置、速度、时间都有要求的轨迹规划；　PVTS 模式用于只对各点的位置、时间有要求，而对各点的速度无严格要求的轨迹规划。

a. PVT 运动模式。PVT 模式使用一系列数据点的位置、速度、时间参数自定义运动规律。

DMC3000 系列卡采用 3 次样条插值算法对位置、速度和时间参数进行曲线拟合。即位置、速度曲线满足 3 次多项式函数关系。

位移方程为：$p=at^3+bt^2+ct+d$

速度方程：$v = \dfrac{\mathrm{d}p}{\mathrm{d}t} = 3at^2 + 2bt + c$

如果给定轨迹上的一组"位置、速度、时间"参数，即可用 3 次样条函数逼近该轨迹。

 注意

> 每个点的位置与速度参数需要仔细设计，否则难以得到理想的运动轨迹。

b. PVTS 运动模式。PVTS 运动模式是 PVT 模式的简化模式。 PVTS 运动模式只需要定义各数据点的位置、时间参数，以及起点速度和终点速度。运动控制卡根据各数据点的位置、时间参数计算运动轨迹的速度，确保各数据点速度连续和加速度连续。

由于对各点速度没有特殊要求，因此使用 PVTS 运动模式可以得到更平滑的运动轨迹。

2. 运动控制卡的回原点运动

在运动平台上，每个轴都有一个位置传感器用于设置一个位置参考点，即原点位置，以便进行位置控制。在正常运动之前，都需要用回零指令控制平台向原点方向运动，当控制卡检测到原点信号 ORG 后，平台自动停止，并将停止位置作为该轴的原点。图 6-16 为运动平台传感器信号及电动机控制信号与运动控制卡的关系示意图。

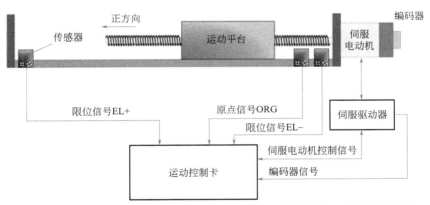

图 6-16　运动平台传感器信号及电动机控制信号与运动控制卡的关系示意图

3. 运动控制卡异常减速停止时间设置功能

国内大部分运动控制卡支持异常减速停止时间设置功能，以 DMC3000 系列卡为例，异常减速停止包括命令减速停止、硬限位减速停止、软限位减速停止、I/O 触发减速停止等，使用人员可以根据现场实际需求情况设定减速停止时间，可达到理想的减速效果。

4. 手摇脉冲发生器的控制

为了让运动控制卡用户能在手动模式下方便地调整机器的位置，运动控制卡提供了手摇脉冲发生器（简称手轮）控制功能。以 DMC3000 系列卡为例，使用人员操控接在 DMC3000 系列卡上的手摇脉冲发生器，手摇得慢，电动机就转动得慢；手摇得快，电动机就转动得快。

该功能多用于加工轨迹起点调整、刀具对位等工作中。手持式手摇脉冲发生器外形如图 6-17 所示。

图 6-17　手持式手摇脉冲发生器外形

三、运动平台编码器位置检测

运动控制卡的运动平台一般每轴都有一个编码器输入接口用于检测平台的位移或电动机的转角。编码器有 EA、EB、EZ 三个信号，脉冲计数信号由 EA 和 EB 端口输入；它可以接收两种类型的脉冲信号：正负脉冲输入或 A/B 相正交信号；EZ 信号是编码器零位信号。编码器外形如图 6-18 所示，具体工作原理可以参照前面章节。

采用探针和编码器配合使用，以 DMC3000 系列卡为例，运动控制平台还可以通过位置触发功能，可完成对工件的位置检测工作，如图 6-19 所示。即：当探针接触到工件时，产生一个触发信号；DMC3000 系列卡接收该信号后，立即将编码器当前位置记录下来；通过记录工件的一系列数据，然后通过软件处理，即可获得该工件的外形尺寸。

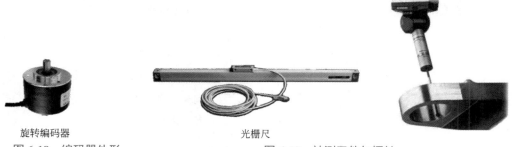

旋转编码器　　　　　　　　　　　　　光栅尺
图 6-18　编码器外形　　　　　　图 6-19　被测工件与探针

四、运动控制平台专用 I/O 和通用 I/O 控制

运动控制卡除了运动控制功能外，还提供了数字式输入信号（Input）和输出信号（Output）即 I/O 信号的控制功能。专用 I/O 信号用于原点、限位、伺服电动机等控制，有专用控制指令相对应。

1. 原点信号和限位信号

常用的专用 I/O 信号有：运动平台上用于正向行程限位的传感器信号 EL+、反向行程限位的传感器信号 EL-；以及用于平台定位的原点传感器信号 ORG 等。参见图 6-16。

2. 伺服电动机控制信号

设备中有交流伺服电动机时，使用运动控制卡上的伺服电动机控制信号 SEVON、RDY、ALM、INP 和 ERC 就显得十分方便。

❶ SEVON 是控制卡输出给伺服电动机驱动器的控制信号，当 SEVON 信号为无效状态时，伺服驱动器不使能，电动机处于自由状态；当 SEVON 信号有效时，伺服驱动器使能，电动机锁紧；等待指令脉冲信号。

❷ RDY 是伺服电动机驱动器发给控制卡的状态信号，当 RDY 信号为有效时，表示伺服驱动器已经准备好，控制卡接收到该信号后就可以向伺服驱动器发出运动命令；如果 RDY 信号无效，表示伺服驱动器还未准备好，这时控制卡发出指令脉冲信号，伺服驱动器也不会运动。

❸ ALM 信号是从伺服电动机驱动器发给控制卡的状态信号，用来报告伺服驱动器或电动机出错。

控制卡接收到 ALM 信号时，将立即停止发出脉冲，该过程是一个硬件处理过程。

❹ INP 信号是从伺服电动机驱动器发给控制卡的状态信号，告知运动控制卡伺服电动机已经停止。

伺服电动机驱动器通常有一个位置偏差计数器，记录指令脉冲和位置反馈脉冲之间的偏差。

伺服电动机驱动器将控制电动机运动使位置偏差趋于 0，但是电动机实际位置总是滞后于指令脉冲。

所以当运动控制卡的指令脉冲发送完毕时，伺服电动机并没有立即停止，而是继续运动，如图 6-20 所示，直到位置偏差趋于 0；这时驱动器将发出一个 INP 信号。

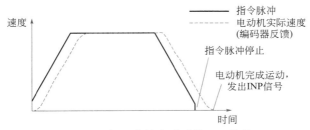

图 6-20 伺服定位完成时的 INP 信号

❺ ERC 信号是控制卡输出给伺服电动机驱动器的控制信号。伺服驱动器依赖电动机目标位置（即要求电动机达到的位置）和当前位置（即电动机已经到达的位置）之间的误差来驱动电动机运动，若这个误差为零，电动机将停止运动。当伺服驱动器接收到运动控制卡发出的 ERC 信号后，会立即清除误差并停止电动机运转。

3.运动控制卡位置比较输出控制

运动控制卡可以提供位置触发输出信号的函数，包括单轴低速位置比较、单轴高速位置比较和一组二维低速位置比较。当电动机运动到预先设置的位置时，自动触发特定的输出口。该功能在轨迹运动中用于控制点胶阀的开关、触发照相机快门等动作十分方便。

4.运动控制卡高速位置锁存控制

以 DMC3000 系列卡为例，它可支持多种高速位置锁存功能，包括单次锁存、连续锁存以及锁存触发延时急停功能。连续锁存可实现对多个位置依次进行高速锁存，结合高速比较输出可以实现多个位置精确检测功能。高速触发急停可以实现在接收到触发信号时锁存当前位置并在设定的时间内停止发脉冲这种特殊应用的精确定位功能。

5. 通用 I/O 信号

在电动机运动的同时，运动控制卡还可接收按键、数字式传感器等信号，控制指示灯、继电器、电磁阀等器件。

以 DMC3000 系列卡为例，若自动化设备上有气缸等元件，当设备上电时，一般控制器不会立即输出正确的控制信号，气缸会无规律地运动一次，这样很容易产生人身安全事故，或将气缸上安装的刀具、测量元件等损坏。

为了避免该现象发生，DMC3000 系列卡可用拨码开关设置输出端口的初始电平。确保在上电瞬间，就有正确的控制信号作用在电磁阀上，使气缸不会随意运动。

6. 轴 I/O 映射功能

运动控制卡一般还支持轴 I/O 映射配置功能，支持将轴专用 I/O 信号配置到任意一个硬件输入口，如：可将限位接口当原点信号。该功能可减少现场接线、换线的困难。

7. 运动控制卡虚拟 I/O 映射功能

以 DMC3000 系列卡为例，它支持虚拟 I/O 映射功能。通过该功能函数的设置可以实现专用通用 I/O 输入接口的滤波功能，并且可以通过专用函数读取该端口滤波后的电平状态。

8. 运动控制卡 CAN-I/O 扩展模块

当设备需求的 I/O 端口数量较多时，DMC3000 系列卡可配套 CAN-I/O 扩展模块对通用输入输出端口进行扩展。

五、运动控制平台多卡运行

以 DMC3000 系列卡为例，它的驱动程序支持最多 8 块 DMC3000 系列卡同时工作。因此，一台 PC 机可以同时控制多达 96 个电动机同时运动。

DMC3000 系列卡支持即插即用模式，用户可不必去关心如何设置卡的基地址和 IRQ 中断值。

在使用多块运动控制卡时，首先要用运动控制卡上的拨码开关设置卡号；系统启动后，系统 BIOS 为相应的卡自动分配物理空间。

第三节 运动控制卡硬件接口电路

一、运动控制卡硬件组成

以 DMC3000 系列运动控制卡为例，运动控制卡一般要求兼容 PCI 标准的 32bit PCI 标准半长卡规范。硬件接口电路有：4 轴脉冲和方向控制信号、伺服电动机控制信号、编码器信号、机械限位与原点信号、手轮脉冲信号以及通用输入输出信号等。具体硬件系统框图如图 6-21 所示。

DMC3000 系列运动控制卡硬件布置和尺寸示意图如图 6-22 所示。

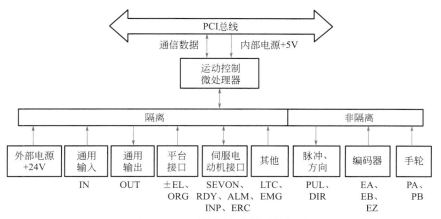

图 6-21　运动控制卡硬件系统框图

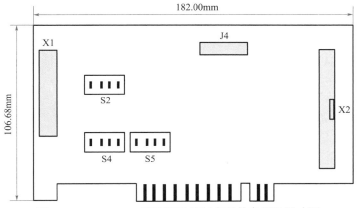

图 6-22　DMC3000 系列运动控制卡硬件布置及尺寸图

DMC3C00 控制卡有一个必配的接线盒 ACC-XC00，连接示意图如图 6-23 所示。

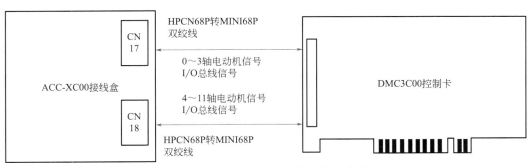

图 6-23　DMC3C00 与配件连接示意图

二、电动机控制信号接口电路

DMC3000 系列卡提供了两种脉冲量输出模式，一种是脉冲 + 方向信号模式，另一种是正 / 负脉冲模式，如图 6-24 和图 6-25 所示。默认情况下，控制卡输出脉冲 + 方向信号模式。大家在使用中可以通过系统配置在这两种模式之间切换。

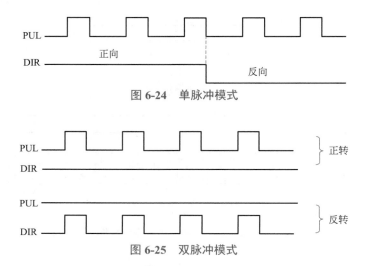

图 6-24 单脉冲模式

图 6-25 双脉冲模式

当电动机驱动器为差分输入接口时，电动机控制信号接口电路使用 PUL+ 和 PUL- 输出脉冲信号，使用 DIR+ 和 DIR- 输出方向信号。如图 6-26 所示。

当电动机驱动器为单端输入接口时，可使用 +5V 和 PUL- 端口输出脉冲信号，使用 +5V 和 DIR- 端口输出方向信号，如图 6-27 所示。

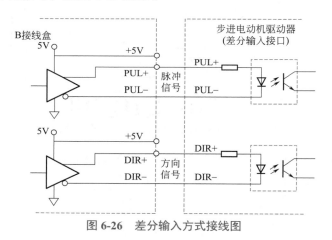

图 6-26　差分输入方式接线图

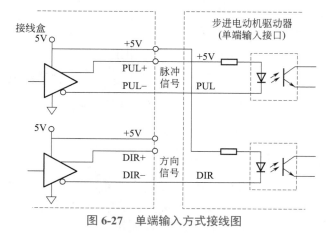

图 6-27　单端输入方式接线图

三、编码器、手摇脉冲发生器接口电路

1. 编码器信号输入接口

（1）可接收的编码器信号类型 DMC3000 系列运动控制卡支持 2 种类型的编码器信号输入：非 AB 相脉冲输入和 AB 相正交信号。

❶ 非 AB 相脉冲输入模式。该模式为脉冲 + 方向模式。在此模式下 EA 端口接收脉冲信号；EB 端口接收方向信号，高电平对应于计数器计数加，低电平对应于计数减。

❷ AB 相正交信号输入模式。在这种模式下，EA 脉冲信号超前或滞后 EB 脉冲信号 90°，而这种超前或滞后代表电动机的运转方向。如图 6-28 所示，当 EA 信号超前 EB 信号 90° 时，被视为正转；当 EB 信号超前 EA 信号 90° 时，被视为反转。

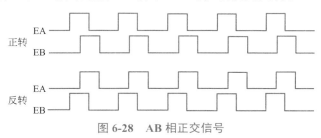

图 6-28　AB 相正交信号

为了提高编码器的分辨率，大家在使用时还可选用 4 倍、2 倍频计数模式对 EA、EB 信号进行计数设置。

1 倍频计数：若只用 EA 信号的上升沿触发计数器，一个脉冲周期就计数一次。

2 倍频计数：EA、EB 信号的上升沿都参与触发计数器，故将一个脉冲周期就分为两份。所以，计数精度提高了 2 倍。

4 倍频计数：EA、EB 信号的上升沿和下降沿都参与触发计数器，故将一个脉冲周期就分为四份。所以，计数精度提高了 4 倍。

例如：如果使用的编码器为 2500 线，即电动机转一周反馈的 EA、EB 脉冲数都为 2500 个。

让电动机转一周，若编码器输入模式为 4 倍频计数，编码器计数器的值为 10000；若设置为 2 倍频计数，编码器计数器的值为 5000；若设置为 1 倍频计数，编码器计数器的值为 2500。

（2）编码器信号输入接口电路 如果使用差分输出的编码器，输入信号的正端接 EA+（或 EB+、EZ+）端，负端接 EA-（或 EB-、EZ-）端。如图 6-29 所示。

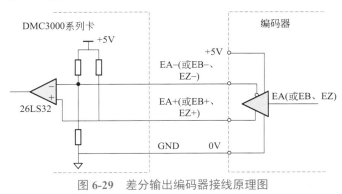

图 6-29　差分输出编码器接线原理图

如果使用集电极开路输出的编码器，则编码器输出信号接 EA+（或 EB+、EZ+）端，而 EA-（或 EB-、EZ-）端悬空。如图 6-30 所示。

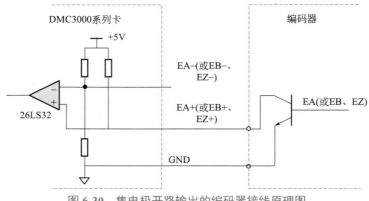

图 6-30　集电极开路输出的编码器接线原理图

 注意

a. 编码器等脉冲输入信号的 EA+、EA-、EB+、EB- 和 EZ+、EZ- 的差分信号电压差必须高于 3.5V，小于 5V，且输出电流不应小于 6mA。

b. 需要将输入设备的地线和控制卡的 GND 连接。

2. 手摇脉冲发生器输入接口

DMC3000 系列运动控制卡为每个轴提供了手摇脉冲发生器（简称手轮）脉冲信号 PA、PB 的输入接口，用户可以通过手摇脉冲发生器控制电动机的运动，电动机的运动距离和速度由手摇脉冲发生器输入的脉冲数和脉冲频率控制。其接口原理如图 6-31 所示。

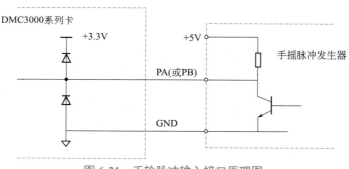

图 6-31　手轮脉冲输入接口原理图

四、运动控制卡专用 I/O 接口电路

1. 原点信号输入接口

DMC3000 系列卡为每个轴都提供了 1 个原点位置传感器信号的输入端口 ORG，其接口电路如图 6-32 所示。

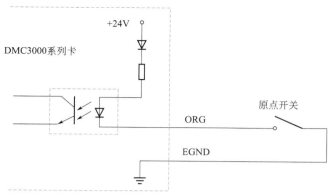

图 6-32　原点信号接口电路原理图

原点信号由 ORG 输入端口接入运动控制卡后，经过光耦后进入微处理器。光电隔离电路可以有效地将外部干扰信号隔离在控制卡之外，有效地提高了系统的可靠性。

2. 限位信号输入接口

DMC3000 系列运动控制卡为每个轴提供了 2 个机械限位信号 EL+ 和 EL-。 EL+ 为正向限位信号，EL- 为反向限位信号。当运动平台触发限位开关时，EL+ 或 EL- 即有效，控制卡将禁止运动平台继续向前运动。 其接口电路如图 6-33 所示。

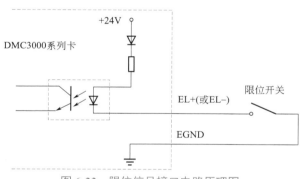

图 6-33　限位信号接口电路原理图

注意

大家在使用中需根据使用的限位开关类型来设置限位开关的有效工作电平。当使用常开型限位开关时，应通过软件选择 EL+、EL- 信号为低电平有效；当使用常闭型限位开关时，应选择 EL+、EL- 信号为高电平有效。

3. 伺服电动机驱动器控制信号接口

DMC3000 系列运动控制卡为每一轴均提供了伺服电动机驱动器专用信号接口，其中信号 RDY、ALM 和 INP 用于监控伺服电动机状态，信号 SEVON 和 ERC 用于设置伺服电动机状态。

（1）驱动器使能信号　当伺服电动机驱动器的 SEVON 信号为无效状态时，伺服电动机驱动器不工作，电动机处于自由状态；当 SEVON 信号有效时，伺服电动机驱动器进入工作状态，电动机锁紧。 其接口电路原理图如图 6-34 所示。

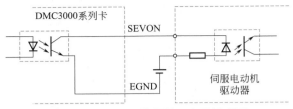

图 6-34　SEVON 信号接口电路原理图

（2）驱动器准备好信号　当伺服电动机驱动器处于准备好状态，RDY 信号就会自动将该信号置为有效。此时，运动控制卡可以向伺服电动机驱动器发出运动命令。其接口电路原理图如图 6-35 所示。

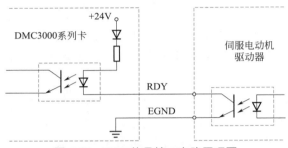

图 6-35　RDY 信号接口电路原理图

（3）驱动器报警信号　ALM 信号是伺服电动机驱动器发出的报警信号。当运动控制卡接收到 ALM 信号后，将立即中止发送运动指令脉冲，或先减速再停止发送脉冲。其接口电路原理图如图 6-36 所示。

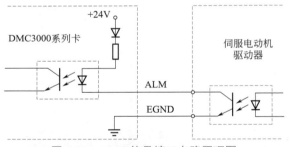

图 6-36　ALM 信号接口电路原理图

（4）驱动器位置到达信号　DMC3000 系列运动控制卡均为每一轴提供了用于监控伺服电动机定位结果的 INP 信号接口。典型接口及接线原理如图 6-37 所示。

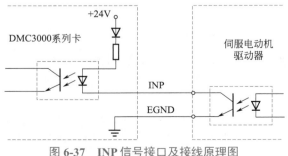

图 6-37　INP 信号接口及接线原理图

注意

当使能了 INP 信号功能时，只有在 INP 信号为有效状态下，对应的轴才能进行运动，否则此时检测轴的状态是正在运行的（对轴运动作限制）。

（5）驱动器误差清除信号　DMC3000 系列运动控制卡均为每一轴提供了用于清零伺服驱动位置偏差计数器的 ERC 信号输出接口。典型接口及接线原理如图 6-38 所示。

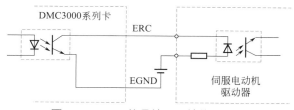

图 6-38　ERC 信号接口及接线原理图

4. 高速位置锁存输入信号接口

DMC3000 系列卡每四轴共用一个位置锁存输入信号 LTC（DMC3000 后四轴除外），信号 LTC0 锁存 0～3 轴的当前编码器位置或指令位置，信号 LTC1 锁存 4～7 轴的当前编码器位置或指令位置。其接口电路原理如图 6-39 所示。

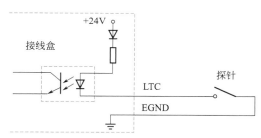

图 6-39　位置锁存输入信号接口电路原理图

5. 高速位置比较输出信号接口

DMC3000 系列卡共有四个高速位置比较器，每个高速位置比较器均配有 1 个硬件位置比较输出接口。通过软件使能后，可分别设置比较模式以及关联电动机轴号，当该轴的指令寄存器内的数值或编码器寄存器内数值满足触发条件时，硬件自动在 CMP 端口上输出一个开关信号。

接线盒的 CMP 接口电路原理图如图 6-40 所示。

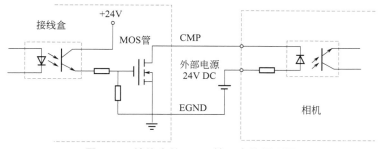

图 6-40　接线盒的 CMP 接口电路原理图

五、运动控制卡通用 I/O 接口电路

运动控制卡除了提供专用的数字 I/O 接口外，还提供了大量的通用数字 I/O 接口。下面就以 DMC3000 系列运动控制卡为例进行介绍。

1. 通用数字输入信号接口

DMC3000 系列卡有 16 路通用数字输入信号（其中 IN14、IN15 为高速输入）。所有输入接口均加有光电隔离元件，可以有效隔离外部电路的干扰，以提高系统的可靠性。通用数字输入信号接口电路原理图如图 6-41 所示。

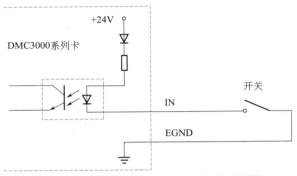

图 6-41 通用数字输入信号接口电路原理图

2. 运动控制卡通用数字输出信号接口

以 DMC3000 系列的 3400A 卡为例，它通过与 ACC-X400B 接线盒相连，有 14 路通用数字输出信号（其中 OUT14 ～ 15 为高速输出，OUT12 ～ 13 保留），由 MOS 管驱动，其最大工作电流为 500mA，通用数字输出信号接口可用于控制继电器、电磁阀、信号灯或其他设备。

下面给出了通用数字输出信号接口控制 3 种常用元器件的接线图。

（1）发光二极管　通用数字输出端口控制发光二极管时，需要接一限流电阻 R，限制电流在 10mA 左右，电阻需根据使用的电源来选择，电压越高，使用的电阻值越大。接线图如图 6-42 所示。

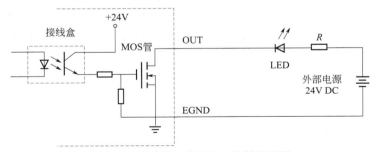

图 6-42 输出端口接发光二极管接线图

（2）灯丝型指示灯　通用数字输出端口控制灯丝型指示灯时，为提高指示灯的寿命，需要接预热电阻 R，电阻值的大小，以电阻接上后输出口为 1 时灯不亮为原则。接线图如图 6-43 所示。

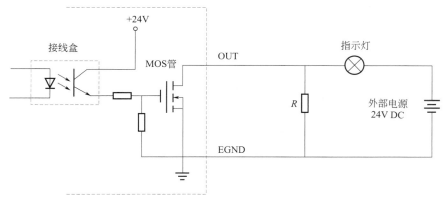

图 6-43　输出端口接灯丝型指示灯接线图

（3）小型继电器　继电器为感性负载，必须并联一个续流二极管。当继电器突然关断时，继电器中的电感线圈产生的感应电动势可由续流二极管消耗，以免 MOS 管被感应电动势击穿。其接线图如图 6-44 所示。

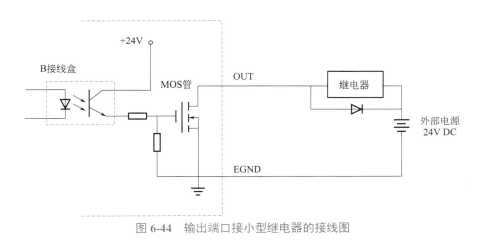

图 6-44　输出端口接小型继电器的接线图

> **注意**
>
> 在使用通用数字输出端口时，切勿把外部电源直接连接至通用数字输出端口上；否则，会损坏输出口。

六、运动控制卡 CAN-I/O 扩展模块接口电路

CAN-I/O 扩展模块是目前大多数运动控制卡的配套产品，目的是扩展运动控制卡的 I/O 端口。通过菊花链的连接方式可以将多个 CAN-I/O 扩展模块挂在同一块运动控制卡下面，按照生产厂家不同可以支持连接多个 CAN-I/O 扩展模块。

关于 CAN-I/O 扩展模块各接口具体定义，在使用中可以参阅不同的 CAN-I/O 扩展模块手册。下面就以 DMC3000 系列的 ACC3800/3600 接线盒连接进行介绍。

使用 CAN-I/O 扩展模块时，必须先将各个扩展模块与 ACC3800/3600/XC00/X400B 接线

盒连接，然后设置好各个扩展模块的节点号及终端电阻。

（1）CAN-I/O 扩展模块的连接　　CAN-I/O 扩展模块与 ACC3800/3600 接线盒是通过菊花链的形式连接，如图 6-45 所示。

图 6-45　CAN-I/O 扩展模块与 ACC3800/3600 接线盒的连接示意图

（2）终端电阻及模块启动的设置　　如图 6-46 所示。

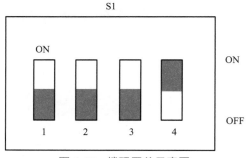

图 6-46　拨码开关示意图

表 6-1 为 S1 拨码开关的设置

表 6-1　S1 拨码开关的设置

拨码开关号	开关状态	定义
S1-1	ON	RUN
	OFF	STOP
S1-2	ON	保留
	OFF	保留
S1-3	ON	保留
	OFF	保留
S1-4	ON	终端电阻连接
	OFF	终端电阻断开

当使用多个 CAN-I/O 扩展模块时，菊花链上的最后一个 CAN-I/O 扩展模块的终端电阻必须设置为连接状态。如果只使用一个 CAN-I/O 扩展模块，那么此扩展模块的终

端电阻也建议设置为连接状态。并且，需要运行的 CAN-I/O 扩展模块必须设置为 RUN 状态。

这两个功能的设置都是通过拨码开关 S1 实现的，具体方法如表 6-1 所示。

（3）CAN-I/O 扩展模块节点号的设置　当使用多个 CAN-I/O 扩展模块时，菊花链上的第一个 CAN-I/O 扩展模块的 CAN 节点号必须设置为 1，第二个扩展模块的 CAN 节点号必须设置为 2，第三个扩展模块的 CAN 节点号必须设置为 3，……，以此类推。其 CAN-I/O 扩展模块接口电路和上述通用连接口类似。

第四节　运动控制卡硬件及驱动程序的安装

运动控制卡硬件及驱动程序的安装为方便读者学习，做成了电子版，读者可以扫描二维码随时学习。

运动控制卡硬件及驱动程序的安装

第五节　运动控制卡 Motion 软件的功能

运动控制卡 Motion 软件的使用可扫二维码学习。

运动控制卡 **Motion** 软件的功能

第六节　运动控制卡应用软件的开发方法

运动控制卡应用软件的开发方法可扫二维码详细学习。

运动控制卡应用软件的开发方法

第七节　通过函数实现运动控制卡基本功能的方法

本节介绍采用 Visual Basic 语言通过调用相关函数实现 DMC3000 系列运动控制卡基本功能的方法。

 注意

在编程之前，一定要用控制卡 Motion 软件检测硬件系统，确保硬件接线正确。

一、限位开关及急停开关的设置

在设备进行运动功能调试之前，必须确保安全机制的有效。

限位开关在运动平台出现超出行程的运动时，起到限制作用，使电动机减速或紧急停止，提高设备运行时的安全性能。在使用运动控制卡进行运动控制之前，必须保证限位开关的有效性。

急停开关在运动过程中出现意外的运动时，能起到紧急停止运动的功能，提高设备运行时的安全性能。在使用运动控制卡进行运动控制之前，必须保证急停开关的有效性。

1. 限位开关的设置

DMC3000 系列卡提供了限位开关设置函数 dmc_set_el_mode 来设置限位功能。用户必须根据设备的限位开关硬件接线，来设置限位开关工作的有效电平。

相关函数如表 6-2 所示。

表 6-2　限位开关设置相关函数说明

名称	功能
dmc_set_el_mode	设置限位开关信号
dmc_get_el_mode	读取限位开关信号设置

假设设备正常运动时限位开关为高电平，运动平台碰到限位开关时为低电平，则此时应设置控制卡限位开关的有效电平为低电平。

［实例 6.1］　设置限位开关为低电平。

```
……
Dim MyCardNo, Myaxis, Myel-enable, Myel-logic, Myel-mode As Integer
MyCaedNo=0              '卡号
Myaxis=0               '轴号
Myel_enable=1          '正负限位使能
Myel_logic=0           '正负限位低电平有效
Myel_mode=0            '正负限位停止方式为立即停止
Dmc_set_el_mode MyCardNo, Myaxis, Myel_enable, Myel_logic, Myel_mode  '设
置 0 号轴限位信号
……
```

2. 急停开关的设置

DMC3000 系列卡提供了急停开关设置函数 dmc_set_emg_mode 来设置限位功能。在使用中必须根据设备的急停开关硬件接线，来设置急停开关工作的有效电平。相关函数如表 6-3 所示。

表 6-3　急停开关设置相关函数说明

名称	功能
dmc_set_emg_mode	设置急停开关信号
dmc_get_emg_mode	读取急停开关信号设置

DMC3000 系列卡没有专用于 EMG 急停开关的硬件接口，用户需要根据自己的需求对轴 IO 进行映射配置，对应接口电路进行接线，然后调用急停开关设置函数进行设置。

假设使用控制卡的通用输入口 0 作为所有轴的急停信号。设备正常运行时急停开关为高电平，当急停开关为低电平时紧急停止运动，则此时应设置控制卡急停开关的有效电平为低电平。

[实例 6.2]　设置通用输入口 0 为所有轴的急停信号，低电平有效。

```
……
Dim CardNo, Axis, IoType, MapIoType, MapIoIndex, Mylogic As Integer
Dim Filter As Double
CardNo=0                    '卡号
For Axis=0 To 7             '循环，依次对 0 ～ 7 号轴进行设置（DMC3600 时为 0  To  5，因
其只有 6 个轴）
Dmc_set AxisIoMap CardNo, Axis, 3, 6, 0, 0.01     '设置轴 I0 映射，将通用输入 0 作
为各轴的急停信号，EMG 信号滤波时间为 0.01s
Next Axis
Myenable=1                  '急停信号使能
Mylogic=0                   '急停信号低电平有效
For Axis=0 To 7             '循环，依次对 0 ～ 7 号轴进行设置（DMC3600 时为 0  To  5，因
其只有 6 个轴）
Dmc_set_emg_mode CardNo, Axis, Myenablem, Mylogic     '设置 EMG 信号使能，低电
平有效
Next Axis
……
```

二、回原点运动的实现

在进行精确的运动控制之前，需要设定运动坐标系的原点。运动平台上都设有原点传感器（也称为原点开关）。寻找原点开关的位置并将该位置设为平台的坐标原点的过程即为回原点运动。DMC3000 系列控制卡共提供多种回原点方式。

回原点运动主要步骤如下：

❶ 使用 dmc_set_home_pin_logis 函数设置原点开关的有效电平；

❷ 使用 dmc_set_homemode 函数设置回原点方式；

❸ 设置回原点运动的速度曲线；

❹ 设置回零偏移量、回零完成是否清零及非限位回零方式遇限位是否反找；

❺ 使用 dmc_home_move 函数执行回原点运动。

DMC3000 系列控制卡提供多种回原点运动的方式（这里仅介绍最常用的一种），即方式 1：一次原点回零。

该方式以设定速度回原点；适合于行程短、安全性要求高的场合。动作过程为：电动机

从初始位置以恒定速度向原点方向运动，当到达原点开关位置，原点信号被触发，电动机立即停止（过程0）；将停止位置设为原点位置，如图6-47所示。

图 6-47　一次回零方式示意图

［实例 6.3］　　方式 1 低速回原点。

```
......
Dim MyCardNo, Myaxis, Myorg_logic, Myhome_dir, Mymode, MyEZ_count As
Integer
Dim Myfilter, Myvel_mode As Double
MyCardNo=0                    '卡号
Myaxis=0                      '轴号
Myorg_logic=0                 '原点信号低电平有效
Myfilter=0                    '保留参数
dmc_set_home_pin_logic MyCardNo, Myaxis, Myorg_logic, Myfilter   '设置0号
轴原点信号
Myhome_dir=0                  '负方向回零
Myvel_mode=0                  '回零速度模式为低速
Mymode=0                      '回零模式为方式1，一次回零
MyEZ_count=0                  '保留参数
dmc_set_homemode MyCardNo, Myaxis, Myhome_dir, Myvel_mode, Mymode, MyEZ_
count                         '设置0号轴回零模式
dmc_set_profile MyCardNo, Myaxis, 500, 1000, 0.1, 0.1, 500  '设置0号轴梯形速
度曲线参数
dmc_home_move MyCardNo, Myaxis          '0号轴按照设置的模式进行回零运动
While(dmc_check_done(MyCardNo, Myaxis)=0)  '检测运动状态，等待回原点动作完成
  DoEvents
Wend
dmc_set_position MyCardNo, Myaxis, 0    '设置0号轴的指令脉冲计数器绝对位置为0
......
```

三、点位运动的实现

DMC3000 系列卡在描述运动轨迹时可以用绝对坐标，也可以用相对坐标，如图 6-48 所示。两种模式各有优点，如：在绝对坐标模式中用一系列坐标点定义一条曲线，如果要修改

中间某点坐标，不会影响后续点的坐标；在相对坐标模式中，用一系列坐标点定义一条曲线，用循环命令可以重复这条曲线轨迹多次。

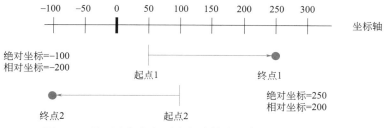

图 6-48　绝对坐标与相对坐标中轨迹终点的不同表达方式

在 DMC3000 系列函数库中距离或位置的单位为 pulse；速度单位为 pulse/s。DMC3000 系列卡在执行点位运动控制指令时，可使电动机按照梯形速度曲线或 S 形速度曲线进行点位运动。

1. 梯形速度曲线下的点位运动

梯形速度曲线是位置控制中最基本的速度控制方式。相关函数如表 6-4 所示。

表 6-4　梯形速度曲线下的点位运动相关函数说明

名称	功能
dmc_set_profile	设置单轴运动速度曲线
dmc_pmove	指定轴点位运动
dmc_check_done	检测指定轴的运动状态

［实例 6.4］　执行以梯形速度曲线作点位运动。

```
……
Dim MyCardNo, Myaxis, Myposi_mode, Mys_mode As Integer
Dim MyMin_Vel, MyMax_Vel, MyTacc, MyTdec, MyStop_Vel, Mys_para As Double
Dim MyDist As Long
MyCardNo=0                  '卡号
Myaxis=0                    '轴号
MyMin_Vel=500               '设置起始速度为 500pulse/s
MyMax_Vel=6000              '设置最大速度为 6000pulse/s
MyTacc=0.02                 '设置加速时间为 0.02s
MyTdec=0.01                 '设置减速时间为 0.01s
MyStop_Vel=500              '设置停止速度为 500pulse/s
dmc_set_profile MyCardNo, Myaxis, MyMin_Vel, MyMax_Vel, MyTacc, MyTdec,
MyStop_Vel                  '设置 0 号轴速度曲线参数
```

227

```
Mys_mode=0                    '保留参数
Mys_para=0                    'S 段时间为 0，即没有 S 段运动
dmc_set_s_profile MyCardNo, Myaxis, Mys_mode, Mys_para    '设置 0 号轴 S 段参数为 0
MyDist=50000                  '设置运动距离为 50000pulse
Myposi_mode=0                 '设置运动模式为相对坐标模式
dmc_pmove MyCardNo, Myaxis, MyDist, Myposi_mode    '0 号轴定长运动
While ( dmc_check_done ( MyCardNo, Myaxis ) =0 )    '判断 0 轴运动状态
    DoEvents
Wend
……
```

2. S 形速度曲线运动模式

梯形速度曲线较简单，而 S 速度曲线运动更平稳。相关函数如表 6-5 所示。

表 6-5   S 形速度曲线控制相关函数说明

名称	功能
dmc_set_profile	设置单轴运动速度曲线
dmc_set_s_profile	设置 S 段曲线参数值
dmc_pmove	指定轴点位运动
dmc_check_done	检测指定轴的运动状态

［实例 6.5］   执行以 S 形速度曲线作点位运动。

```
……
Dim MyCardNo, Myaxis, Mys_mode As Integer
Dim Mys_para As Double
MyCardNo=0                    '卡号
Myaxis=0                      '轴号
Mys_mode=0                    '保留参数
Mys_pars=0.02                 'S 段时间为 0.02s
dmc_set_profile MyCardNo, Myaxis, 500, 6000, 0.05, 0.05, 500    '设置 0 号轴速
度曲线参数
dmc_set_s_profile MyCardNo, Myaxis, Mys_mode, Mys_para    '设置 0 号轴 S 段参数
dmc_pmove 0, 0, 50000, 0    '0 号轴定长运动，运动距离为 50000pulse，相对坐标模式
While ( dmc_check_done ( MyCardNo, Myaxis ) =0 )    '判断 0 轴运动状态
    DoEvents
Wend
……
```

四、连续运动的实现

连续运动中，DMC3000 系列卡可以控制电动机以梯形或 S 形速度曲线在指定的加速时间内从起始速度加速至最大速度，然后以该速度一直运行，直至调用停止指令或者该轴遇到限位信号才会按启动时的速度曲线减速停止。相关函数如表 6-6 所示。

表 6-6　连续运动相关函数说明

名称	功能
dmc_vmove	指定轴连续运动
dmc_stop	指定轴停止运动

[实例 6.6]　以 S 形速度曲线加速的连续运动及变速、停止控制。

```
……
Dim MyCardNo, Myaxis, Mydir, Mystop_mode As Integer
Dim MyCurr_Vel As Double
MyCardNo=0                    '卡号
Myaxis=0                      '轴号
Mydir=1                       '设置连续运动方向为正方向
dmc_set_profile MyCardNo, Myaxis, 100, 1000, 0.1, 0.1, 100    '设置 0 号轴运动参数
dmc_set_s_profile MyCardNo, Myaxis, 0, 0.002    '设置 0 号轴 S 段时间为 0.002s
dmc_vmove MyCardNo, Myaxis, Mydir        '0 号轴执行连续运动
If（"改变速度条件"）         '如果改变速度条件满足，则执行改变速度命令
  MyCurr_Vel=1200           '设置新的速度
  dmc_change_speed MyCardNo, Myaxis, MyCurr_Vel, 0 '执行在线变速指令
End If
If（"停止条件"）            '如果运动停止条件满足，则执行减速停止命令
  Mystop_mode=0             '设置停止模式为减速停止
  dmc_stop MyCardNo, Myaxis, Mystop_mode      '0 号轴减速停止
End If
……
```

五、插补运动的实现

插补运动是为了实现轨迹控制，运动控制卡按照一定的控制策略控制多轴联动，使运动平台用微小直线段精确地逼近轨迹的理论曲线，保证运动平台从起点到终点上的所有轨迹点都控制在允许误差范围内。

1. 直线插补运动

直线插补的插补计算由控制卡的硬件执行，用户只需将插补运动的速度、加速度、终点位置等参数写入相关数即可。

（1）**两轴直线插补**　如图 6-49 所示，两轴直线插补从 P_0 点运动。至 P_1 点，X、Y 轴同时启动，并同时到达终点；X、Y 轴的运动速度之比为 $\Delta X : \Delta Y$，两轴合成的矢量速度为：

$$\frac{\Delta P}{\Delta t} = \sqrt{\left(\frac{\Delta X}{\Delta t}\right)^2 + \left(\frac{\Delta Y}{\Delta t}\right)^2}$$

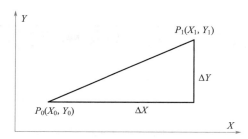

图 6-49　两轴直线插补

（2）**三轴直线插补**　如图 6-50 所示，在 X、Y、Z 轴内直线插补，从 P_0 点运动至 P_1 点。插补过程中三轴的速度比为 $\Delta X : \Delta Y : \Delta Z$，三轴合成的矢量速度为：

$$\frac{\Delta P}{\Delta t} = \sqrt{\left(\frac{\Delta X}{\Delta t}\right)^2 + \left(\frac{\Delta Y}{\Delta t}\right)^2 + \left(\frac{\Delta Z}{\Delta t}\right)^2}$$

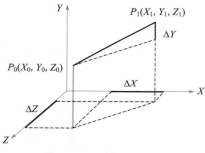

图 6-50　三轴直线插补

（3）**四轴直线插补**　四轴插补可以理解为在四维空间里的直线插补。一般情况是 3 个轴进行直线插补，另一个旋转轴也按照一定的比例关系和这条空间直线一起运动。其合成矢量速度为：

$$\frac{\Delta P}{\Delta t} = \sqrt{\left(\frac{\Delta X}{\Delta t}\right)^2 + \left(\frac{\Delta Y}{\Delta t}\right)^2 + \left(\frac{\Delta Z}{\Delta t}\right)^2 + \left(\frac{\Delta U}{\Delta t}\right)^2}$$

调用直线插补函数时，调用者需提供矢量速度，包括其最大矢量速度 Max_Vel 和加减速时间参数。相关函数如表 6-7 所示。

表 6-7　直线插补运动相关函数说明

名称	功能
dmc_set_vector_profile_multicoor	设置插补速度
dmc_line_multicoor	直线插补运动

［实例 6.7］　 *XY* 轴直线插补。

```
......
Dim MyCardNo, MyCrd, MyaxisNum, AxisArray (2), Myposi_mode As Integer
Dim MyMin_Vel, MyMax_Vel, MyTacc, MyTdec, MyStop_Vel As Double
Dim Dist (2) As Long
MyCardNo=0                    '卡号
MyCrd=0                       '参与插补运动的坐标系
MyMin_Vel=0                   '保留参数
MyMax_Vel=5000               '插补运动最大矢量速度 5000pulse/s
MyTacc=0.1                    '插补运动加减速时间 0.1s
MyTdec=0                      '保留参数
MyStop_Vel=0                  '保留参数
dmc_set_vector_profile_multicoor MyCardNo, MyCrd, MyMin_Vel, MyMax_Vel,
MyTacc, MyTdec,
MyStop_Vel                    '设置插补速度曲线参数
MyaxisNum=2                   '插补运动轴数为 2
AxisArray (0) =0              '定义插补 0 轴为 X 轴
AxisArray (1) =1             '定义插补 1 轴为 Y 轴
Dist (0) =30000              '定义 X 轴运动距离为 30000pulse

Dist (1) =40000              '定义 Y 轴运动距离为 40000pulse
Myposi_mode=0                '插补运动模式为相对坐标模式
dmc_line_multicoor MyCardNo, MyCrd, MyaxisNum, AxisArray (0), Dist (0),
Myposi_mode                   '执行直线插补运动
    While (dmc_check_done_multicoor (MyCardNo, MyCrd) =0)      '判断坐标系 0 状态
        DoEvents
    Wend
......
```

该实例使 *X*, *Y* 轴进行相对坐标模式直线插补运动，其相关参数为：

$$\Delta X = 30000 \text{ pulse}$$

$$\Delta Y = 40000 \text{ pulse}$$

最大矢量速度 =5000pulse/s（0 轴，1 轴分速度为 3000pulse/s，4000pulse/s）
梯形加减速时间 =0.1s

2. 圆弧插补运动

DMC3000 系列卡的任意两轴之间可以进行圆弧插补，圆弧插补分为相对位置圆弧插补和绝对位置圆弧插补，运动的方向分为顺时针（CW）和逆时针（CCW），相关函数如表 6-8 所示。

表 6-8　圆弧插补相关函数说明

名称	功能
dmc_set_vector_profile_multicoor	设置插补速度
dmc_arc_move_multicoor	圆弧插补运动

［实例 6.8］　*XY* 轴间的圆弧插补。

```
……
Dim MyCardNo, MyCrd, AxisArray(2), MyArc_Dir, Myposi_mode As Integer
Dim Pos(2), Cen(2) As Long
MyCardNo=0                    '定义卡号
MyCrd=0                       '定义参与插补运动的坐标系
AxisArray(0)=0               '定义 0 轴为插补 X 轴
AxisArray(1)=1               '定义 1 轴为插补 Y 轴
Pos(0)=5000 : Pos(1)=-5000          '设置终点坐标
Cen(0)=5000 : Cen(1)=0              '设置圆心坐标
MyArc_Dir=0                  '设置圆弧方向为顺时针
 Myposi_mode=1                '设置圆弧插补模式为绝对坐标模式
dmc_set_vector_profile_multicoor MyCardNo, MyCrd, 0, 3000, 0.1, 0, 0     '设
置矢量速度曲线
dmc_arc_move_multicoor MyCardNo, MyCrd, AxisArray(0), Pos(0), Cen(0),
MyArc_Dir, Myposi_mode
                            'XY 轴执行顺时针方向绝对圆弧插补运动,
While(dmc_check_done_multicoor(MyCardNo, MyCrd)=0)     '判断坐标系 0 状态
    DoEvents
Wend
……
```

六、PVT 运动功能的实现

DMC3000 系列卡共提供四种 PVT 模式，分别为 PTT、PTS、PVT、PVTS 模式。其中 PTT、PTS 运动模式用于单轴速度规划功能，PVT、PVTS 运动则用于多轴轨迹规划功能，大家可以根据实际需求选择适合的 PVT 模式。

1. 单轴任意速度规划功能的实现

DMC3000 系列卡中提供了两种 PVT 模式来实现单轴任意速度规划的功能，分别为 PTT 运动模式和 PTS 运动模式。PTT 运动模式是用于单轴梯形速度的规划，而 PTS 运动模式则用于单轴 S 形速度的规划。

（1）PTT 运动模式　PTT 模式非常灵活，能够实现单轴任意速度规划。用户通过直接输入位置和时间参数描述运动规律。相关函数如表 6-9 所示。

表 6-9   PTT 模式运动相关函数说明

名称	功能
dmc_PttTable	向指定数据表传送数据，采用 PTT 描述方式
dmc_PvtMove	启动 PVT 运动

［实例 6.9］   PTT 模式运动。

规划如图 6-51 所示速度曲线，用 PTT 模式规划该速度曲线非常简单。

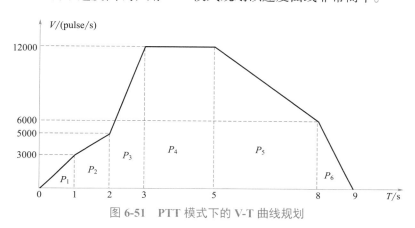

图 6-51   PTT 模式下的 V-T 曲线规划

首先计算各段的位移量，即速度曲线和时间轴所围面积：P_1=1500（pulse），P_2=4000（pulse），P_3=8500（pulse），P_4=24000（pulse），P_5=27000（pulse），P_6=3000（pulse）。

将各段位移量累加，得到 PTT 模式下各点的位置和时间数据，如表 6-10 所示。

表 6-10   PTT 模式数组数据

序号	位置 P/pulse	时间 T/s
0	0	0
1	1500	1
2	5500	2
3	14000	3
4	38000	5
5	65000	8
6	68000	9

［实例 6.10］   编写程序如下：

```
……
Dim MyCardNo, My_AxisList (1), MyAxisNum As Integer
Dim MyPTime (7) As Double            '定义 PTT 的时间数组
Dim MyPPos (7) As Long               '定义 PTT 的位置数组
Dim MyCount As Integer
```

```
MyCardNo=0                                    '卡号为 0
My_AxisList (0) =0                            '0 号轴参与 PTT 运动
MyCount=7                                     '有 7 组数据

MyPPos (0) =0: MyPTime (0) =0                 '定义 PVT 数组数据
MyPPos (1) =1500 : MyPTime (1) =1
MyPPos (2) =5500 : MyPTime (2) =2
MyPPos (3) =14000 : MyPTime (3) =3
MyPPos (4) =38000 : MyPTime (4) =5
MyPPos (5) =65000 : MyPTime (5) =8
MyPPos (6) =68000 : MyPTime (6) =9

dmc_PttTable MyCardNo, My_AxisList (0), MyCount, MyPTime (0), MyPPos (0)
                                '以 PTT 描述方式，向 0 号轴传送 PVT 数据
MyAxisNum=1                                   '参与 PVT 运动的轴数为 1
dmc_PvtMove MyCardNo, MyAxisNum, My_AxisList (0)   '启动 PVT 运动
......
```

（2）PTS 运动模式　PTS 运动模式是 PTT 的扩展功能模式，可以使各数据点的速度过渡更加平滑。通过输入位置、时间、百分比参数描述运动规律。数据点的百分比参数是指相邻 2 个数据点之间加速度的变化时间占速度变化时间的百分比。相关函数如表 6-11 所示。

表 6-11　PTS 模式运动相关函数说明

名称	功能
dmc_PtsTable	向指定数据表传送数据，采用 PTS 描述方式
dmc_PvtMove	启动 PVT 运动

［实例 6.11］　PTS 模式运动。

由图 6-52 可知，实例 6.10 的加速度曲线存在突变，因此，运动过程中有冲击现象。如果要获得更加平滑的速度曲线，可以使用 PTS 模式运动，其速度曲线比图 6-51 所示的速度曲线平滑。

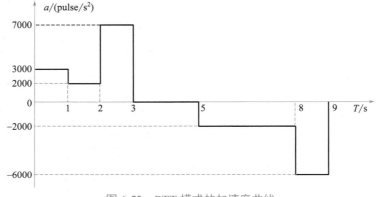

图 6-52　PTT 模式的加速度曲线

设置各点的速度百分比参数如表 6-12 所示；其对应的加速度曲线如图 6-53 所示，每段的加减速时间为该段时间值 × 速度百分比；每段的加速度最大值与 PTT 模式下的加速度值不一样，这是因为内部算法作了平滑处理。其对应的位移曲线、速度曲线如图 6-54、图 6-55 所示。

表 6-12　PTS 模式数组数据

序号	P/pulse	T/s	百分比 /%
0	0	0	0
1	1500	1	20
2	5500	2	40
3	14000	3	60
4	38000	5	0
5	65000	8	20
6	68000	9	80

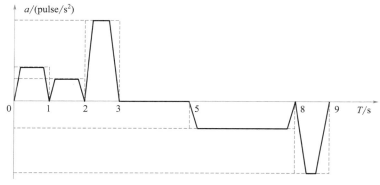

图 6-53　PTS 模式下的加速度曲线

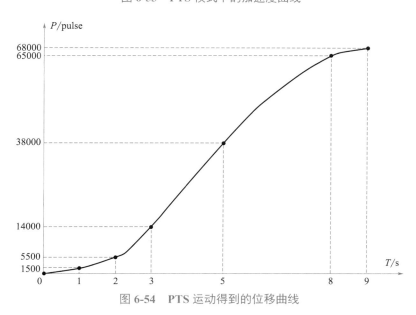

图 6-54　PTS 运动得到的位移曲线

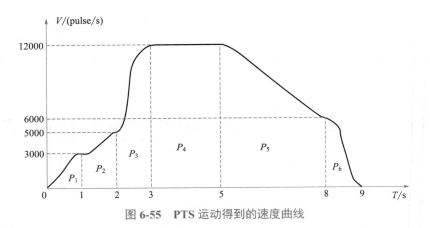

图 6-55　PTS 运动得到的速度曲线

编写程序如下：

```
......
Dim MyCardNo, My_AxisList(1), MyAxisNum As Integer
Dim MyPTime(7) As Double              '定义 PTS 数据的时间数组
Dim MyPPos(7) As Long                 '定义 PTS 数据的位置数组
Dim MyPPer(7) As Double               '定义 PTS 数据的百分比数组
Dim MyCount As Integer

MyCardNo=0                            '卡号为 0
My_AxisList(0)=0                      '0 号轴参与 PTS 运动
MyCount=7                            '有 7 组数据
                                     '定义 PTS 数据
MyPPos(0)=0:MyPTime(0)=0:MyPPer(0)=0
MyPPos(1)=1500:MyPTime(1)=1:MyPPer(1)=20
MyPPos(2)=5500:MyPTime(2)=2:MyPPer(2)=0
MyPPos(3)=14000:MyPTime(3)=3:MyPPer(3)=60
MyPPos(4)=38000:MyPTime(4)=5:MyPPer(4)=0
MyPPos(5)=65000:MyPTime(5)=8:MyPPer(5)=20
MyPPos(6)=68000:MyPTime(6)=9:MyPPer(6)=80
dmc_PtsTable MyCardNo, My_AxisList(0), MyCount, MyPTime(0), MyPPos(0),
MyPPer(0)
                                '以 PTS 描述方式向 0 号轴传送 PVT 数据
MyAxisNum=1                      '参与 PVT 运动的轴数为 1
dmc_PvtMove MyCardNo, MyAxisNum, My_AxisList(0)    '启动 PVT 运动
......
```

236

2. 多轴高级轨迹规划功能的实现

大部分运动控制卡具有 PVT 高级运动曲线规划的功能，当用户需要规划一些特殊的运动轨迹而使用单轴运动及插补运动无法满足需求时，可以尝试使用 PVT 来规划自己的运动轨迹。

DMC3000 系列卡共提供了两种 PVT 模式来实现多轴轨迹规划的功能，分别为 PVT、PVTS 运动模式。PVT 模式用于对各点的位置、时间、速度都有要求的轨迹规划，PVTS 模式用于只对各点的位置、时间有要求，而对各点的速度无太多要求的轨迹规划。

（1）PVT 运动模式　PVT 模式使用一系列数据点的位置、速度、时间参数描述运动规律。相关函数如表 6-13 所示。

表 6-13　PVT 模式运动相关函数说明

名称	功能
dmc_PvtTable	向指定数据表传送数据，采用 PVT 描述方式
dmc_PvtMove	启动 PVT 运动

> **注意**
>
> 当设置的各点 P、V、T 数据不合理时，很难得到理想的轨迹曲线。

理想轨迹上取点越多，实际轨迹越接近理想轨迹。

［实例 6.12］　PVT 模式运动。

如图 6-56 所示，要控制运动平台按椭圆轨迹运动，但 DMC3000 系列卡中并没有提供椭圆插补函数，用户可以使用 PVT 函数自己设计该轨迹。

设该椭圆的长半轴长 9000pulse，短半轴长 7000pulse；椭圆轨迹的角速度恒定，轨迹运动的总时间为 10s。

显然该椭圆的方程为：

$$\begin{cases} x = 9000\cos\theta + 9000 \\ y = 7000\sin\theta \end{cases}$$

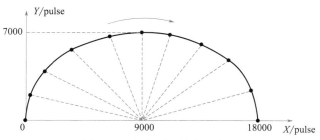

图 6-56　上半椭圆轨迹和分段

使用 PVT 模式运动上半椭圆轨迹的步骤为：

❶ 将该轨迹分成圆弧角相等的 10 段轨迹，如图 6-56 所示；计算各点坐标值，即得 P 值。程序如下：

```
Dim MyPPosX (11)  As Long                '定义数组,用于存储 PVT 的位置数据(X 轴)
Dim MyPPosY (11)  As Long                '定义数组,用于存储 PVT 的位置数据(Y 轴)
Dim a, b, i As Integer
a=9000; b=7000                           '定义椭圆长半轴、短半轴长
For i=0 To 10                            '计算各点的 X、Y 坐标
    MyPPosX(i)=a*cos((10-i)*3.14159/10)+a
    MyPPosY(i)=b*sin((10-i)*3.14159/10)
Next i
```

❷ 根据各点坐标(即 P 值),计算出各点对应的速度的(V 值)和时间(T 值)。
对椭圆方程式(7.1)求导,可得 X、Y 轴方向的速度分量为:

$$\begin{cases} \dot{x} = -9000\sin\theta\dfrac{\mathrm{d}\theta}{\mathrm{d}t} \\ \dot{y} = 7000\cos\theta\dfrac{\mathrm{d}\theta}{\mathrm{d}t} \end{cases}$$

上式中 $\dfrac{\mathrm{d}\theta}{\mathrm{d}t}$ 即为角速度 ω。

各点的 X、Y 轴方向的速度分量可由以下程序计算得出。

```
Dim MyPVelX (11)  As Double      '定义数组,用于存储 PVT 中的速度数据(X 轴)
Dim MyPTimeX (11)  As Double     '定义数组,用于存储 PVT 中的时间数据(X 轴)
Dim MyPVelY (11)  As Double      '定义数组,用于存储 PVT 中的速度数据(Y 轴)
Dim MyPTimeY (11)  As Double     '定义数组,用于存储 PVT 中的时间数据(Y 轴)
Dim MyWVel As Double             '定义角速度

For i=0 To 10
  MyPTimeX (i)=i                  '存储 X 轴各点时间数据
  MyPTimeY (i)=1                  '存储 Y 轴各点时间数据
Next i

MyWVel=-3.14159/10               '计算角速度 ω
MyPVelX (0)=0 : MyPVelX (10)=0          '起始点与终止点 X 轴速度设为 0
MyPVelY (0)=0 : MyPVelY (10)=0          '起始点与终止点 Y 轴速度设为 0
For i=0 To 8
MyPVelX (i+1)=-a*sin((10-i-1)*3.14159/10)*MyWVel
                                '计算其他点 X 轴速度
MyPVelY (i+1)=b*cos((10-i-1)*3.14159/10)*MyWVel
                                '计算其他点 Y 轴速度
Next i
```

计算出各点 X、Y 轴的 P、V、T 数据如表 6-14 所示。

表 6-14　PVT 数据

序号	X轴			Y轴		
	P/pulse	V/（pulse/s）	T/s	P/pulse	V/（pulse/s）	T/s
0	0	0	0	0	0	0
1	440	873.731	1	2163	2091.479	1
2	1719	1661.927	2	4115	1779.117	2
3	3710	2287.443	3	5663	1292.603	3
4	6219	2689.048	4	6657	679.560	4
5	9000	2827.431	5	7000	−0.003	5
6	11781	2689.046	6	6657	−679.566	6
7	14290	2287.438	7	5663	−1292.608	7
8	16281	1661.921	8	4114	−1779.120	8
9	17560	873.724	9	2163	−2091.481	9
10	18000	0	10	0	0	10

❸ 使用 dmc_PvtTable 函数向数据表传递数组数据。
程序如下：

```
Dim MyCardNo, My_AxisList（1）As Integer          '定义 PVT 运动的卡号、轴列表变量

Dim MyCountX As Integer                          '定义 X 轴的 PVT 数据点编号变量

Dim MyCountY As Integer                          '定义 Y 轴的 PVT 数据点编号变量

MyCardNo=0                                       '0 号卡

My_AxisList（0）=0：My_AxisList（1）=1            '0、1 号轴（即 X、Y 轴）参与 PVT 运动

MyCountX=11：MyCountY=11                          '11 组数据

dmc_PvtTable MyCardNo, My_AxisList（0）, MyCountX, MyPTimeX（0）, MyPPosX（0）,
MyPVelY（0）                                      '以 PVT 描述方式向 X 轴传送 PVT 数据

dmc_PvtTable MyCardNo, My_AxisList（1）, MyCountY, MyPTimeY（0）, MyPPosY（0）,
MyPVelY（0）                                      '以 PVT 描述方式向 Y 轴传送 PVT 数据
```

❹ 使用 dmc_PvtMove 函数执行 PVT 运动。
程序如下：

```
Dim My_AxisNum As Integer
My_AxisNum=2                                     '参与 PVT 运动的轴数为 2
dmc_PvtMove MyCardNo, My_AxisNum, My_AxisList（0）  '启动两轴 PVT 运动
```

执行完上述程序后，得到 PVT 模式运动轨迹如图 6-57 所示。

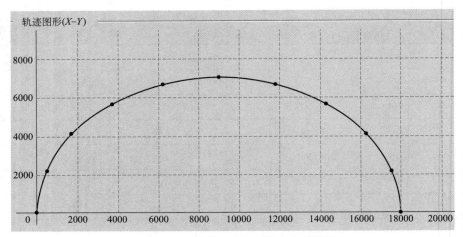

图 6-57　PVT 模式运动得到的上半椭圆轨迹

（2）PVTS 运动模式　PVTS 运动模式只需要定义理想轨迹上数据点的位置和时间，以及起点速度和终点速度。运动控制卡根据各数据点的位置、时间参数计算各点之间的轨迹位置和速度，确保各段轨迹的速度连续、加速度连续。相关函数如表 6-15 所示。

表 6-15　PVTS 模式运动相关函数说明

名称	功能
dmc_PvtsTable	向指定数据表传送数据，采用 PVTS 描述方式
dmc_PvtMove	启动 PVT 运动

［实例 6.13］　PVTS 模式运动。

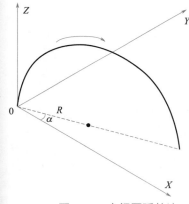

图 6-58　空间圆弧轨迹

如图 6-58 所示，设计空间圆弧轨迹。设其半径 $R=15000$pulse，其映射在 XY 平面上的轨迹与 X 轴的夹角 $\alpha=\pi/6$，轨迹运动总时间为 10s。

显然该空间圆弧的方程为：

$$\begin{cases} x=15000\cos\dfrac{\pi}{6}\cos\theta+15000\cos\dfrac{\pi}{6} \\ y=15000\sin\dfrac{\pi}{6}\cos\theta+15000\sin\dfrac{\pi}{6} \\ z=15000\sin\theta \end{cases}$$

若对轨迹上各点速度无精确要求，采用 PVTS 模式设计该轨迹的步骤如下：

❶ 将该轨迹分成角度相等的 10 份，计算各点的位置坐标，即 P 值。
❷ 根据各点的 P 值，计算出各点的 T 值。设每段轨迹运动的时间相等。
❸ 设定起点速度与终点速度都为 0。
❹ 使用 dmc_PvtsTable 函数向数据表传递数组数据。
使用 dmc_PvtMove 函数执行 PVT 运动。

240

编写程序如下：

```
……
Dim MyPTimeX (11), MyPVelBeginX, MyPVelEndX As Double
Dim MyPTimeY (11), MyPVelBeginY, MyPVelEndY As Double
Dim MyPTimeZ (11), MyPVelBeginZ, MyPVelEndZ As Double
Dim MyPPosX (11), MyPPosY (11), MyPPosZ (11) As Long
Dim MyCountX, MyCountY, MyCountZ As Integer
Dim MyCardNo, My_AxisNum, My_AxisList (2) As Integer
Dim pi As Single                  '定义圆周率
Dim R, i As Integer               '定义空间圆弧半径，循环变量

R=15000                           '定义圆半径
pi=3.141592654                    '定义圆周率
MyCountX=11 : MyCountY=11 : MyCountZ=11               '设置 X、Y、Z 轴的数据点数

For i=0 To 10
    MyPPosX (i) =R*Cos (pi/6) *Cos ( (10-i) *pi/10) +R*Cos (pi/6)
                                  '计算 X 轴各点位置坐标
    MyPPosY (i) =R*Sin (pi/6) *Cos ( (10-i) *pi/10) +R*Sin (pi/6)
                                  '计算 Y 轴各点位置坐标
    MyPPosZ (i) =R*Sin ( (10-i) *pi/10)                    '计算 Z 轴各点位置坐标
Next i

For i=0 To 10
    MyPTimeX (i) =i               '计算 X 轴各点时间
    MyPTimeY (i) =i               '计算 Y 轴各点时间
    MyPTimeZ (i) =i               '计算 Z 轴各点时间
Next i

MyPVelBeginX=0 : MyPVelEndX=0                 'X 轴的起点速度及终点速度为 0
MyPVelBeginY=0 : MyPVelEndY=0                 'Y 轴的起点速度及终点速度为 0
MyPVelBeginZ=0 : MyPVelEndZ=0                 'Z 轴的起点速度及终点速度为 0

MyCardNo=0                        '0 号卡运动
My_AxisList (0) =0 : My_AxisList (1) =1 : My_AxisList (2) =2
                                  '0、1、2 号轴（即 X、Y、Z 轴）参加 PVT 运动

    dmc_PvtsTable MyCardNo, My_AxisList (0), MyCountX, MyPTimeX (0), MyPPosX
(0), MyPVelBeginX,
    MyPVelEndX                    '以 PVTS 描述方式向 X 轴传送 PVT 数据
    dmc_PvtsTable MyCardNo, My_AxisList (1), MyCountY, MyPTimeY (0), MyPPosY
(0), MyPVelBeginY,
    MyPVelEndY                    '以 PVTS 描述方式向 Y 轴传送 PVT 数据
    dmc_PvtsTable MyCardNo, My_AxisList (2), MyCountZ, MyPTimeZ (0), MyPPosZ
(0), MyPVelBeginZ,
    MyPVelEndZ                    '以 PVTS 描述方式向 Z 轴传送 PVT 数据

    My_AxisNum=3                           '3 个轴参与 PVT 运动
    dmc_PvtMove MyCardNo, My_AxisNum, My_AxisList (0)          '启动 PVT 运动
    ……
```

以 PVTS 模式得到的空间圆弧轨迹如图 6-59 所示。

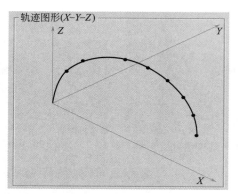

图 6-59　PVTS 模式运动得到的空间圆弧轨迹

七、手轮运动功能的实现

1. 单轴手轮运动功能

目前多数运动控制卡支持手轮运动功能，DMC3000 系列运动控制卡支持单轴手轮运动功能，该功能允许用户设置一个手轮通道对应一个运动轴进行运动。相关函数如表 6-16 所示。

表 6-16　单轴手轮运动功能相关函数说明

名称	功能
dmc_set_handwheel_inmode	设置单轴手轮运动控制输入方式
dmc_handwheel_move	启动手轮运动
dmc_set_handwheel_channel	手轮通道选择设置

［实例 6.14］　单轴手轮运动。

```
......
Dim MyCardNo, Myaxis, Myinmode As Integer
Dim Mymulti As Long
Dim Myvh As Double

MyCardNo=0                    '0 号卡
Myaxis=0                      '设置运动轴为 0 号轴
Myinmode=0                    '设置手轮输入方式为 AB 相
Mymulti=10                    '设置手轮输入倍率为 10
Myvh=0                        '保留参数
dmc_set_handwheel_inmode MyCardNo, Myaxis, Myinmode, Mymulti,
Myvh                          '设置手轮运动
dmc_handwheel_move MyCardNo, Myaxis          '启动手轮运动
dmc_stop MyCardNo, Myaxis, 1                 '立即停止手轮运动
......
```

2. 多轴手轮运动功能

随着科技进步，单轴手轮运动已经不能满足人们的使用需求，这样就发展出多轴手轮运动功能，运动卡 DMC3000 系列运动控制卡支持多轴手轮运动功能，该功能允许用户设置一个手轮通道对应多个运动轴进行运动。相关函数如表 6-17 所示。

表 6-17　多轴手轮运动功能相关函数说明

名称	功能
dmc_set_handwheel_inmode_extern	设置多轴手轮运动控制输入方式
dmc_handwheel_move	启动手轮运动
dmc_set_handwheel_channel	手轮通道选择设置

注意

当启动手轮运动后，只有发送 dmc_stop 或 dmc_emg_stop 命令才会退出手轮模式。

［实例 6.15］ 多轴手轮运动。

```
……
Dim MyCardNo, Myinmode, MyaxisNum, MyaxisList(7), MyIndex As Integer
Dim Mymulti(7) As Long

MyCardNo=0                            '0号卡
Myinmode=0                           '设置手轮输入方式为 AB 相
MyaxisNum=3                          '设置参与手轮运动的轴数为 3

MyaxisList(0)=0
MyaxisList(1)=2
MyaxisList(2)=5                      '设置运动轴为 0、2、5 号轴
Mymulti(0)=1
Mymulti(1)=10
Mymulti(2)=20                        '设置手轮输入倍率数组分别为 1，10，20
MyIndex=0                            '设置手轮通道为高速通道

dmc_set_handwheel_channel MyCardNo, MyIndex          '设置手轮通道为高速通道
dmc_set_handwheel_inmode_extern MyCardNo, Myinmode, MyaxisNum, MyaxisList
(0), Mymulti(0)
    '设定手轮脉冲方式为 AB 相位信号，0 轴、2 轴、5 轴参与手轮运动，分别为 1、10、20 倍输出
    脉冲控制电动机
dmc_handwheel_move MyCardNo, MyaxisList(0)           '启动手轮运动
dmc_stop MyCardNo, MyaxisList(0), 1                  '立即停止手轮运动
……
```

八、编码器检测的实现

对于运动控制卡的编码器检测的实现实质就是对输入的脉冲（如编码器、光栅尺反馈脉冲等）进行计数。

DMC3000 系列卡的反馈位置计数器是一个 32 位正负计数器，对通过控制卡编码器接口 EA、EB 输入的脉冲（如编码器、光栅尺反馈脉冲等）进行计数。相关函数如表 6-18 所示。

表 6-18　编码器检测相关函数说明

名称	功能
dmc_set_counter_inmode	设置编码器输入口的计数方式
dmc_get_encoder	读取编码器反馈的脉冲计数值
dmc_set_encoder	设置编码器的脉冲计数值

［实例 6.16］　编码器检测。

```
……
Dim MyCardNo, Myaxis, Mymode As Integer
Dim Myencoder_value, MyX_Position As Long
MyCardNo=0                '卡号
Myaxis=0                  '轴号
Mymode=3                  '设置编码器的计数方式为 4 倍频，AB 相
dmc_set_counter_inmode MyCardNo, Myaxis, Mymode        '设置 0 号轴的编码器计数
方式
Myencoder_value=0        '设置 0 号轴的计数初始值为 0
dmc_set_encoder MyCardNo, Myaxis, Myencoder_value   '设置 0 号轴的计数初始值
MyX_Position=dmc_get_encoder(MyCardNo, Myaxis)        '读轴 0 的计数器数值至变量
MyX_Position
……
```

九、通用 I/O 控制的实现

1. I/O 普通控制功能

对于开关信号、传感器信号等输入信号，或者控制继电器、电磁阀等输出设备的信号，我们可以使用通用 I/O 控制来实现。

可以使用 DMC3000 系列卡上的数字 I/O 口检测开关信号、传感器信号等输入信号，或者控制继电器、电磁阀等输出设备的信号。相关函数如表 6-19 所示。

表 6-19　通用 I/O 普通控制功能相关函数说明

名称	功能
dmc_read_inbit	读取指定控制卡的某一位输入口的电平状态
dmc_write_outbit	对指定控制卡的某一位输出口置位
dmc_read_outbit	读取指定控制卡的某一位输出口的电平状态
dmc_read_inport	读取指定控制卡的全部输入口的电平状态
dmc_read_outport	读取指定控制卡的全部输出口的电平状态
dmc_write_outport	设置指定控制卡的全部输出口的电平状态

● 注意

　　在使用 dmc_write_outport 对运动控制卡的全部输出口进行置位，使用 dmc_read_inport、dmc_read_outport 进行 I/O 电平读取显示时，应该使用十六进制数进行赋值（尽量避免使用十进制数，特别是在不支持无符号变量的开发环境下）。在对 I/O 电平进行控制与读取时，使用十六进制数赋值远比使用十进制数赋值更加直观、方便。

［实例：6.17］　　读取第 0 号卡的通用输入口 1 的电平值，并对通用输出口 3 置高电平。

```
……
Dim MyCardNo, MyInbitno, MyInValue, MyOutbitno, MyOutValue As Integer
MyCardNo=0                    '卡号
MyInbitno=1                   '定义通用输入口 1
MyInValue=dmc_read_inbit(MyCardNo, MyInbitno)
                             '读取通用输入口 1 的电平值，并赋值给变量 MyInValue
MyOutbitno=3                  '定义通用输出口 3
MyOutValue=1                  '定义输出电平为高
dmc_write_outbit MyCardNo, MyOutbitno, MyOutValue '对通用输出口 3 置高电平
……
```

［实例 6.18］　　读取全部输入 I/O 口的电平值并进行显示，对全部输出 I/O 口的电平进行初始化。

```
……
Dim MyCardNo, MyInport, MyOutport As Integer
Dim MyInportValue, MyOutportValue As Long
Dim MyInportValueTemp As String
MyCardNo=0                    '卡号
MyInport=0                    '输入端口组号
MyInportValue=dmc_read_inport(MyCardNo, MyInport)
                             '读取所有输入 I/O 口电平值，并赋值给变量 MyInportValue
```

245

```
MyInportValueTemp=Hex(MyInportValue)          '转换成十六进制
MyInTextShow=MyInportValueTemp                '显示在文本框 MyInTextShow 中
MyOutport=0                                   '保留参数，固定为 0
MyOutportValue=&HFFFFFBFA
    '&H 表示十六进制（VB），定义输出口电平值，输出口 0、2、10 为低电平，其余端口为高电平
dmc_write_outport MyCardNo, MyOutport, MyOutportValue     '对全部输出口进行电
平赋值
    ……
```

2. I/O 延时翻转功能

DMC3000 系列卡支持 I/O 延时翻转功能。 该函数执行后，首先输出一个与当前电平相反的信号，延时设置的时间后，再自动翻转一次电平。 相关函数如表 6-20 所示。

表 6-20　I/O 延时翻转相关函数说明

名称	功能
dmc_reverse_outbit	I/O 输出延时翻转

 注意

该功能只适用于通用输出端口 OUT0 ~ OUT15。

［实例 6.19］　对通用输出 I/O 端口 0 进行延时翻转动作。

```
……
Dim MyCardNo, MyOutbitno As Integer
Dim MyDelayTime As Long

MyCardNo=0                '卡号
MyOutbitno=0             '通用输出口 0
MyDelayTime=0.5          '延时时间 0.5s
dmc_reverse_outbit MyCardNo, MyOutbitno, MyDelayTime        '启动 I/O 延时翻转
……
```

3. I/O 计数功能

运动控制卡支持输入 I/O 计数功能，该功能允许用户设置输入 I/O 作为计数器使用。DMC3000 系列卡对 I/O 计数功能实现，相关函数如表 6-21 所示。

表 6-21　I/O 计数功能相关函数说明

名称	功能	备注
dmc_set_io_count_mode	设置 I/O 计数模式	
dmc_set_io_count_value	设置 I/O 计数值	
dmc_get_io_count_value	读取 I/O 计数值	

［实例 6.20］　　设置通用输入 I/O 端口 0 作为计数器。

```
……
Dim MyCardNo, MyInbitno, Mymode As Integer
Dim Myfilter, MyCountValue As Long

MyCardNo=0                          '卡号
MyInbitno=0                         '通用输入口 0
Mymode=1                            '上升沿计数
Myfilter=0.001                      '滤波时间 0.001s
dmc_set_io_count_mode MyCardNo, MyInbitno, Mymode, Myfilter    '设置计数模式
MyCountValue=0                      '计数值为 0
dmc_set_io_count_value MyCardNo, MyInbitno, MyCountValue  '计数器清零
While(1)                            '循环
  dmc_get_io_count_value MyCardNo, MyInbitno, MyCountValue
                                    '读取计数器值，并赋值给变量 MyCountValue
Wend
……
```

十、位置比较功能的实现

（1）运动控制卡能够提供了位置比较功能，位置比较的一般步骤是：
❶ 配置比较器；
❷ 清除比较器；
❸ 添加 / 更新比较位置点；
❹ 开始运动并查看比较状态。

（2）一维低速位置比较功能。以 DMC3000 系列控制卡为例对每个轴都提供了一组一维低速位置比较，每轴最多都可以添加 256 个比较点。一维低速位置比较的触发延时时间小于 1ms。相关函数如表 6-22 所示。

表 6-22　一维低速位置比较相关函数说明

名称	功能	备注
dmc_compare_set_config	设置一维位置比较器	
dmc_compare_clear_points	清除一维位置比较点	
dmc_compare_add_point	添加一维位置比较点	
dmc_compare_get_current_point	读取当前一维比较点位置	
dmc_compare_get_points_runned	查询已经比较过的一维比较点个数	
dmc_compare_get_points_remained	查询可以加入的一维比较点个数	

① 每轴的位置比较都是独立进行的。

② 执行位置比较时，每个比较点的触发是按照添加的比较点顺序执行的，即如果有一个比较点没有被触发比较动作，那么后面的比较点是不会起作用的。

[实例 6.21] 一维低速位置比较。

```
……
Dim MyCardNo, Myaxis, Myenable, Mycmp_source, Mydir, Myaction As Integer
Dim Mypos, Myactpara As Long
MyCardNo=0                    '卡号
Myaxis=0                      '轴号
Myenable=1                    '设置比较器使能
Mycmp_source=0               '设置比较源为指令位置
dmc_compare_set_config MyCardNo, Myaxis, Myenable, Mycmp_source    '设置0号
轴比较器
dmc_compare_clear_points MyCardNo, Myaxis      '清除0号轴的比较点及比较点个数
Mypos=10000                  '设置比较位置为10000pulse
Mydir=1                      '设置比较模式为大于等于
Myaction=3                   '设置触发功能为I/O电平取反
Myactpara=0                  '设置输出I/O端口0触发功能
dmc_set_position MyCardNo, Myaxis, 0     '设置0号轴的指令脉冲计数器绝对位置为0
dmc_compare_add_point MyCardNo, Myaxis, Mypos, Mydir, Myaction, Myactpara
              '添加比较点，位置10000pulse，模式大于等于，触发时动作为输出端口0电平取反
Mypos=30000                  '设置比较位置为30000pulse
Mydir=1                      '设置比较模式为大于等于
Myaction=1                   '设置触发功能为I/O端口置高电平
Myactpara=3                  '设置输出I/O端口3触发功能
dmc_compare_add_point MyCardNo, Myaxis, Mypos, Mydir, Myaction, Myactpara
              '添加比较点，位置30000pulse，模式大于等于，触发时动作为输出端口3置高电平
dmc_set_profile MyCardNo, Myaxis, 2000, 10000, 0.1, 0.1, 3000    '设置梯形速
度曲线参数

dmc_pmove MyCardNo, Myaxis, 50000, 0  '0号轴定长运动，运动距离为50000pulse、
相对模式
……
```

运行结果：当运动到 10000pulse 时，通用输出口 0 电平将翻转；当运动到 30000pulse 时，通用输出口 3 输出高电平。

二维低速位置比较功能和高速位置比较功能和上述类似，大家可以参阅自己使用的运动控制卡使用说明。

十一、高速位置锁存功能的实现

高速单次位置锁存功能是当捕获到位置锁存信号后立即锁存当前位置。DMC3000 系列卡提供了高速单次位置锁存功能，位置锁存无触发延时时间，当捕获到位置锁存信号后立即锁存当前位置。相关函数如表 6-23 所示。

表 6-23 高速单次位置锁存相关函数说明

名称	功能
dmc_set_ltc_mode	设置指定轴的 LTC 信号
dmc_set_latch_mode	设置锁存方式
dmc_get_latch_value	从控制卡内读取编码器锁存器的值
dmc_get_latch_flag	从控制卡内读取指定卡内锁存器的标志位
dmc_reset_latch_flag	复位指定卡的锁存器的标志位

注意

在单次锁存中，多次触发高速锁存口只锁存第一次触发位置，只有调用函数清除锁存状态方可再次锁存。

［实例 6.22］ 高速单次位置锁存。

```
......
Dim MyCardNo, Myaxis, Myltc_logic, Myltc_mode As Integer
Dim Myall_enable, Mylatch_source, Mytriger_chunnel As Integer
Dim Myfilter As Double
Dim My_latch_Value As Long            '定义锁存值
MyCardNo=0                            '卡号
Myaxis=0                             '轴号
Myltc_logic=0                        '设置 LTC 触发方式为下降沿触发
Myltc_mode=0                         '保留参数
Myfilter=0                           '保留参数
dmc_set_ltc_mode MyCardNo, Myaxis, Myltc_logic, Myltc_mode, Myfilter
                                     '设置 0 号轴的 LTC 信号，触发方式为下降沿触发
Myall_enable=0                       '设置锁存方式为单次锁存
Mylatch_source=0                     '设置锁存源为指令位置
Mytriger_chunnel=0                   '保留参数
dmc_set_latch_mode MyCardNo, Myaxis, Myall_enable, Mylatch_source,
Mytriger_chunnel                     '设置 0 号轴的锁存源是指令位置，单次锁存
dmc_reset_latch_flag MyCardNo, Myaxis '复位 0 号轴的锁存状态
```

249

```
dmc_set_profile MyCardNo, Myaxis, 1000, 5000, 0.1, 0.1, 2000
                                        '设置梯形速度曲线参数
dmc_pmove MyCardNo, Myaxis, 50000, 0 '0号轴定长运动，运动距离为50000pulse，
相对模式
While（dmc_get_latch_flag（MyCardNo, Myaxis）=0）      '判断0号轴LTC锁存状态
    DoEvents
Wend


My_latch_Value=dmc_get_latch_value（MyCardNo, Myaxis）
              '从控制卡内读取编码器锁存器的值，并赋值给变量My_latch_Value
……
```

十二、LTC 触发延时急停功能

DMC3000 系列运动控制卡提供了 LTC 触发延时急停功能，位置锁存无触发延时时间，当捕获到位置锁存信号后立即锁存当前位置；并经过设置的延时时间后停止关联轴的运动。相关函数如表 6-24 所示。

表 6-24　LTC 触发延时急停相关函数说明

名称	功能
dmc_set_ltc_mode	设置指定轴的 LTC 信号
dmc_set_latch_mode	设置锁存方式
dmc_set_latch_stop_time	设置 LTC 端口触发延时急停时间
dmc_reset_latch_flag	复位指定卡的锁存器的标志位

注意

① 在每次触发锁存前，必须调用函数清除锁存状态。
② 触发延时急停模式只对 0 号轴及 4 号轴起作用；LTC0 对应为 0 号轴，LTC1 对应为 4 号轴。

［实例 6.23］　LTC 触发延时急停。

```
……
Dim MyCardNo, Myaxis, Myltc_logic, Myltc_mode As Integer
Dim Myall_enable, Mylatch_source, Mytriger_chunnel As Integer
Dim Myfilter As Double
Dim My_latch_Value, MyLtcDTime As Long      '定义锁存值
MyCardNo=0                                   '卡号
Myaxis=0                                     '轴号
```

```
Myltc_logic=0                          '设置 LTC 触发方式为下降沿触发
Myltc_mode=0                           '保留参数
Myfilter=0                             '保留参数
dmc_set_ltc_mode MyCardNo, Myaxis, Myltc_logic, Myltc_mode, Myfilter
                    '设置 0 号轴的 LTC 信号，触发方式为下降沿触发
Myall_enable=3                         '设置锁存方式为触发延时停止
Mylatch_source=0                       '设置锁存源为指令位置
Mytriger_chunnel=0                     '保留参数
dmc_set_latch_mode MyCardNo, Myaxis, Myall_enable, Mylatch_source,
Mytriger_chunnel
                    '设置 0 号轴的锁存源是指令位置，锁存方式为触发延时停止
MyLtcDTime=10000                       '延时急停时间，单位 μs
dmc_set_latch_stop_time MyCardNo, Myaxis, MyLtcDTime
                    '设置 LTCO 端口触发延时急停时间为 10ms
dmc_reset_latch_flag MyCardNo, Myaxis '复位 0 号轴的锁存状态
dmc_set_profile MyCardNo, Myaxis, 1000, 5000, 0.1, 0.1, 2000
                    '设置梯形速度曲线参数
dmc_pmove MyCardNo, Myaxis, 50000, 0
                    '0 号轴定长运动，运动距离为 50000pulse，相对模式


While(dmc_get_latch_flag(MyCardNo, Myaxis)=0)    '判断 0 号轴 LTC 锁存状态
   DoEvents
Wend
My_latch_Value=dmc_get_latch_value(MyCardNo, Myaxis)
                    '从控制卡内读取编码器锁存器的值，并赋值给变量 My_latch_Value
While(dmc_check_done(MyCardNo, Myaxis)=0)        '判断 0 号轴运动状态
   DoEvents
Wend
Print "Axis 0 is stop!"
......
```

十三、轴 I/O 映射功能的实现

DMC3000 系列卡提供了轴 I/O 映射功能，该功能允许用户对专用 I/O 信号的硬件输入接口进行任意配置，相关函数如表 6-25 所示。

表 6-25　轴 I/O 映射相关函数说明

名称	功能
dmc_set_axis_io_map	设置轴 I/O 映射关系
dmc_get_axis_io_map	读取轴 I/O 映射关系设置

[实例 6.24] 设置第 0 号卡的第 2 轴原点接口作为第 0 轴的正限位信号。

```
......
Dim CardNo, Axis, IoType, MapIoType, MapIoIndex As Integer
Dim Filter As Double
CardNo=0                '卡号
Axis=0                  '指定轴号：第 0 轴
IoType=0                '指定轴的 I/O 信号类型为：正限位信号
MapIoType=2             '轴 I/O 映射类型：原点信号
MapIoIndex=2            '轴 I/O 映射索引号：第 2 轴
Filter=0.01            '0.01s 滤波
dmc_set_AxisIoMap CardNo, Axis, IoType, MapIoType, MapIoIndex, Filter
                       '设置轴 I/O 映射
......
```

[实例 6.25] 设置第 0 号卡的通用输入口 0 接口作为所有轴的急停信号，并且设置急停信号为低电平有效。

```
......
Dim CardNo, Axis, IoType, MapIoType, MapIoIndex As Integer
Dim Filter As Double
CardNo=0                       '卡号
IoType=3                       '指定轴的 I/O 信号类型为：急停信号
MapIoType=6                    '轴 I/O 映射类型：通用输入端口
MapIoIndex=0                   '轴 I/O 映射索引号：通用输入 0
Filter=0.01                   '0.01s 滤波
For Axis=0 To 7                '循环，依次对 0 ～ 7 号轴进行设置（DMC3600 时为 0 To 5，因
其只有 6 个轴）
    dmc_set_AxisIoMap CardNo, Axis, IoType, MapIoType, MapIoIndex, Filter
                              '设置轴 I/O 映射
Next Axis
For Axis=0 To 7                '循环，依次对 0 ～ 7 号轴进行设置（DMC3600 时为 0 To 5，因
其只有 6 个轴）
    dmc_set_emg_mode CardNo, Axis, 1, 0         '设置 EMG 信号使能，低电平有效
Next Axis
......
```

十四、原点锁存功能的实现

DMC3000 系列卡提供了原点锁存功能，该功能可以实现在碰到原点信号时将当前位置锁存，使用该功能可以实现精确回零运动，一般步骤如下：

❶ 使用 dmc_set_homelatch_mode 函数设置原点锁存模式；

❷ 使用 dmc_reset_homelatch_flag 函数清除原点锁存标志；

❸ 设置轴运动参数，并启动运动；

❹ 判断原点锁存标志是否有效，有效则停止运动；

❺ 重新设置轴运动速度为低速度，并使用定长运动到原点锁存位置；

❻ 回到原点锁存位置后，指令脉冲计数器清零。

相关函数如表 6-26 所示。

表 6-26　原点锁存相关函数说明

名称	功能
dmc_set_homelatch_mode	设置原点锁存模式
dmc_reset_homelatch_flag	清除原点锁存标志
dmc_get_homelatch_flag	读取原点锁存标志
dmc_get_homelatch_value	读取原点锁存值

［实例 6.26］　使用原点锁存功能进行精确回零运动

```
……
Dim MyCardNo, MyAxis, Myenable, Mylogic, Mysource As Integer
Dim MyHomelatchValue As Long
MyCardNo=0                      '卡号
MyAxis=0                        '轴号
Myenable=1                      '使能原点锁存
Mylogic=0                       '锁存方式为下降沿锁存
Mysource=0                      '锁存位置源为指令位置
dmc_set_homelatch_mode MyCardNo, MyAxis, Myenable, Mylogic, Mysource
                                '设置原点锁存
dmc_reset_homelatch_flag MyCardNo, MyAxis     '清除原点锁存标志位
dmc_set_profile MyCardNo, MyAxis, 1000, 10000, 0.1, 0.1, 1000
                                '设置 0 号轴运动参数，最大速度为 10000pulse/s
dmc_vmove MyCardNo, MyAxis, 0              '0 号轴执行连续运动，负方向
While(dmc_get_homelatch_flag(MyCardNo, Myaxis)=0)  '判断原点锁存标志位
    DoEvents
Wend
dmc_stop MyCardNo, MyAxis, 0                    '减速停止
While(dmc_check_done(MyCardNo, MyAxis)=0)        '判断当前运动状态
    DoEvents
Wend
dmc_set_profile MyCardNo, MyAxis, 500, 1000, 0.1, 0.1, 500
                                '设置 0 号轴运动参数，最大速度为 1000pulse/s
MyHomelatchValue=dmc_get_homelatch_value(MyCardNo, Myaxis)
                                '获取原点锁存值，并赋值给变量 MyHomelatchValue
```

```
dmc_pmove MyCardNo, MyAxis, MyHomelatchValue, 1        '0 号轴定长运动到原点锁存位
置，绝对模式

While ( dmc_check_done ( MyCardNo, MyAxis ) =0 )        '判断当前运动状态
    DoEvents
Wend
dmc_set_position MyCardNo, MyAxis, 0      '设置 0 号轴的指令脉冲计数器绝对位置为 0
......
```

十五、CAN-I/O 扩展模块的操作

CAN-I/O 扩展模块是 DMC3000 系列卡的配套产品，扩展 DMC3000 系列卡的 I/O 端口，每个模块都可扩展 16 输入 16 输出 I/O 端口。通过菊花链的连接方式可以将多个 CAN-I/O 扩展模块挂在同一块运动控制卡下面，最多支持连接 8 个 CAN-I/O 扩展模块。

CAN-I/O 通信的波特率为 1Mbps，通信状态的刷新频率为 4ms。

DMC3000 系列卡提供了 CAN-I/O 扩展函数，用户通过这些函数的调用可以很方便地实现对扩展 I/O 的操作。一般步骤如下：

❶ 使用 nmc_set_connect_state 函数进行 CAN 通信连接；

❷ 使用 nmc_get_connect_state 函数读取 CAN 通信状态，如果出现连接异常，则重新执行步骤❶；

❸ 连接成功后，则可以对 CAN-I/O 扩展模块的输入 / 输出端口进行操作。

相关函数如表 6-27 所示。

表 6-27　CAN-I/O 相关函数说明

名称	功能
nmc_set_connect_state	设置 CAN 通信状态
nmc_get_connect_state	读取 CAN 通信状态
nmc_write_outbit	设置指定 CAN-I/O 扩展模块的某个输出口的电平
nmc_read_outbit	读取指定 CAN-I/O 扩展模块的某个输出口的电平
nmc_read_inbit	读取指定 CAN-I/O 扩展模块的某个输入口的电平
nmc_write_outport	设置指定 CAN-I/O 扩展模块的输出端口的电平
nmc_read_outport	读取指定 CAN-I/O 扩展模块的输出端口的电平
nmc_read_inport	读取指定 CAN-I/O 扩展模块的输入端口的电平
nmc_set_da_mode	设置指定 CAN-ADDA 扩展模块的某个输出口的模式
nmc_get_da_mode	读取指定 CAN-ADDA 扩展模块的某个输出口的模式
nmc_set_ad_mode	设置指定 CAN-ADDA 扩展模块的某个输入口的模式
nmc_get_ad_mode	读取指定 CAN-ADDA 扩展模块的某个输入口的模式

续表

名称	功能
nmc_set_da_output	设置指定 CAN-ADDA 扩展模块的某个输出口的电压／电流
nmc_get_da_output	读取指定 CAN-ADDA 扩展模块的某个输出口的电压／电流
nmc_get_ad_input	读取指定 CAN-ADDA 扩展模块的某个输入端口的电压／电流

［实例 6.27］　假设 DMC3000 系列卡扩展了 1 个 CAN-I/O 扩展模块，读取该模块的通用输入口 1 的电平值，并对该模块的通用输出口 3 置低电平。

```
......
Ushort CardNo, CANCount, CANStatus, GetCANCount, GetCANStatus, CANBaud
Ushort CANNum, MyInBitno, MyOutBitno, MyOutLevel
Ushort MyInValue
CardNo=0                     '卡号
CANCount=1                   '节点数为 1，因只有 1 个扩展 CAN-I/O 模块
CANStatus=1                  '通信状态为连接
CANBaud=0
GetCANCount=0
GetCANStatus=0
LIDMC.nmc_set_connect_state (CardNo, CANCount, CANStatus, CANBaud)
                            '连接 CAN-I/O 扩展模块
LTDMC, nmc_get_connect_state (CardNo, ref GetCANCount, ref GetCANStatus)
                            '获取当前 CAN 通信状态
CANNun=1                     '节点号为 1，选择菊花链上的第 1 个扩展 CAN-I/O 模块
MyInBitno=1                  '通用输入端口 1
LTDMC.nmc_read_inbit (CardNo, CANNum, MyInBitno, ref MyInValue)
        '获取节点号为 1 的扩展模块上的输入端口 1 的电平，并将该值赋于变量 MyInValue
MyOutBitno=3                 '通用输出端口 3
MyOutLevel=0                 '低电平
LTDMC, nmc_write_outbit (CardNo, CANNun, MyOutBitno, MyOutLevel)
                            '控制节点号为 1 的扩展模块上的输出端口 3 输出低电平
......
```

［实例 6.28］　假设 DMC3000 系列卡扩展了 2 个 CAN-I/O 扩展模块，读取节点号 1 扩展模块的通用输入口 0 的电平值，并对节点号 2 扩展模块的通用输出口 7 置低电平。

```
......
Ushort CardNo, CANCout, CANStatus, GetCANCount, GetCANStatus, CANBaud
Ushort CANNum, MyInBitno, MyOutBitno, MyOutLevel
```

```
Ushort MyInValue
CardNo=0                    '卡号
CANCount=2                  '节点数为 2，因有 2 个扩展 CAN-I/O 模块
GetCANCount=0
GetCANStatus=0
CANBaud=0
CansTATUS=1                 '通信状态为连接
LTDMC, nmc_set_connect_state (CardNo, CANStatus, CANBaud)
                           '连接 CAN-I/O 扩展模块
LTDMC, nmc_get_connect_state (CardNo, ref GetCANCount, ref GetCANStatus)
                           '获取当前 CAN 通信状态
CANNun=1                    '节点号为 1，选择菊花链上的第 1 个扩展 CAN-I/O 模块
MyInBitno=0                 '通用输入端口 0
LTDMC.nmc_read_inbit (CardNo, CANNum, MyInBitno, ref MyInValue)
                           '获取节点号为 1 的扩展模块上的输入端口 0 的电平，并将该值赋
                            于变量 MyInValue
CANNum=2                    '节点号为 2，选择菊花链上的第 2 个扩展 CAN-I/O 模块
MyOutBitno=7               '通用输出端口 7
MyOutLevel=0               '低电平
LTDMC, nmc_write_outbit (CardNo, CANNun, MyOutBitno, MyOutLevel)
                           '控制节点号为 2 的扩展模块上的输出端口 7 输出低电平
……
```

第八节　运动控制卡接口及与驱动控制器接线

一、DMC3000 系列运动控制卡 3400A 接线盒 ACC-X400B 接口

（1）ACC-X400B 接线盒外形结构　如图 6-60 所示。

（2）ACC-X400B 接线盒接口功能　如表 6-28 所示。

表 6-28　ACC-X400B 接线盒接口功能

名称	功能介绍
CN1～CN4	第 1～4 轴轴控制信号
CN13	CAN 总线接口（RJ45）

续表

名称	功能介绍
CN15	辅助编码器接口
CN16	24V 直流电源输入端子
CN17	运动控制卡连接端子（1～4 轴）
CN19	数字量通用输入端子
CN20	数字量专用输入端子
CN21	数字量输出端子
CN23	PWM 输出端子

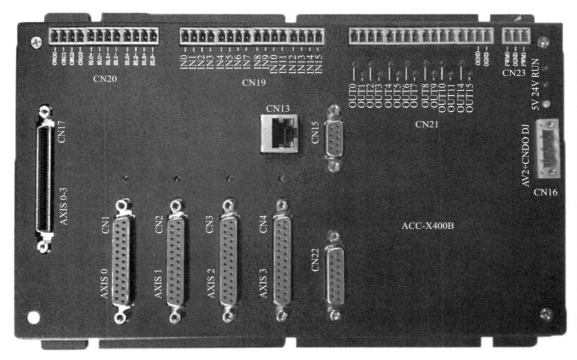

图 6-60　ACC-X400B 接线盒外形结构

（3）CN1～CN4 轴控制端子信号定义

❶ ACC-X400B 接线盒 CN1～CN4 为电动机控制信号端口，采用 DB25 母头，其引脚号和信号对应关系见表 6-29。其中 24V 电源端口主要为控制卡的电动机控制信号（伺服专用信号）供电。

❷ 电动机控制信号端（CN1～CN4）的 24V 为控制信号电源，不能用于驱动器等动力负载供电。

❸ 根据 ACC-X400B 接线盒的 PCB 板的铜线宽度与厚度，4 个电动机控制信号端口的 24V 总输出电流需要控制在 1.5A 以内。

表 6-29 接口 CN1 ～ CN8 引脚号和信号对应关系

序号	名称	I/O	说明	序号	名称	I/O	说明
1	OGND	O	24V 电源地	14	24V	O	+24V 输出
2	ALM	I	驱动报警	15	ERC	O	驱动报警复位
3	SEVON	O	驱动允许	16	INP	I	到位信号
4	EA−	I	编码器输入	17	EA+	I	编码器输入
5	EB−	I	编码器输入	18	EB+	I	编码器输入
6	EZ−	I	编码器输入	19	EZ+	I	编码器输入
7	+5V	O	内部 5V	20	GND	O	内部 5V 地
8	保留	−	保留	21	GND	O	内部 5V 地
9	DIR+	O	方向输出	22	DIR−	O	方向输出
10	GND	O	内部 5V 地	23	PUL+	O	脉冲输出
11	PUL−	O	脉冲输出	24	GND	O	内部 5V 地
12	RDY	I	伺服准备完成	25	保留		保留
13	GND	O	内部 5V 地				

注意

当使用 +5V 和 PUL− 端口时，选择电动机指令脉冲信号输出方式为单端输出；当使用 PUL+ 和 PUL− 端口时，选择电动机指令脉冲信号输出方式为差分输出。

（4）CN13 I/O 扩展接口定义　CN13 为 I/O 扩展接口，采用 RJ45 接口，可连接 CAN-I/O 扩展模块。

（5）CN15 辅助编码器 / 手轮接口定义　CN15 为辅助编码器 / 手轮接口，采用 DB9 母头。其引脚号和信号对应关系如表 6-30 所示。

表 6-30 接口 CN15 引脚号和信号对应关系

序号	名称	I/O	说明
1	EA+	I	编码器 / 手轮输入
2	EB+	I	编码器 / 手轮输入
3	EZ+	I	编码器输入
4	保留	−	NC
5	+5V	O	内部 5V 输出
6	EA−	I	编码器 / 手轮输入
7	EB−	I	编码器 / 手轮输入
8	EZ−	I	编码器输入
9	GND	O	内部 5V 地

（6）CN16 电源定义　　接口 CN16 是接线盒的电源输入接口，板上标有 24V 的端子接 +24V，标有 OGND 的端子接外部电源地，标有 FG 的端子为机壳地接口。

（7）CN17 接口定义　　CN17 接口为 0～3 轴电动机的控制信号、I/O 信号及低速手轮通道等与控制卡的接口。

（8）CN19 数字量输入端子定义　　CN19 为数字量输入接口，其引脚号和信号对应关系如表 6-31 所示。

表 6-31　接口 CN19 引脚号和信号对应关系

序号	名称	I/O	说明	序号	名称	I/O	说明
1	IN0	I	通用输入（低速）	9	IN8	I	通用输入（低速）
2	IN1	I	通用输入（低速）	10	IN9	I	通用输入（低速）
3	IN2	I	通用输入（低速）	11	IN10	I	通用输入（低速）
4	IN3	I	通用输入（低速）	12	IN11	I	通用输入（低速）
5	IN4	I	通用输入（低速）	13	IN12	I	通用输入（低速）
6	IN5	I	通用输入（低速）	14	IN13	I	通用输入（低速）
7	IN6	I	通用输入（低速）	15	IN14	I	通用输入（高速）
8	IN7	I	通用输入（低速）	16	IN15	I	通用输入

（9）CN20 数字量输入接口定义　　CN20 为数字量输入接口，其引脚号和信号对应关系如表 6-32 所示。

表 6-32　接口 CN20 引脚号和信号对应关系

序号	名称	I/O	说明	序号	名称	I/O	说明
1	ORG0	I	0 轴原点输入	11	EL1+	I	1 轴正限位
2	ORG1	I	1 轴原点输入	12	EL1-	I	1 轴负限位
3	ORG2	I	2 轴原点输入	13	EL2+	I	2 轴正限位
4	ORG3	I	3 轴原点输入	14	EL2-	I	2 轴负限位
5	EL0+	I	0 轴正限位	15	EL3+	I	3 轴正限位
6	EL0-	I	0 轴负限位	16	EL3-	I	3 轴负限位

（10）CN21 数字量输出接口定义　　CN21 为数字量输出接口，其引脚号和信号对应关系如表 6-33 所示。

（11）CN22 模拟量输入、输出接口定义（选配）　　CN22 为模拟量输入、输出接口，其引脚号和信号对应关系如表 6-34 所示。

表 6-33　接口 CN21 引脚号和信号对应关系

序号	名称	I/O	说明	序号	名称	I/O	说明
1	OUT0	O	通用输出（低速）	9	OUT8	O	通用输出（低速）
2	OUT1	O	通用输出（低速）	10	OUT9	O	通用输出（低速）
3	OUT2	O	通用输出（低速）	11	OUT10	O	通用输出（低速）
4	OUT3	O	通用输出（低速）	12	OUT11	O	通用输出（低速）
5	OUT4	O	通用输出（低速）	13	OUT14	O	通用输出 /CMP2（高速）
6	OUT5	O	通用输出（低速）	14	OUT15	O	通用输出 /CMP3（高速）
7	OUT6	O	通用输出（低速）	15	OGND	O	外部电源地
8	OUT7	O	通用输出（低速）	16	OGND	O	外部电源地

表 6-34　接口 CN22 引脚号和信号对应关系

序号	名称	I/O	说明	序号	名称	I/O	说明
1	AIN0	I	模拟量输入	9	AOUT0	O	模拟量输出
2	AIN1	I	模拟量输入	10	AOUT1	O	模拟量输出
3	AIN2	I	模拟量输入	11	GND	O	内部电源地
4	AIN3	I	模拟量输入	12	GND	O	内部电源地
5	AIN4	I	模拟量输入	13	GND	O	内部电源地
6	AIN5	I	模拟量输入	14	GND	O	内部电源地
7	AIN6	I	模拟量输入	15	GND	O	内部电源地
8	AIN7	I	模拟量输入	16			

说明

①支持 8 路模拟量输入和 2 路模拟量输出；

② AIN0 ～ AIN7 输入电压为 -10 ～ + 10V，12bit 精度；

③ ADC 输入阻抗不小于 100kΩ；

④待测信号的地与接线盒模拟输入端子的 11 ～ 15 脚（GND）连接，被采样信号接 AIN0 ～ AIN7；

⑤ DAC 输出电压范围 -10 ～ + 10V，12bit 精度，默认输出电压 0V。

（12）CN23 输出接口定义　CN23 为 PWM 输出接口，其引脚号和信号对应关系如表 6-35 所示。

表 6-35   接口 CN23 引脚号和信号对应关系

序号	名称	I/O	说明
1	PWMO	O	PWM 输出 0
2	OGND	O	24V 电源地
3	PWM1	O	PWM 输出 1

（13）指示灯定义   ACC-X400B 接线盒表面有 3 个指示灯，分别为：

24V LED：外部电源指示灯；

5V LED：内部电源指示灯；

RUN LED：连接状态指示灯。绿色时表示接线盒与控制卡处于通信状态；红色闪烁时表示接线盒与控制卡未连接成功。

二、运动控制卡和主流驱动器电气接线图

1. 控制卡与松下 Panasonic MSDA 系列驱动器接线（图 6-61）

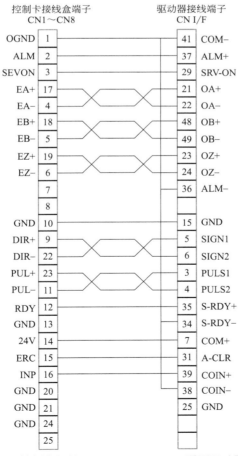

图 6-61   控制卡与松下 Panasonic MSDA 系列驱动器接线

控制卡脉冲和编码器信号数字地 GND 需与驱动器的地 GND 连接，控制卡的 24V 地 OGND 需与驱动器的 24V 地 COM- 连接。

2. 控制卡与安川 YASKAWA SGDM 系列驱动器接线（图 6-62）

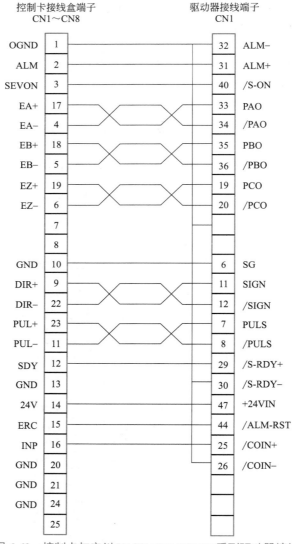

图 6-62　控制卡与安川 **YASKAWA SGDM** 系列驱动器接线

控制卡脉冲和编码器信号数字地 GND 需与驱动器的地 SG 连接，控制卡的 24V 地 OGND 需与驱动器的 24V 地 ALM-、/S-RDY-、/COIN- 连接。

3. 控制卡与三菱 MELSERVO-J2-Super 系列驱动器接线 (图 6-63)

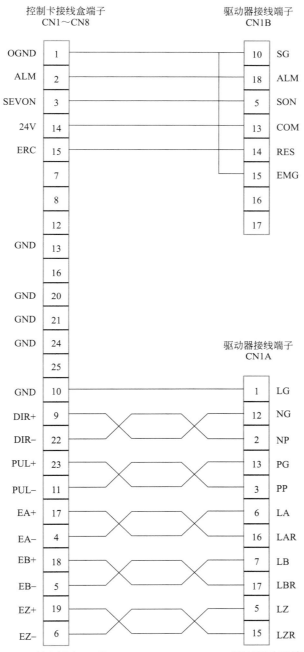

图 6-63　控制卡与三菱 **MELSERVO-J2-Super** 系列驱动器接线

注意

　控制卡脉冲和编码器信号数字地 GND 需与驱动器的地 LG 连接，控制卡的 24V 地 OGND 需与驱动器的 24V 地 SG 连接。

4. 控制卡与台达 ASDA-AB 系列驱动器接线（图 6-64）

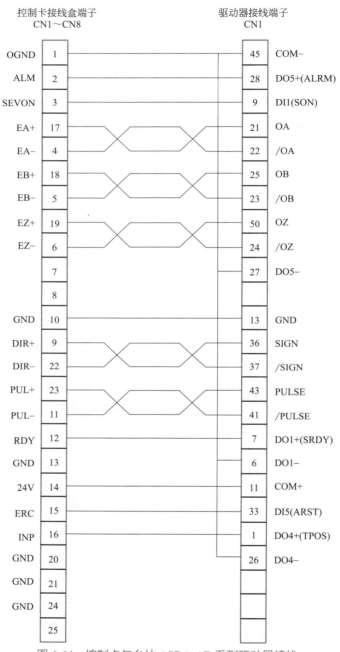

控制卡接线盒端子　　　　　　　驱动器接线端子
CN1～CN8　　　　　　　　　　　　CN1

控制卡接线盒端子		驱动器接线端子	
OGND	1	45	COM–
ALM	2	28	DO5+(ALRM)
SEVON	3	9	DI1(SON)
EA+	17	21	OA
EA–	4	22	/OA
EB+	18	25	OB
EB–	5	23	/OB
EZ+	19	50	OZ
EZ–	6	24	/OZ
	7	27	DO5–
	8		
GND	10	13	GND
DIR+	9	36	SIGN
DIR–	22	37	/SIGN
PUL+	23	43	PULSE
PUL–	11	41	/PULSE
RDY	12	7	DO1+(SRDY)
GND	13	6	DO1–
24V	14	11	COM+
ERC	15	33	DI5(ARST)
INP	16	1	DO4+(TPOS)
GND	20	26	DO4–
GND	21		
GND	24		
	25		

图 6-64　控制卡与台达 ASDA-AB 系列驱动器接线

注意

控制卡脉冲和编码器信号数字地 GND 需与驱动器的地 GND 连接，控制卡的 24V 地 OGND 需与驱动器的 24V 地 COM- 连接。

5. 控制卡与汇川 IS600P 系列驱动器接线（图 6-65）

① 当脉冲频率在 500kHz 以下时，PULSE+、PULSE-、DIR+、DIR- 可接在驱动器端 41、43、37、39 引脚上，如图 6-65（a）所示；

② 当脉冲频率在 500kHz ～ 4MHz 时，PULSE+、PULSE-、DIR+、DIR- 可接在驱动器端 38、36、42、40 引脚上，如图 6-65（b）所示；

③ 控制卡脉冲和编码器信号数字地 GND 需与驱动器的地 GND 连接，控制卡的 24V 地 OGND 需与驱动器的 24V 地 COM- 连接。

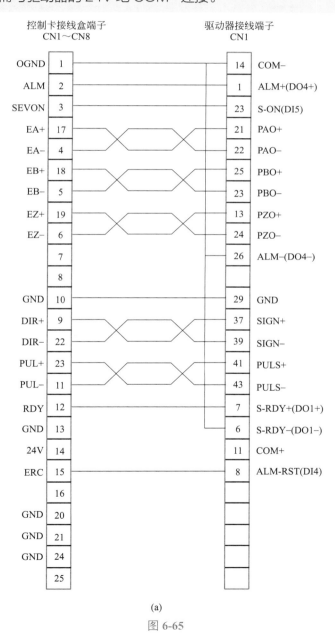

(a)

图 6-65

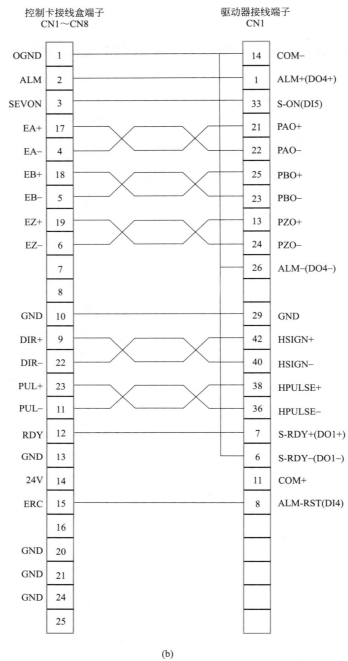

控制卡接线盒端子
CN1~CN8

驱动器接线端子
CN1

(b)

图 6-65 轴端口与汇川 **IS600P** 系列驱动器接线

6. 控制卡与雷赛 H2-758/1108/2206 驱动器接线（图 6-66）

 注意

控制卡的 24V 地 OGND 需与驱动器的 24V 地 COM- 连接。

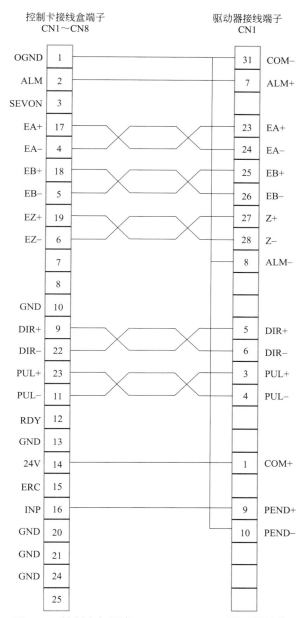

图 6-66 控制卡与雷赛 H2-758/1108/2206 驱动器接线

三、运动控制卡接线注意事项

1. 布线建议

❶ 不要将 110V/220V 交流电源电缆与直流 24V、I/O 信号线缆、通信线缆等捆扎在一起，在空间允许范围内保持较远距离；

❷ 不同类的电缆（如通信信号线、电源线、数字 I/O 信号线）布线时要分开，一般不能交叉重叠，当不可避免交叉时，应以直角交叉；

❸ 高速 I/O、模拟量 I/O、现场总线、通信信号的电缆使用屏蔽线缆。

2. 接线注意事项

❶ 在安装及配线过程中，一定要确保外部电源处于关闭状态，防止触电及模块损坏；

❷ 在连接端子处应扭绞导线，并以较短的长度接入端子，防止螺钉松动等情况下造成短路；

❸ 电源接通后，24V 指示灯亮表明电源处于工作状态，如不亮，请考虑电源输入异常及模块故障可能。

3. 接地处理

❶ ACC 系列接线盒，电源端子 24V 引脚与外部直流电源的正极连接。电源端子 OGND 引脚为 24V 电源输入地，接外部直流电源的负极。FG 为机壳地，应就近与机箱外壳相连。

❷ 接地线应使用粗线，保证接地阻抗较小。

❸ ACC 系列接线盒上标记为 OGND 的引脚均为 24V 地，与电源端子 OGND 相通。标记为 GND 的引脚为 5V 信号地。

4. 控制端口接线注意事项

❶ EtherCAT 和 Rtex 总线端口。主从站连接的网线应使用带屏蔽的五类双绞网线，RI45 接头带金属屏蔽。主从站的总线端口有输入和输出之分，不可接反。

❷ CAN 扩展接口。CAN 扩展总线上的所有从站波特率应保持一致，每个从站的节点号应不同。总线上的最后一个从站应接通终端电阻，中间的从站终端电阻不接通。

❸ 编码器输入和脉冲输出端口。编码器输入和脉冲输出提供了差分接口，所以推荐用户以差分方式接线，差分信号使用屏蔽双绞线连接。差分信号两端数字地务必连通，即驱动器脉冲输入信号地与编码器输出信号地需与控制卡接线盒轴端口上的 GND 连接。

❹ 手轮输入。控制卡手轮接口提供 5V 电源输出可作为手轮的电源输入，手轮的信号地需与手轮接口的 GND 地信号相连。

❺ 数字输入输出。数字输入设备一端连接输入口一端连接到接线盒的 OGND（24V 地）端口。输出电路最大电流不能超过输出口最大工作电流，输出器件的地线需连接到接线盒的 OGND（24V 地）。

输出口接感性负载时，需并联续流二极管。不允许将 24V 电源直接接到数字输出端口。

输入输出扩展电缆布线时，避免与动力线（高电压，大电流）等传输强干扰信号的电缆捆在一起，应该分开走线并且避免平行走线。

高速 I/O 接口扩展电缆的总延长距离应该在 3.0m 以内。

❻ 模拟量信号接口。模拟量信号连接时使用带屏蔽的线缆，固定线缆时不要将线缆与交流线缆、高压线缆等捆扎在一起，以减小噪声、电涌及感应的影响。

❼ PWM 信号接口。DMC3600、DMC3800、DMC3C00 卡的 PWM 信号与最后一个轴的脉冲输出信号引脚复用，PWM 输出 5V 信号，接线参照脉冲输出信号接线。

DMC3400A 的 PWM 输出功能需配合 ACC-X400B 接线盒使用，PWM 输出 24V 信号，PWM 接收设备地线与控制卡 OGND 连接。

四、运动控制卡常见问题解决方法

运动控制卡常见问题解决方法见表 6-36。

表 6-36　运动控制卡常见问题解决方法

出现问题	解决建议
板卡插上后，PC 机系统还不能识别控制卡	检查板卡驱动是否正确安装，在 Windows 的设备管理器（可参看 Windows 帮助文件）中查看驱动程序安装是否正常。如果发现有相关的黄色感叹号标志，说明安装不正确，需要按照软件部分安装指引，重新安装； 计算机主板兼容性差，请咨询主板供应商； PCI 插槽是否完好； PCI 金手指是否有异物，可用酒精清洗
PC 机不能和控制卡通信	PCI 金手指是否有异物，可用酒精清洗； 参考软件手册检查应用软件是否编写正确
板卡和驱动器电动机连接后，发出脉冲时，电动机不转动	板卡上的设置脉冲发送方式和驱动器的输入脉冲方式是否匹配，跳线 J1 ～ J8 是否正确； 可以用 Motion3000 演示软件进行测试，观察脉冲计数等是否正常； 是否已经接上供给脉冲和方向的外部电源
控制卡已经正常工作，正常发出脉冲，但电动机不转动	检查驱动器和电动机之间的连接是否正确。可以使用 Motion3000 演示软件进行测试； 确保驱动器工作正常，没有出现报警
电动机可以转动，但工作不正常	检查控制卡和驱动器是否正确接地，抗干扰措施是否做好； 脉冲和方向信号输出端光电隔离电路中使用的限流电阻过大，工作电流偏小
能够控制电动机，但电动机出现振荡或是过冲	可能是驱动器参数设置不当，检查驱动器参数设置； 应用软件中加减速时间和运动速度设置不合理
能够控制电动机，但工作时，回原点定位不准	检查屏蔽线是否接地； 原点信号开关是否工作正常； 所有编码信号和原点信号是否受到干扰
限位信号不起作用	限位传感器工作不正常； 限位传感器信号受干扰； 应用程序紊乱
不能读入编码器信号	请检查编码器信号类型是否是脉冲 TTL 方波； 参看所选编码器说明书，检查接线是否正确； 编码器供电是否正常； 检查函数调用是否正确
对编码器的读数不准确	检查全部编码器及触发源的接线； 做好信号线的接地屏蔽
不能锁存编码器读数	检查触发源的接线； 检查函数的调用是否正确
锁存数据的重复精度差	检查函数调用； 程序中是否进行了去抖动处理； 触发信号的设定
数字输入信号不能读取	接线是否正常；检查函数调用
数字输出信号不正常	接线是否正常；检查函数调用

第七章 伺服电动机／步进电动机控制电路与驱动集成电路

第一节　常用驱动集成电路及典型应用电路

一、步进电动机控制集成电路

❶ Allegro MicroSystems 公司的步进电动机驱动器集成电路。Allegro MicroSystems 公司生产许多 H 桥电动机驱动器，特别是双全桥电动机驱动器也可用于步进电动机的双极性驱动控制（参见第二章）。该公司生产的这类集成电路见表 7-1。

表 7-1　Allegro MicroSystems 公司的单极性步进电动机驱动器集成电路

型号	特点	工作电压 /V	工作电流 /A
A5804	四相译码器 / 驱动器	50	1.25
SLA7024	四相控制器 / 驱动器	46	1.0
SLA7050M	四相译码器 / 驱动器	46	1.0
SMA7029	四相 PWM 控制器 / 驱动器	46	1.0
SLA7042	四相微步距驱动器	46	1.2
SLA7032M	四相驱动器	46	1.5
A2540	四相驱动器	50	1.8
*SLA7051M	四相译码器 /PWM 驱动器	46	2.0

续表

型号	特点	工作电压 /V	工作电流 /A
SLA7026	四相 PWM 控制器 / 驱动器	46	3.0
SLA7044	四相微步距 PWM 控制器 / 驱动器	46	3.0
SLA7052M	四相译码器 / 驱动器	46	3.0

❷ Infineon 公司生产的步进电动机驱动器集成电路（见表 7-2）。

表 7-2　Infineon 公司生产的两相步进电动机驱动器集成电路

型号	峰值电流 /A	输出电流 /A	工作电压 /V	封装	保护
TCA 3727	2×1.0	2×0.75	$5.0\sim50$	P-DIP-20-6	对地短路
TCA 3727-G	2×1.0	2×0.75	$5.0\sim50$	P-DSO-24-3	对地短路
TLE 4726-G	2×1.0	2×0.8	$5.0\sim50$	P-DSO-24-3	对地短路
TLE 4727	2×1.0	2×0.8	$5.0\sim16$	P-DIP-20-3	全保护
TLE 4728-G	2×1.0	2×0.8	$5.0\sim16$	P-DSO-24-3	全保护
TLE 4729-G	2×1.0	2×0.8	$5.0\sim16$	P-DSO-24-3	全保护

❸ STMicroelectronics 公司生产的步进电动机控制集成电路（见表 7-3）。

表 7-3　STMicroelectronics 公司生产的步进电动机控制集成电路

型号	说明	封装
L297/1	步进电动机控制器	DIP20
L297D	步进电动机控制器	SO20
L6201	双 H 桥驱动器	SO20
L6201P	双 H 桥驱动器	POWERSO20
L6202	双 H 桥驱动器	POWERDIP（12+3+3）
L6203	双 H 桥驱动器	MULTIWATT 11
L6204	双 H 桥 DMOS 驱动器	POWERDIP（16+2+2）
L6204D	双 H 桥 DMOS 驱动器	SO20
L6205D	双 H 桥 DMOS 驱动器	SO20（16+2+2）
L6205N	双 H 桥 DMOS 驱动器	POWERDIP（16+2+2）
L6205PD	双 H 桥 DMOS 驱动器	PowerSO20
L6206D	双 H 桥 DMOS 驱动器	SO24（20+2+2）
L6206N	双 H 桥 DMOS 驱动器	POWERDIP（20+2+2）
L6206PD	双 H 桥 DMOS 驱动器	PowerSO36

续表

型号	说明	封装
L6207D	双 H 桥 DMOS 驱动器	SO24（20+2+2）
L6207N	双 H 桥 DMOS 驱动器	POWERDIP（20+2+2）
L6207PD	双 H 桥 DMOS 驱动器	PowerSO36
L6208D	全集成步进电动机驱动器	SO24（20+2+2）
L6208N	全集成步进电动机驱动器	POWERDIP（20+2+2）
L6208PD	全集成步进电动机驱动器	PowerSO36
L6210	双肖特基二极管桥	
L6219	步进电动机驱动器	POWERDIP（20+2+2）
L6219DS	步进电动机驱动器	SO（20+2+2）
L6219DSA	汽车步进电动机驱动器	SO（20+2+2）
*L6258	PWM 控制大电流步进电动机驱动器	POWERSO36
L6258E	PWM 控制大电流步进电动机驱动器	POWERSO36
L6506D	步进电动机电流控制器	SO20
L6506	步进电动机电流控制器	DIP18
L8219LP	大电流步进电动机驱动器	SO28EP
L8219P	大电流步进电动机驱动器	PowerSO36
PBL3717A	步进电动机驱动器	POWERDIP（12+2+2）
TEA3717DP	步进电动机驱动器	POWERDIP（12+2+2）
TEA3718DP	步进电动机驱动器	POWERDIP（12+2+2）
TEA3718SDP	步进电动机驱动器	POWERDIP（12+2+2）
TEA3718SFP	步进电动机驱动器	SO20
TEA3718SP	步进电动机驱动器	MULTIWATT15
TEF3718DP	步进电动机驱动器	POWERDIP（12+2+2）
TEF3718SDP	步进电动机驱动器	POWERDIP（12+2+2）
TEF3718SP	步进电动机驱动器	MULTIWATT15
TEF3718SSP	步进电动机驱动器	MULTIWATT15

❹ ON Semiconductors 公司生产的步进电动机控制集成电路（见表 7-4）。

表 7-4　ON Semiconductors 公司生产的步进电动机控制集成电路

型号	名称	电源电压 /V	输出峰值电流 /mA	功能	保护	封装
*CS4161	两相步进电动机驱动器	24	85	8 步，16 步模式	欠电压，过电压，短路	DIP-8
*CS8441	两相步进电动机驱动器	24	85	8 步，16 步模式	过电压，短路	DIP-8
*MC3479	两相步进电动机驱动器	16.5	350	正反转，整步 / 半步		DIP-16

❺ Fairchild Semi 公司生产的步进电动机驱动器集成电路（见表 7-5）。

表 7-5　Fairchild Semi 公司生产的步进电动机驱动器集成电路

型号	特点	电流 /A	封装	主要用途
*FAN8200	低压步进电动机驱动器		DIP	通用
*FAN8200D	低压步进电动机驱动器		SOP	照相机
FAN8700	4 通道，驱动一台直流电动机和一台步进电动机			照相机
KA3100D	线性控制	1.0	SOP	照相机，FDD

❻ TRINAMIC Microchips GMBH 公司生产的步进电动机驱动器集成电路。德国的 TRINAMIC Microchips GMBH 公司生产的电动机控制和运动控制芯片和模块。表 7-6 给出三种两相步进电动机驱动器和它的 TMC428 高性能运动控制器配合，与微控制器接口，可实现 1 ～ 3 轴的步进电动机运动控制。

表 7-6　TRINAMIC Microchips GMBH 公司生产的两相步进电动机驱动器集成电路

型号	名称	特点	电源电压 /V	最大电流 /mA	封装
TMC236	两相步进电动机驱动器	双 H 桥双极性驱动，4bit DAC 可用于 16 步微步距控制，模拟电流接口，电动机电流数字设定，低电磁发射，有短路、过热、欠电压保护，故障诊断报警	30	1500	PQFP44
TMC239	大电流两相步进电动机驱动器	外接 8 个 MOS FET 大电流驱动，双极性驱动，4bitDAC 可用于 16 步微步距控制，模拟电流接口，电动机电流数字设定，低电磁发射，有短路、过热、欠电压保护，故障诊断报警	30	3000	SO28, LPCC32（7mm×7mm）
TMC288	智能两相步进电动机驱动器	双 H 桥双极性驱动，6bit DAC 可用于 64 步微步距控制，模拟电流接口，50kHz PWM，自动慢速 / 快速电流衰减避免谐振，有短路、过热、欠电压保护，故障诊断报警	55	850	MLF32（8mm×8mm）

❼ NPM 公司生产的步进电动机驱动器集成电路。Nippon Pulse Motor（NPM）Co.，Ltd. 是专门从事步进电动机相关产品生产的日本企业，包括步进电动机、步进电动机驱动器、步进电动机多轴运动控制器、控制板和驱动板。

NP 系列驱动器是包含驱动桥和斩波电流控制功能的混合集成电路，设计驱动 2 相步进电动机。NP-7042M 支持微步距驱动到 1/8 步，而其他的芯片支持整步 / 半步激励方式。时钟脉冲输入是必需的。NP-2918 驱动两极性的步进电动机，NP-7024M，NP-7026M 和 NP-7042M 驱动单极性的步进电动机。该公司生产的这类集成电路见表 7-7。

表 7-7　NPM 公司生产的两相步进电动机驱动器集成电路

型号	驱动方式	最大直流电压 /V	最大电流 /A	激励方式	封装
NP7024M	单极性	46	1.5	整步 / 半步	单列 -18
NP7026M	单极性	46	3.0	整步 / 半步	单列 -18
NP7042M	单极性	46	1.2	微步距	单列 -18
NP2918	双极性	45	1.75	整步 / 半步	单列 -18

❽ SANYO 公司生产的两相步进电动机驱动器集成电路（见表 7-8 ～表 7-10）。

表 7-8　SANYO 公司生产的两相步进电动机驱动器集成电路

型号	特点	封装	说明
LB1650	工作电压 4.5 ～ 36.0V，最大输出电流 2A	DIP 16F	两相，标准
LB1651	工作电压 4.5 ～ 36.0V，最大输出电流 2A	DIP 20H	两相，标准
LB1651D	双极性	DIP 30SD	两相，标准
LB1656M	用于 FDD，过热关机	SOP 16FS	两相，标准
*LB1657M	用于 FDD，过热关机	SOP 16FS	两相，标准
LB1836M	最小工作电压 2.5V，过热关机	SOP 14S	两相，低电压，低饱和
LB1837M	最小工作电压 3.0V，最大输出电流 0.25A	SOP 14S	两相，低电压，低饱和
LB1838M	最小工作电压 2.5V，过热关机	SOP 14S	两相，低电压，低饱和
LB1839M	最小工作电压 3.0V，最大输出电流 0.25A	SOP 14S	两相，低电压，低饱和
LB1840M	最小工作电压 3.0V，最大输出电流 0.25A	SOP 14S	两相，低电压，低饱和
LB1846M	1 ～ 2 相激励，小封装，I_O=800mA	SOP 10S	两相，低饱和
LB1848M	两相激励，小封装，I_O=800mA	SOP 10S	两相，低饱和
LB1936V	用于扫描仪	SSOP 16	两相，低饱和
LB1937T	2 个步进电动机驱动，用于 DSC	TSSOP24	两相
LB1939T	两相步进电动机驱动，薄型封装，I_O=300mA，2V 可用	TSSOP20	3V 恒压 / 恒流，低饱和

表 7-9　SANYO 两相步进电动机微步距驱动器

型号	特点	封装	说明
LB11847	1 ～ 2 相激励，TTL 逻辑电平输入	DIP28H	PWM 电流控制
LB11945H	1 ～ 2 相激励，3.3V 电源	HSOP 28H	PWM 电流控制
LB11946	1 ～ 2 相激励，串行输入	DIP 28H	PWM 电流控制
LB1845	用于喷墨打印机	DIP 28H	45V，1.5A，PWM 电流控制
LB1847	数字电流选择，1 ～ 2 相激励	DIP 28H	PWM 电流控制
LB1945D	数字电流选择，噪声消除功能	DIP 24H	PWM 电流控制
*LB1945H	数字电流选择，噪声消除功能	HSOP 28H	PWM 电流控制
LB1946	1 ～ 2 相激励，串行输入	DIP 28H	PWM 电流控制

表 7-10　SANYO 公司生产的步进电动机驱动器厚膜集成电路

型号	封装	特点	电动机电压 U_{CC1}/V	电源电压 U_{CC2}/V	最大输出电流 I_{Omax}/A
STK6713AMK3	SIP 16	输入高有效			3
STK6713AMK4	SIP 16	输入高有效	10 ～ 42	5	3
STK6713BMK3	SIP 16	输入低有效			3
STK6713BMK4	SIP 16	输入低有效	10 ～ 42	5	3
STK672-010	SIP 20		18 ～ 42	5	1.7
STK672-020	SIP 20	含分配器	18 ～ 42	5	3
STK672-040	SIP 22	支持微步操作，含分配器	10 ～ 42	5	1.5
STK672-050	SIP 22	支持微步操作，含分配器	10 ～ 42	5	3
STK672-060	SIP 22	支持微步操作，含分配器	10 ～ 42	5	1.2
STK672-070	SIP 15	支持微步操作，含分配器	10 ～ 42	5	1.5
* STK672-080	SIP 15	支持微步操作，含分配器	10 ～ 42	5	2.8
STK672-110	SIP 12	含分配器	10 ～ 42	5	1.8
STK672-120	SIP 12	含 4 相分配器	10 ～ 42	5	2.4
STK672-210	SIP 12		10 ～ 42	5	1.5
STK672-220	SIP 12		10 ～ 42	5	2.8
STK672-311	SIP 12	支持微步操作，含分配器，薄型封装	10 ～ 42	5	1.5
STK672-311A	SIP 12	支持微步操作，含分配器，薄型封装	10 ～ 42	5	1.5

型号	封装	特点	电动机电压 U_{CC1}/V	电源电压 U_{CC2}/V	最大输出电流 I_{Omax}/A
STK672-330	SIP 12	含分配器，薄型封装，ENABLE	10 ～ 42	5	1.8
STK672-340	SIP 12	含分配器，ENABLE	10 ～ 42	5	2.4
* STK673-010	SIP 28	支持微步操作，含分配器，三相	16 ～ 30	5	2.4
STK673-011	SIP 15	含分配器，整步 / 半步	10 ～ 28	5	2

❾ TOSHIBA 公司生产的步进电动机驱动器和控制器集成电路（见表 7-11、表 7-12）。

表 7-11　TOSHIBA 公司生产的双极性步进电动机驱动器集成电路

型号	封装	最大额定数据	特点
TA7289F	HSOP-20	30V/0.8A	4bit D/A，PWM
TA7289P	HDIP-14	30V/1.5A	4bit D/A，PWM
TA7774F	HSOP-16	17V/0.4A	节能
TA7774P	DIP-16	17V/0.4A	节能
TA8411L	HDIP-24	30V/0.8A	
TA8430AF	HSOP-16	8V/0.6A	节能
TA8435H	HZIP-25	40V/2.5A	PWM，微步距
TA84002F	HSOP-20	35V/1.0A	低功耗
TB6500AH	HZIP-25	30V/0.8A	
TB6504F	SSOP-24	18V/0.15A	PWM，微步距
TB6512AF	SSOP-24	12V/0.12A	PWM，微步距
TB6526AF	SSOP-24	10V/0.12A	PWM，微步距
TB62201AF	HSOP-36	40V/1.5A	PWM，微步距
TB62206F	HSOP-36	40V/1.5A	PWM，微步距
TB62209F	HSOP-36	40V/1.8A	PWM，微步距

表 7-12　TOSHIBA 公司生产的单极性步进电动机控制器集成电路

型号	封装	最大额定数据	特点
TA8415P	DIP-16	28V/0.4A	控制 3/4 相步进电动机
TB6528P	DIP-24	20V/30mA	也可用于双极性控制

❿ 新电元公司生产的步进电动机驱动器集成电路（见表 7-13）。

表 7-13　新电元公司生产的步进电动机驱动器集成电路

型号	特点	最高电压 /V	最大输出电流 /A	封装
*MTD1110	单极性驱动，整步 / 半步	80	2	ZIP-27
MTD1120	单极性驱动，整步 / 半步	80	1.2	ZIP-27
MTD1120F	单极性驱动，整步 / 半步	80	1.2	HSOP-28
MTD1361	单极性驱动，整步 / 半步	68	1.5	ZIP-27
MTD1361F	单极性驱动，整步 / 半步	68	1.2	HSOP-28
MTD2001	双极性驱动，整步 / 半步	60	1.5	ZIP-27
MTD2002F	双极性驱动，整步 / 半步	35	0.8	HSOP-28
MTD2003	双极性驱动，整步 / 半步	30	1.2	ZIP-27
MTD2003F	双极性驱动，整步 / 半步	30	1.2	HSOP-28
MTD2005	双极性驱动，整步 / 半步	60	1.3	ZIP-27
MTD2005F	双极性驱动，整步 / 半步	60	1.0	HSOP-28
MTD2006	双极性驱动，整步 / 半步	35	1.0	ZIP-27
MTD2006F	双极性驱动，整步 / 半步	35	1.0	HSOP-28
MTD2007F	双极性驱动，整步 / 半步和 1/4 步	50	1.0	HSOP-28
MTD2009J	双极性驱动，整步 / 半步，驱动两个电动机	35	1.2	HSOP-40

⑪ 三菱电机公司生产的步进电动机驱动器集成电路（见表 7-14）。

表 7-14　三菱电机公司生产的步进电动机驱动器集成电路

型号	功能	封装
M54640P	双极性步进电动机驱动器，电流斩波控制	16-DIP
M54646AP	双极性步进电动机驱动器，2 相电流斩波控制	28-SDIP
M54670P	双极性步进电动机驱动器，2 相电流斩波控制	32-SDIP
M54676P	双极性步进电动机驱动器，2 相电流斩波控制	20-DIP
M54677FP	双极性步进电动机驱动器，2 相电流斩波控制	36-SSOP
M54678FP	双极性步进电动机驱动器，2 相电流斩波控制	36-SSOP
M54679FP	双极性步进电动机驱动器，2 相电流斩波控制	42-HSSOP

⑫ 奎克半导体（北京）有限公司生产的步进电动机控制集成电路（见表 7-15）。

表 7-15　奎克半导体（北京）有限公司生产的步进电动机控制集成电路

型号	功能	封装
QA748036	半流锁定，三相（1/2/2-1 励磁方式）步进电动机控制电路	8-DIP
QA748048	四相（兼两相混合式）（1/2/2-1 励磁）步进电动机控制电路	8-DIP
QA740420A	4 ～ 20mA 模拟量控制电动机进程位置的步进电动机控制专用电路。由标准变送信号 4 ～ 20mA 模拟量控制，电路自动产生步进电动机驱动脉冲输出及方向控制输出，使步进电动机正、反转动的总进程位置始终与 4 ～ 20mA 变送信号的电流大小相对应。输出脉冲频率为 500Hz/200Hz	18-D，S
QA740420B	4 ～ 20mA 模拟量控制电动机进程位置的步进电动机控制专用电路。由标准变送信号 4 ～ 20mA 模拟量控制，电路自动产生步进电动机驱动脉冲输出及方向控制输出，使步进电动机正、反转动的总进程位置始终与 4 ～ 20mA 变送信号的电流大小相对应。输出脉冲频率为 1kHz/500Hz	18-D，S
QA740420B×40	4 ～ 20mA 模拟量控制电动机进程位置的步进电动机控制专用电路。由标准变送信号 4 ～ 20mA 模拟量控制，电路自动产生步进电动机驱动脉冲输出及方向控制输出，使步进电动机正、反转动的总进程位置始终与 4 ～ 20mA 变送信号的电流大小相对应。具有 40 倍频，输出脉冲频率为 40kHz/20kHz	18-D，S
QA740420B×120	4 ～ 20mA 模拟量控制电动机进程位置的步进电动机控制专用电路。由标准变送信号 4 ～ 20mA 模拟量控制，电路自动产生步进电动机驱动脉冲输出及方向控制输出，使得步进电动机正、反转动的总进程位置始终与 4 ～ 20mA 变送信号的电流大小相对应。具有 120 倍频，输出脉冲频率为 120kHz/60kHz	18-D，S
QA740421A	4 ～ 20mA 模拟量控制电动机进程位置的步进电动机控制专用电路。由标准变送信号 4 ～ 20mA 模拟量控制，电路自动产生步进电动机驱动脉冲输出及方向控制输出，使步进电动机正、反转动的总进程位置始终与 4 ～ 20mA 变送信号的电流大小相对应。具有电动机软启动功能。输出脉冲频率为 500Hz/200Hz	18-D，S
QA740421B	4 ～ 20mA 模拟量控制电动机进程位置的步进电动机控制专用电路。由标准变送信号 4 ～ 20mA 模拟量控制，电路自动产生步进电动机驱动脉冲输出及方向控制输出，使步进电动机正、反转动的总进程位置始终与 4 ～ 20mA 变送信号的电流大小相对应。具有电动机软启动功能。输出脉冲频率为 1kHz/500Hz	18-D，S
QA740210	4 倍频专用电路	18-D，S

⑬ TI 公司生产的步进电动机驱动器集成电路（见表 7-16）。

表 7-16　TI 公司生产的步进电动机驱动器集成电路

型号	工作电压 /V	最大输出电流 /A	封装
UC3770A	10 ～ 45	1.5	16PDIP，28PLCC
UC3770B	10 ～ 45	1.5	16PDIP
UC3717A	10 ～ 46	1.0	16PDIP，20PLCC

二、步进电动机控制集成电路——FT609 电路

FerretTronics 公司的 FT609 是一个步进电动机逻辑控制器集成电路。它只需要一个驱动电路和少量外部阻容元件就能通过一个 2400bit/s 串行线，提供丰富的控制功能，完全控制

一台步进电动机。因为 FT609 没有高的电流能力，不能直接驱动步进电动机，因此需要使用例如 L293（推挽式的两相驱动器）、UDN2544（四达林顿功率驱动器）芯片或一组晶体管电路作为驱动级。

1. 引脚功能说明

FT609 采用 DIP-8 封装，其引脚功能见表 7-17。

表 7-17　FT609 引脚功能说明

引脚号	符号	功能说明	引脚号	符号	功能说明
1	V++	电源	5	A	输出
2	Com	串行口	6	B	输出
3	D	输出	7	C	输出
4	Home	原点	8	Gnd	地

2. 应用技术

FT609 使用电源电压 U++=3.0 ～ 5.5V，四引脚 A、B、C、D 输出电流能力为 25mA。串行线设置为 2400bit/s，8 位，无校验位，1 为停止位。FT609 指令功能见表 7-18。

表 7-18　FT609 指令功能

十进制	指令名	功能
192	Go	步进电动机按预置模式开始步进
193	WaveDrive	设置为波形驱动方式
194	TwoPhase	设置为两相驱动方式
195	Half Step	设置为半步驱动方式
196	CCW	设置为逆时针方向
197	CW	设置为顺时针方向
198	Stop	停止步进，但不清除原设定的模式
199	StepOne	前进一步
200	HomeOn	在启动时，使步进电动机停在原点 T 上
203	HomeCountOn	在 Home 脚为高电平时，使电动机走过规定步数
204	CountOn	启动时，设置电动机要走的步数
205	LoadCount	将步数装入计数器，2 字节
206	Use2544	将引脚 2 和 3 反相，允许 FT609 直接与 2544 芯片配套工作
207	StoreStepTime	存储步与步之间的时间，2 字节
208	StoreRampInterval	存储斜坡时间间隔，1 字节
209	StoreRampStepTime	存储斜坡步时间，1 字节

十进制	指令名	功能
210	StoreRampStartTime	存储斜坡开始时间，2字节
213	RampOn	设置上斜坡模式
214	HomeOff	清除 Home 模式
215	CountOff	清除计数模式
217	RampOff	清除上斜坡模式
218	KeepEnergized	当电动机无步进时，维持激励
219	DeEnergize	当电动机无步进时，不激励
222	StoreRampEndTime	存储斜坡功能的快速时间
223	Continue	当停止指令已下达，继续步进

FT609 有三种步进通电顺序供选择：

❶ 波形驱动（WaveDrive）是 4 步驱动方式，每步都是单相通电，其通电顺序见表 7-19。

表 7-19 波形驱动的通电顺序

序号	a	b	c	d	序号	a	b	c	d
1	ON	OFF	OFF	OFF	3	OFF	OFF	ON	OFF
2	OFF	ON	OFF	OFF	4	OFF	OFF	OFF	ON

❷ 两相驱动（TwoPhase）是 4 步驱动方式，每步都是两相通电，其通电顺序见表 7-20。

表 7-20 两相驱动的通电顺序

序号	a	b	c	d	序号	a	b	c	d
1	ON	ON	OFF	OFF	3	OFF	OFF	ON	ON
2	OFF	ON	ON	OFF	4	ON	OFF	OFF	ON

❸ 半步驱动（HalfStep）是 8 步驱动方式，依次按单相 - 两相交替方式通电，其通电顺序见表 7-21。

表 7-21 半步驱动的通电顺序

序号	a	b	c	d
1	ON	OFF	OFF	OFF
2	ON	ON	OFF	OFF
3	OFF	ON	OFF	OFF
4	OFF	ON	ON	OFF

续表

序号	a	b	c	d
5	OFF	OFF	ON	OFF
6	OFF	OFF	ON	ON
7	OFF	OFF	OFF	ON
8	ON	OFF	OFF	ON

利用 FT609 可实现步进电动机的下列几种运动控制：

- 单步模式；
- 连续步进模式；
- 步进规定的步数；
- Energize/DeEnergize 功能；
- Home 功能；
- 斜坡（ramp）模式。

用于四相步进电动机单极性驱动的应用电路如图 7-1 所示，用于两相步进电动机双极性驱动的应用电路如图 7-2 所示。

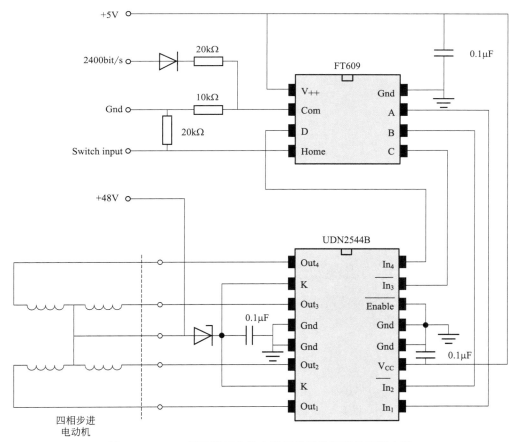

图 7-1　FT609 用于四相步进电动机单极性驱动的应用电路

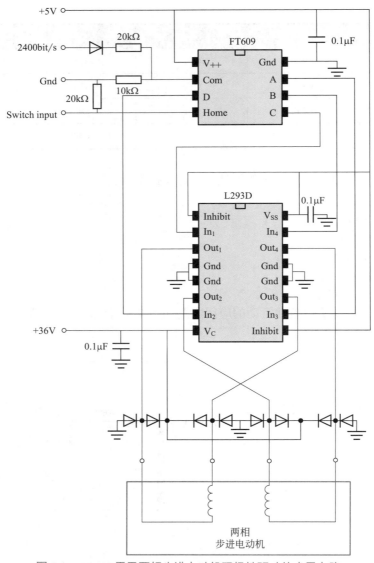

图 7-2 FT609 用于两相步进电动机双极性驱动的应用电路

三、四相步进电动机驱动集成电路

新电元（SHINDENGEN）公司的 MTD1110 是一个单极性驱动器，适用于四相步进电动机整步 / 半步、正 / 反转控制。它采用单列直插 ZIP-27 封装。

1. 主要应用参数

电动机电源电压　　U_{MM}：～ 32V；

输出耐压　　　　　U_{OUT}：70V；

逻辑电源　　　　　U_{CC}：4.75 ～ 5.25V；

最大输出电流　　　I_O：1.5A；

斩波频率　　　　　f_{chop}：20 ～ 27kHz。

2. 引脚功能说明（见表 7-22）

表 7-22　MTD1110 引脚功能说明

引脚号	符号	功能说明	引脚号	符号	功能说明
1	V_{CC}	逻辑电源，5V	15	R_sB	接传感电阻
2	ALARM	保护报警	16	Out B	输出
3	CR A	接定时 R_tC_t 网络	17	NC	空引脚
4	$V_{REF}A$	参考电压	18	Out $\overline{B}$	输出
5	V_sA	电流传感输入	19	NC	空引脚
6	IN $\overline{A}$	输入	20	PGB	功率地
7	IN A	输入	21	IN B	输入
8	PGA	功率地	22	IN $\overline{B}$	输入
9	NC	空引脚	23	V_sB	电流传感输入
10	Out $\overline{A}$	输出	24	$V_{REF}B$	参考电压
11	NC	空引脚	25	CR B	接定时 R_tC_t 网络
12	Out A	输出	26	ENA	使能控制
13	R_sA	接传感电阻	27	LG	逻辑地
14	COM	外接保护齐纳二极管			

3. 应用电路说明

MTD1110 内部电路框图和应用连接电路如图 7-3 所示。

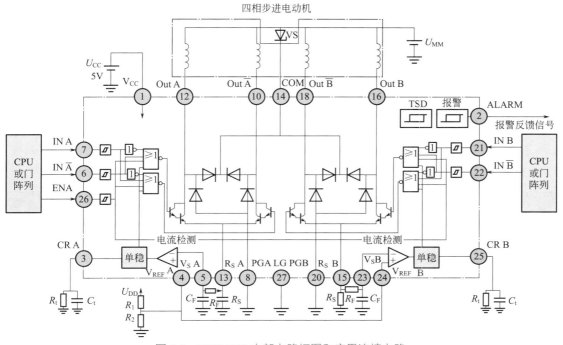

图 7-3　MTD1110 内部电路框图和应用连接电路

MTD1110 的输出级是四个低侧驱动的达林顿晶体管，分别由四个输入 INA、$\overline{\text{INA}}$、INB、$\overline{\text{INB}}$ 脚和一个使能输入 ENA 脚控制，如表 7-23 所示真值表，它们决定输出导通或关闭、导通电流方向。从而，从外面的 CPU 或门阵列的时序得到步进电动机的整步或半步、正 / 反转、启动和停止控制。由传感电阻、单稳电路组成固定 OFF 时间恒流斩波控制，利用参考输入 V_{REF} 设定输出电流值。OFF 时间由外接的 R_t 和 C_t 决定：

$$T_{\text{OFF}}=0.69R_tC_t$$

低侧驱动输出利用 8 个钳位二极管和一个外接齐纳二极管保护，使输出电压限制在输出达林顿晶体管的耐压 70V 之内。

表 7-23　真值表

ENA	INA（INB）	$\overline{\text{INA}}$（$\overline{\text{INB}}$）	OUTA（OUTB）	$\overline{\text{OUTA}}$（$\overline{\text{OUTB}}$）
L	L	L	OFF	OFF
L	L	H	OFF	ON
L	H	L	ON	OFF
L	H	H	OFF	OFF
H	×	×	OFF	OFF

注：×——L 或 H。

四、单极性步进电动机双电压集成电路

新日本无线电公司（JRC）的 NJM3517 是一个步进电动机控制器 / 驱动器集成电路，只需要少量外部元件即可完成一个四相步进电动机的整步 / 半步控制。

NJM3517 采用双电平驱动方式，在每步的开始以一个高电压脉冲施加到电动机绕组，使绕组电流迅速地上升，提高电动机的性能。

1. 推荐工作参数

逻辑电源电压　U_{CC}：4.75 ～ 5.25V；
高电源电压　U_{SS}：10 ～ 40V；
输出相电流　I_{P}：0 ～ 350mA。

2. 引脚功能说明（见表 7-24）

表 7-24　NJM3517 引脚功能说明

引脚号		符号	功能说明
DIP	EMP		
1	1	P_{B2}	B 相输出
2	2	P_{B1}	B 相输出
3	3	GND	地
4	4	P_{A1}	A 相输出
5	5	P_{A2}	A 相输出

引脚号		符号	功能说明
DIP	EMP		
6	6	DIR	方向输入
7	7	$\overline{\text{STEP}}$	步进输入
8	8	ϕ_B	B 相零电流半步位置指示输出
9	9	ϕ_A	A 相零电流半步位置指示输出
10	10	$\overline{\text{HSM}}$	整步 / 半步模式选择，低电平 - 半步模式
11	11	INH	禁止输入，高电平使所有输出关闭
12	12	RC	双电压驱动的脉冲定时端
13	13	L_A	高电压输出，A 相
14	14	L_B	高电压输出，B 相
15	15	V_{SS}	高电压电源，+10 ～ +40V
16	16	V_{CC}	逻辑电源，+5V

3. 内部电路框图（见图 7-4）

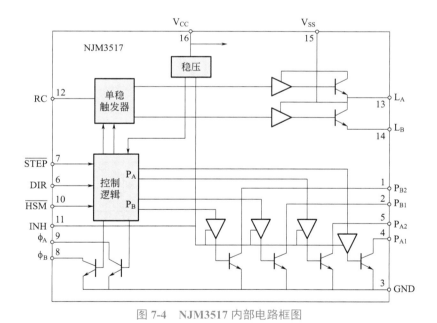

图 7-4　NJM3517 内部电路框图

4. 应用技术

NJM3517 以单极性、双电压方式驱动步进电动机，获得高驱动性能。双电压驱动典型应用电路如图 7-5 所示。双电压驱动是在每步最初一段时刻给电动机绕组施加一个第二电压（高电压）U_{SS}，为的是获得一个更迅速上升的绕组电流。这个短的时间 t_{On} 是由内部一个单稳触发器（mono f-f）电路产生的，它由外接的电阻和电容设定：

$$t_{On}=0.55C_T R_T$$

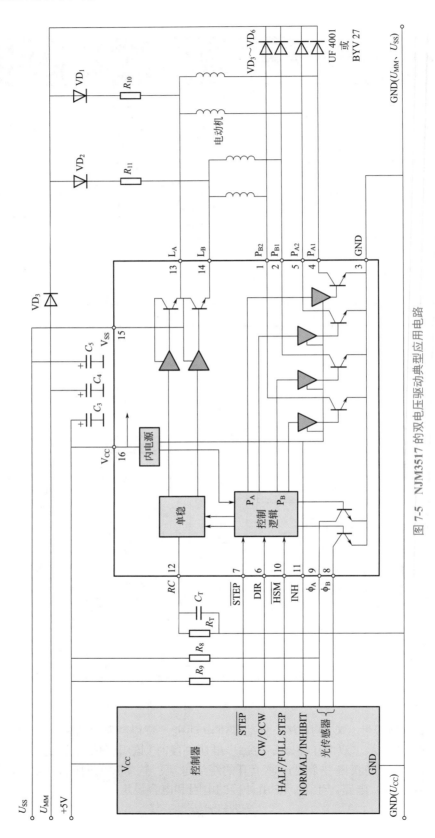

图 7-5　NJM3517 的双电压驱动典型应用电路

在这段时间之后，高电压输出被断开，由正常电源电压 U_{MM} 供给正常电流，它是被选择的额定电流。用户应按电动机的 L/R 时间常数和 U_{SS} 电压来选择这个 t_{On} 时间。

NJM3517 也可以按单电压（低电压）方式工作。外接晶体管双倍电压的单电压驱动应用电路如图 7-6 所示。为了提高性能，可使用加倍电压和一些少量外部元件扩大驱动电动机电流能力。

禁止输入（INH）用来完全地关闭输出电流。

ϕ_A 和 ϕ_B 脚是集电极开路输出，需要上拉电阻 $5k\Omega$ 接 5V 电源。它们由内部的相逻辑部分产生。在半步驱动方式时，有单相和两相通电交替出现，若它们是高电平，表示单相通电的有相应相输出被禁止。它们作为反馈信息提供给外控制器。

为控制 NJM3517，外控制器的 STEP、CW/CCW、HALF/FULL STEP、NORMAL/INHIBIT 输出信号接 NJM3517 的 $\overline{STEP}$、DIR、$\overline{HSM}$、INH 脚。

五、电流控制步进电动机驱动集成电路

SANYO 公司的 LB1945H 单片双 H 桥驱动器适用于驱动两相步进电动机，采用 PWM 电流控制实现 4 步、8 步通电方式的运转，封装方式为 HSOP28H。

1. 主要工作参数

电动机电源电压　U_{BB}：$10 \sim 28V$；
控制电源电压　U_{CC}：$4.75 \sim 5.25V$；
参考电压　　　U_{REF}：$1.5 \sim 5.0V$；
连续输出电流　I_{Omax}：0.8A。

2. 引脚功能说明（见表 7-25）

表 7-25　LB1945H 引脚功能说明

引脚号	符号	功能说明
7	V_{BB1}	输出级电源
24	V_{BB2}	接高侧二极管阴极
5，23	E1，E2	接电流传感电阻 R_E
2，1，27，28	OUTA，OUTA−，OUTB，OUTB−	输出
14	GND	地
15	S-GND	传感电阻接地端
6，22	D-GND	低侧二极管接地
21	CR	接三角波 CR
13，16	V_{REF1} V_{REF2}	输出电流设定参考电压
9，20	PHASE1 PHASE2	输出相选择 高电平：OUTA=H，OUTA−=L；低电平：OUTA=L，OUTA−=H
10，19	ENABLE1 ENABLE2	输出 ON/OFF 设定 高电平：outputOFF；低电平：outputON
12，11，17，18	IA1，IA2，IB1，IB2	逻辑输入，设定输出电流值
8	V_{CC}	逻辑部分电源

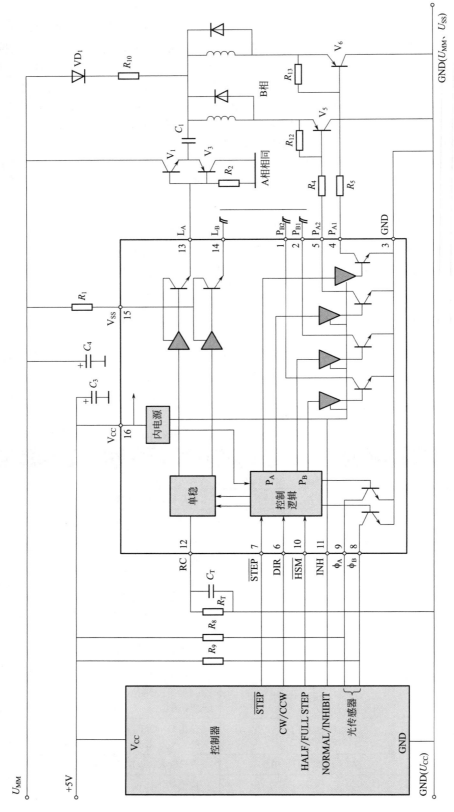

图 7-6 NJM3517 的外接晶体管双倍电压的单电压驱动应用电路

3. 内部电路框图 (见图 7-7)

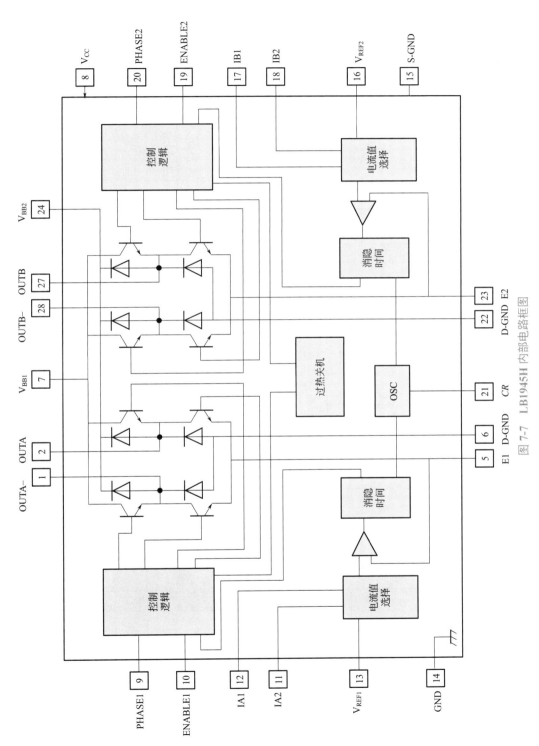

图 7-7 LB1945H 内部电路框图

4. 应用技术

LB1945H 的典型应用电路如图 7-8 所示。

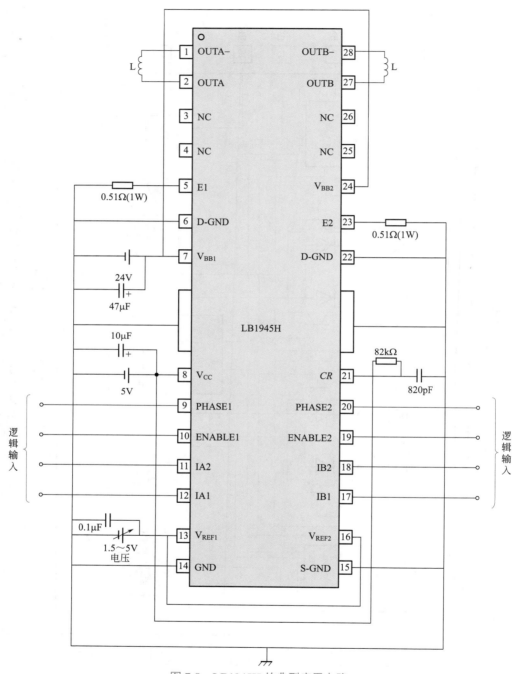

图 7-8　LB1945H 的典型应用电路

LB1945H 利用从上位机来的控制指令 PHASE、IA1、IA2（IB1、IB2）数字输入和 V_{REF1}（V_{REF2}）模拟电压输入的不同组合，可得到所需要的通电方式和预定的电流值。由 PHASE 控制 H 桥输出电流方向，由 IA1、IA2（IB1、IB2）数字输入得到输出电流值比例的四种选择：1、2/3、1/3、0。从 V_{REF1}（V_{REF2}）输入的模拟电压可在 1.5 ～ 5V 范围内连续变化。LB1945H 从外接传感电阻 R_S 获得电流反馈信息，由 PWM 电流闭环控制使输出电流跟踪输入的要求。利用 ENABLE 或 I1=I2=H 可使输出关闭，见表 7-26 和表 7-27。

表 7-26　相真值表

ENABLE	PHASE	OUTA	OUTA⁻
L	H	H	L
L	L	L	H
H	—	OFF	OFF

表 7-27　电流值控制表

I1	I2	输出
L	L	$U_{REF}/（10R_E）=I_{OUT}$
H	L	$U_{REF}/（15R_E）=2I_{OUT}/3$
L	H	$U_{REF}/（30R_E）=I_{OUT}/3$
H	H	0

注：I1 和 I2 分别表示 IA1、IB1 和 IA2、IB2。

六、低压步进电动机驱动集成电路

　　FAIRCHILD SEMICONDUCTOR（快捷半导体公司）的 FAN8200/FAN8200D/FAN8200MTC 是一个为驱动两相低压步进电动机而设计的单片集成电路。内部由垂直 PNP 晶体管组成的两个 H 桥，每个 H 桥有各自独立的使能控制脚，因此它也能应用于其他电动机，例如直流电动机、线圈的驱动。

　　典型的应用例子有通用的低压步进电动机驱动、软盘驱动器、照相机步进电动机驱动器，PC 照相机（摄像头）或安全仪器运动控制器，数码照相机（DSC）双通道直流电动机驱动器，微处理器（MPU）通用功率驱动（缓冲）接口。

1. 特点

- 3.3V 和 5V MPU 接口；
- 双 H 桥驱动；
- 内部垂直 PNP 电力晶体管；
- 宽范围电源电压（U_{CC}：2.5 ～ 7.0V），连续输出电流能力 [I_O：0.65A（FAN8200）、0.4A（FAN8200D）、0.55A（FAN8200MTC）]；
- 低饱和电压 0.4V（0.4A）；
- 芯片中每个 H 桥有各自的使能端；
- 内部冲击电流保护；
- 内部过热关机（TSD）功能；
- 有三种封装方式可供选择：14-DIP-300（FAN8200），14-SOP-225（FAN8200D），14-TSSOP（FAN8200MTC）。

2. 引脚功能说明（见表 7-28）

表 7-28　FAN8200 引脚功能说明

引脚号	符号	功能说明	引脚号	符号	功能说明
1	V_{CC}	逻辑电源	8	PGND	功率地
2	CE1	使能 1	9	IN2	输入 2
3	OUT1	输出 1	10	OUT4	输出 4
4	V_{S1}	功率电源 1	11	V_{S2}	功率电源 2
5	OUT2	输出 2	12	OUT3	输出 3
6	IN1	输入 1	13	CE2	使能 2
7	SGND	信号地	14	PGND	功率地

3. 工作原理

FAN8200 系列内部电路框图如图 7-9 所示。

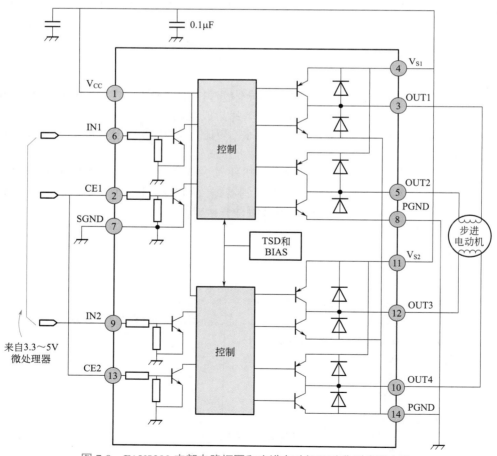

图 7-9　FAN8200 内部电路框图和步进电动机驱动典型应用电路

　　FAN8200 内部有两路完全相同的部分，它们都由有两个输入端（CE、IN）的控制部分和有两个输出端的 H 桥组成，各驱动一个绕组双向通电。还有一个共用的过热关机与偏置电路。如果结温超过 150℃，输出被禁止。H 桥输出有低饱和压降，0.4A 输出电流时总压降典型值是 0.4V，使该芯片能在低达 2.5V 的低压电源下正常工作。

　　这两路的控制完全是独立的，如表 7-29 所示的真值表。用 IN 输入逻辑电平控制输出电流方向。实际使用时，可将 CE1 和 CE2 脚连在一起，作为电动机启 / 停控制用：输入逻辑高电平，芯片使能，电动机启动；输入逻辑低电平，双 H 桥输出为高阻态，电流自然衰减，直到电动机停止。在图 7-10 所示的输入输出控制波形给出的是两相步进电动机整步通电方式的情况。每步都是有两相通电。

表 7-29　真值表

CE1	IN1	OUT1	OUT2	CE2	IN2	OUT3	OUT4
L	X	Z	Z	L	X	Z	Z
H	L	H	L	H	L	H	L
H	H	L	H	H	H	L	H

注：Z—高阻态。

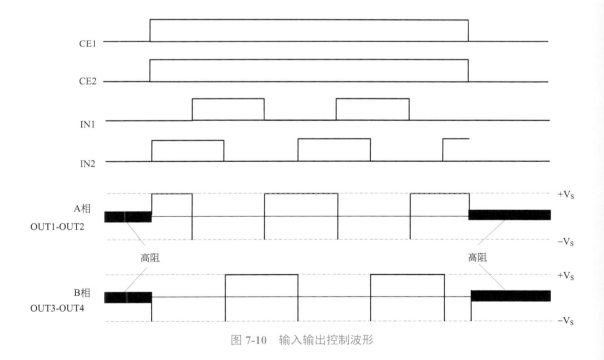

图 7-10　输入输出控制波形

4. 应用技术

　　FAN8200 双 H 桥可用于双直流电动机驱动，图 7-11 给出在数码照相机（DSC）应用的电路，它分别用来控制快门电动机和光圈电动机，使用 3.3V 或 5V 的低压电源，控制信号来自 3.3V 或 5V 的微处理器。

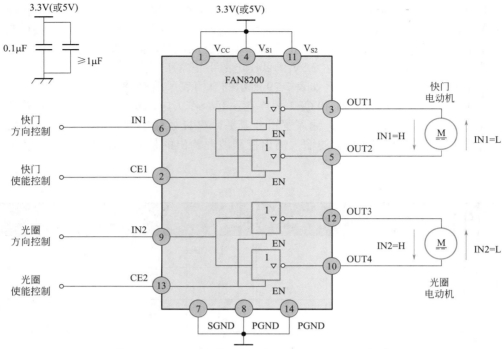

图 7-11　FAN8200 的驱动两个直流电动机的应用电路

七、微步距步进电动机控制集成电路

新日本无线电公司（JRC）的 NJU39612 是一个双 7bit 数 / 模转换器（DAC），和步进电动机驱动器（例如 NJM3777）一起用于微步距驱动集成电路。NJU39612 内有一组输入寄存器连接到一个 8bit 的数据口，容易和微处理器直接接口。两个寄存器用来存储 7bit 的 DAC 数据，第 8bit 为符号位。内部电路如图 7-12 所示。

1. 引脚功能说明（见表 7-30）

表 7-30　NJU39612 引脚功能说明

引脚号	符号	功能说明
1	V_{REF}	参考电压，正常为 2.5V（最大 3.0V）
2	DA_1	D/A1 电压输出，输出范围为 0.0V～（U_{REF}-1LSB）
3	$Sign_1$	符号 1，直接连接到 NJM377x 的 phase input，从输入的 D7 来
4	V_{DD}	逻辑电源电压 +5V
5	$\overline{WR}$	写输入到内部寄存器
6	D7	数据 7 输入
7	D6	数据 6 输入
8	D5	数据 5 输入

续表

引脚号	符号	功能说明
9	D4	数据 4 输入
10	D3	数据 3 输入
11	D2	数据 2 输入
12	D1	数据 1 输入
13	D0	数据 0 输入
14	A0	地址 0，输入选择数据传输，A0 低电平选择通道 1，A0 高电平选择通道 2
15	NC	空引脚
16	$\overline{CS}$	片选，低电平有效
17	V_{SS}	地
18	$Sign_2$	符号 2，直接连接到 NJM377x 的 phase input，从输入的 D7 来
19	DA_2	D/A2 电压输出，输出范围 0.0V ~（U_{REF}-1LSB）
20	RESET	复位，高电平复位内部寄存器

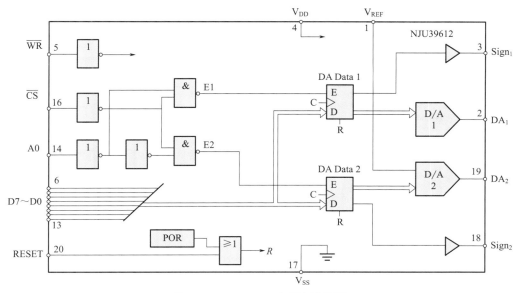

图 7-12　NJU39612 内部电路框图

2. 功能

NJU39612 的每个 DAC 通道包含一个寄存器和一个 D/A 转换器。Sign 符号输出为 NJM377x 产生 phase 信号，用来控制绕组电流方向。NJU39612 设计的数据总线接口和 6800、6801、6803、6808、6809、8051、8085、Z80 与其他的流行类型 8 位微处理器兼容。数据总线接口由 8bit 数据、写信号、片选择和两个地址引脚所组成。除了 RESET 复位信号外，所有的输入是 TTL 兼容的。地址脚控制数据转移到两个内部的 D 型寄存器。两个 D/A 转换器的输出分别是 DA_1 和 DA_2，它们的输入是内部数据总线 $Q61 \sim Q01$ 和 $Q62 \sim Q02$。内部数据总线接各自的 D 寄存器。在写信号正跳沿时数据被传送见表 7-31。NJU39612 有自动上电复位功能，当芯片通电时，自动将全部寄存器复位。

表 7-31　数据传输

片选 $\overline{CS}$	地址 A0	数据传输
0	0	$D7 \rightarrow Sign_1$，$(D6 \sim D0) \rightarrow (Q61 \sim Q01)$
0	1	$D7 \rightarrow Sign_2$，$(D6 \sim D0) \rightarrow (Q62 \sim Q02)$
1	X	不传输

实际可应用的微步距数由许多因素决定，例如数模转换器数据位数，转换器误差，可接受的转矩波动，单脉冲或双脉冲程序，电动机的电气、机械和磁特性等。在电动机能力方面也有许多限制，如电动机的运行性能、实际的摩擦力、转矩的线性程度等。因此，本芯片的电流值数字 128（2^7）并不就是实际可应用的微步数。

3. 应用技术

NJU39612 可以产生期望分辨率的微步距驱动，也可用于一般的整步、半步驱动方式。利用 NJU39612 组成微步距驱动系统的方案可分为无微处理器和有微处理器两种。

在没有微处理器的应用（见图 7-13）中，步进数据存储在 PROM 内，一个计数器（Counter）决定其地址。计数器输入的步（Step）和方向（Direction）信号是它的时钟（Clock）输入信号和加 / 减计数（Up/Down）信号。

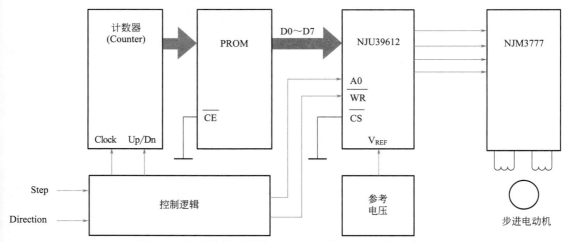

图 7-13　不用微处理器的 NJU39612 微步距驱动应用电路

在与一个微处理器接口的系统（见图 7-14）里，数据存储在 ROM/RAM 内，连续地计算每一步。NJU39612 像任何微处理器的外围设备一样被连接。所有与步进运动有关数据由微处理器专门设置。这个系统是理想的解决方案，它充分利用了微处理器的能力，而且费用低。

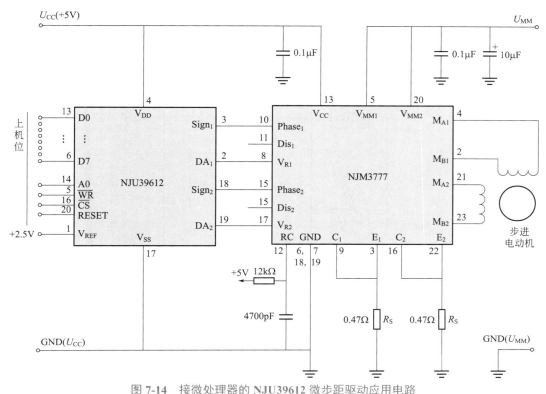

图 7-14　接微处理器的 NJU39612 微步距驱动应用电路

八、双 H 桥步进电动机驱动集成电路

ON Semiconductor 公司的 CS4161 和 CS8441 都是两相步进电动机驱动器。它们是为汽车里程表驱动应用设计的，也可用于类似的小型两相步进电动机驱动。它可选择两种工作模式：对应每转 8 个信号（模式 1）和 16 个信号（模式 2）。内部有两个 H 桥输出级，H 桥驱动能力为 85mA，推荐电源电压为 6.5 ~ 24V。内部逻辑顺序器的设计使上下桥臂不会同时发生导通。在芯片内部有钳位二极管对输出部分进行保护。

CS4161/CS8441 包括过电压和短路保护电路。它们的引脚是完全相同的，性能是相似的。但 CS4161 包括一个欠电压闭锁（UVLO）的附加功能，使输出级被禁止，直到电源电压恢复到 5.6V 以上，系统才返回正常。下面以 CS4161 为例说明。

1. 引脚功能说明（见表 7-32）

表 7-32　CS4161 引脚功能说明

引脚号	符号	功能说明	引脚号	符号	功能说明
1	GND	地	5	SELECT	两种工作模式选择
2	COILA+	输出级，接 A 相绕组	6	COILB-	输出级，接 B 相绕组
3	COILA-	输出级，接 A 相绕组	7	COILB+	输出级，接 B 相绕组
4	SENSOR	速度信号输入	8	V_{CC}	电源

2. 工作原理

CS4161 内部电路框图如图 7-15 所示。

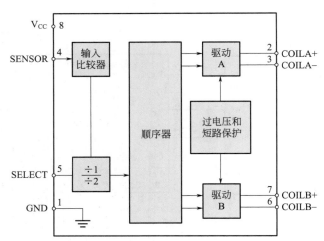

图 7-15　CS4161 内部电路框图

（1）SENSOR 速度传感器输入　　SENSOR 是一个 PNP 比较器输入端，它接收外面的正弦波或方波速度信号输入。这个输入具有对高于 U_{CC} 和低于地的电压的钳位保护。由于电路串接 100kΩ 电阻，使此输入端可承受 DC 150V 电压和 1.5mA（max）电流。

（2）SELECT 选择输入　　如图 7-15 所示，速度传感器输入频率被内部分频器分频，由 SELECT 脚的电平决定分频系数是 1 或 2：

逻辑 1—分频系数 1；

逻辑 0—分频系数 2。

由于本芯片中，步进电动机按准半步模式工作，即电动机转一转走 8 步，有 8 个状态，输入 8 个脉冲，如表 7-33 所示的状态表。

表 7-33　电动机的状态和绕组电流

状态	绕组 A 电流	绕组 B 电流	状态	绕组 A 电流	绕组 B 电流
0	+	+	4	−	−
1	OFF	+	5	OFF	−
2	−	+	6	+	−
3	−	OFF	7	+	OFF

3. 应用技术

如果按里程计应用电路接法（见图 7-16），取 SELECT=1（分频系数 =1）时，SENSOR 速度传感器输入信号 SS1 的 8 个脉冲跳沿对应于电动机 8 个状态（电动机转一转），如图 7-17 所示。

如果取 SELECT=0（分频系数 =2）时，SENSOR 速度传感器输入信号 SS1 的 16 个脉冲跳沿才对应于电动机 8 个状态（电动机转一转），如图 7-18 所示。

SELECT 的不同选择决定了车轮的转数和里程计示数会有不同的比例关系。

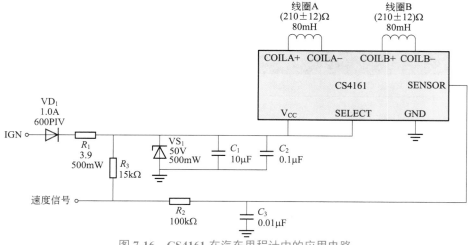

图 7-16　CS4161 在汽车里程计中的应用电路

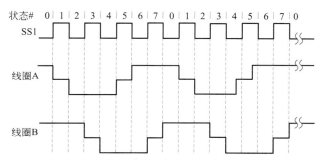

图 7-17　**SELECT**=1 时的两相电流与速度信号 **SS1** 关系

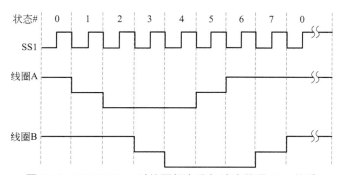

图 7-18　**SELECT**=0 时的两相电流与速度信号 **SS1** 关系

九、PWM 控制 DMOS 电动机驱动集成电路

　　STMicroelectronics 公司的 L6258 是利用 BCD 技术生产的双全桥电动机驱动器集成电路，可用于一个两相步进电动机双极性驱动或对两台直流电动机的双向控制。用少量外部元件，L6258 可组成一个完整的电动机控制和驱动电路。它以高效的 PWM 电流闭环控制，即使在最低的控制电流时，也能得到十分低的电流纹波，使得用这个芯片来驱动步进电动机和直流电动机都很理想。双 DMOS 全桥功率驱动级的工作电压达 34V，每相连续输出电流能力为 1.2A，峰值启动电流达 1.5A。如果芯片温度超过安全极限，过热保护电路使输出关闭。

1. 引脚功能说明（见表 7-34）

表 7-34　L6258 引脚功能说明

引脚号	符号	功能说明
1，36	PWR_GND	连接地，它们也用来导热到印制电路的铜板
2，17	PH_1，PH_2	TTL 兼容逻辑输入，设定流过负载的电流方向，高电平引起电流从 OUTA 到 OUTB 流动
3	I1_1	内部 DAC（1）的逻辑输入，DAC 的输出电压依照电流真值表是 U_{REF} 电压的一个百分数
4	I0_1	内部 DAC（1）的逻辑输入
5	OUT1A	功率桥（1）输出
6	DISABLE	使桥输出失能
7	TRI_CAP	接三角波发生器电容，电容值决定输出开关的频率
8	V_{CC}	（5V）逻辑电源
9	GND	功率地，接内部充电泵电路
10	VCP1	充电泵振荡器输出
11	VCP2	外接充电泵电容
12	V_{BOOT}	驱动高侧 DMOS 输入电压
13，31	V_s	输出级电源
14	OUT2A	功率桥（2）输出
15	I0_2	内部 DAC（2）的逻辑输入，DAC 的输出电压依照电流真值表是 U_{REF} 电压的一个百分数
16	I1_2	内部 DAC（2）的逻辑输入
18，19	PWR_GND	连接地，它们也用来导热到印制电路的铜板
20，35	SENSE2，SENSE1	跨导放大器负输入端
21	OUT2B	功率桥（2）输出
22	I3_2	内部 DAC（2）的逻辑输入
23	I2_2	内部 DAC（2）的逻辑输入
24	EA_OUT2	误差放大器（2）输出
25	EA_IN2	误差放大器（2）负输入端
26，28	V_{REF2}，V_{REF1}	内部 DAC 的参考电压，决定输出电流值。输出电流还取决于 DAC 的逻辑输入和检测电阻值
27	SIG_GND	信号地
29	EA_IN1	误差放大器（1）负输入端
30	EA_OUT1	误差放大器（1）输出
32	I2_1	内部 DAC（1）的逻辑输入
33	I3_1	内部 DAC（1）的逻辑输入
34	OUT1B	功率桥（1）输出

2. 工作原理

L6258 内部电路框图如图 7-19 所示。

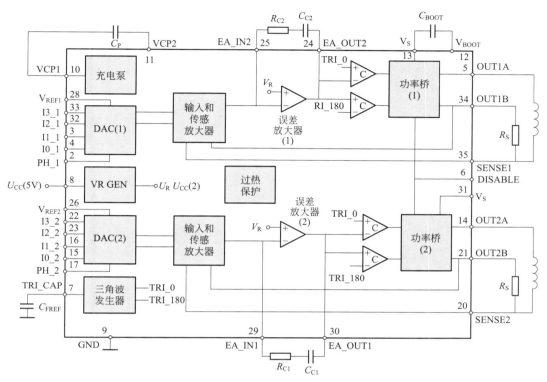

图 7-19　L6258 内部电路框图

　　L6258 的功率级是 DMOS 组成的 H 桥结构，桥输出电流是以开关方式进行控制的，如图 7-20 所示。在这个系统里，负载电流的方向和幅值由电流控制环的两个输出之间的相位和占空比来决定。在 L6258 中，每个 H 桥的输出 OUT_A 和 OUT_B 分别由其输入 IN_A 和 IN_B 控制：当输入是高电平时，输出被驱动到电源电压 U_S；当输入是低电平时，输出被驱动到地。如果 IN_A 和 IN_B 同相，且占空比为 50%，功率桥输出电流为零。在 H 桥三种输出开关情况和负载电流关系示意图（见图 7-21）表示了负载电流 I_{load} 分别为零、正、负的情况下，输出 OUT_A 和 OUT_B 占空比的变化。

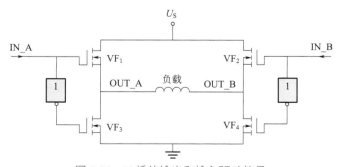

图 7-20　H 桥的输出和输入驱动信号

301

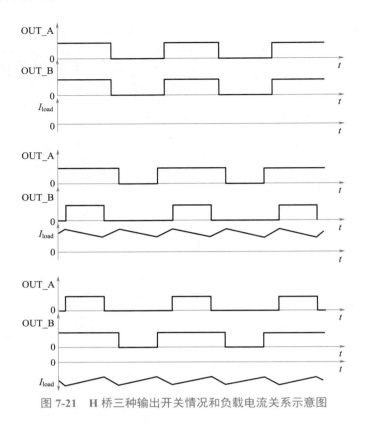

图 7-21　H 桥三种输出开关情况和负载电流关系示意图

为了实现微步距功能，电流精确控制是必需的，为此在 L6258 里，电流控制环是关键部分如图 7-22 所示。该电路由 DAC、输入跨导放大器、传感跨导放大器、误差放大器、功率桥、电流传感电阻组成。从上位机输入的信号包括 U_{REF}、I0、I1、I2、I3、PH。

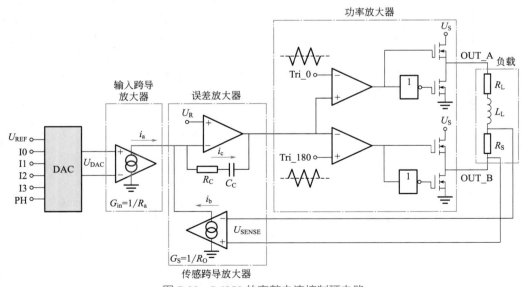

图 7-22　L6258 的完整电流控制环电路

❶ 参考电压 U_{REF}　施加于 U_{REF} 脚的电压是内部 DAC 的参考电压，它和传感电阻 R_S 一

起依照下式关系决定了流进电动机绕组内电流的最大值：

$$I_{max} = \frac{0.5U_{REF}}{R_S}$$

❷ 逻辑输入（I0、I1、I2、I3） 它们决定负载电流的实际值系数，见表 7-35。负载电流等于最大值和系数的乘积。

表 7-35 电流实际值系数表

I3	I2	I1	I0	系数（%）	I3	I2	I1	I0	系数（%）
H	H	H	H	0	L	H	H	H	71.4
H	H	H	L	9.5	L	H	H	L	77.8
H	H	L	H	19.1	L	H	L	H	82.5
H	H	L	L	28.6	L	H	L	L	88.9
H	L	H	H	38.1	L	L	H	H	92.1
H	L	H	L	47.6	L	L	H	L	95.2
H	L	L	H	55.6	L	L	L	H	98.4
H	L	L	L	63.5	L	L	L	L	100

❸ 相输入（PH） 逻辑输入，其电平设定流过负载的电流方向，高电平引起电流从 OUT_A 到 OUT_B 流动。

❹ 电流控制环和调制波的产生 为了控制电流，用一个检测电阻和电动机绕组串联，其上产生的反馈电压经传感跨导放大器后产生了反映绕组电流的信号，它在误差放大器中和 DAC 来的电流作指令信号比较。误差放大器输出在两个比较器中与两个三角波比较得到 OUT_A 和 OUT_B 调制波输出，如图 7-23 所示。这两个作为参考的三角波 Tri_0 和 Tri_180 有相同的幅值 U_r，相位差为 180°。两个参考三角波分别接第一个比较器的反相输入端和第二个比较器的同相输入端。比较器的另外两个输入端一起连接到误差放大器输出。三角波的频率决定输出的开关频率，它可由在 TR1_CAP 脚连接的电容来调整。

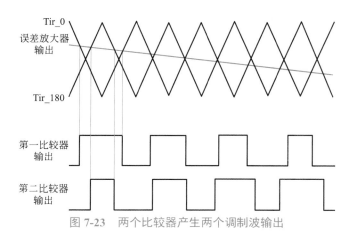

图 7-23 两个比较器产生两个调制波输出

为了让芯片系统能适应不同的电特性的电动机，它具有一定的柔性，误差放大器的输出（EA_OUT）和反相输入端之间可外接 RC 补偿网络，用来调整电流控制环的增益和带宽。

❺ 充电泵电路 为了保证高侧 DMOS 的正确驱动，用充电泵电路方法在 V_{BOOT} 脚提供一个相对高于电源 U_S 的自举电压。它需要两个外接电容：一个连接到内部振荡器的 CP 脚的电容和另一个连接到 C_{BOOT} 的蓄能电容，推荐值分别为 10nF 和 100nF。

3. 应用技术

步进电动机典型应用电路如图 7-24 所示。

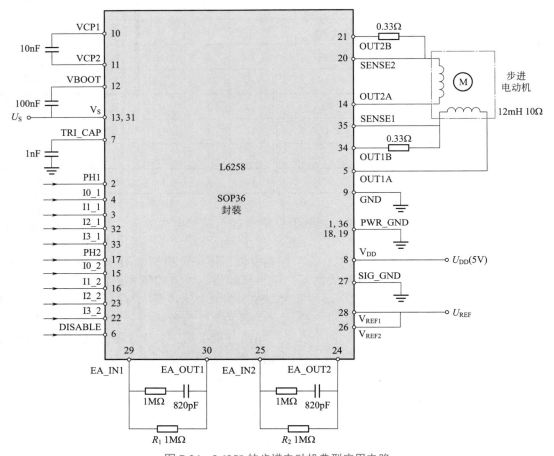

图 7-24　L6258 的步进电动机典型应用电路

由于电路是开关模式操作，为了减少配线的电感效应，一个好的电容器（100nF）接在电源线（13、31）和功率地（1、36、18、19）之间，吸收部分电感能量。在逻辑电源和地之间也需接一个 100nF 的去耦电容。检测电阻最好是无感的，使用几个相同数值金属膜电阻并联是一种实际有效方法。检测电阻和 SENSE_A、SENSE_B 端的引线应尽可能短。

由上位机的接口信号 PH、I0、I1、I2、I3 设置步进电动机工作于整步、半步、微步距方式。这里，给出一个 64 微步距的例子（见图 7-25）。微步距控制得到接近正弦和余弦函数的两相驱动电流，使电动机得到均匀的微步。

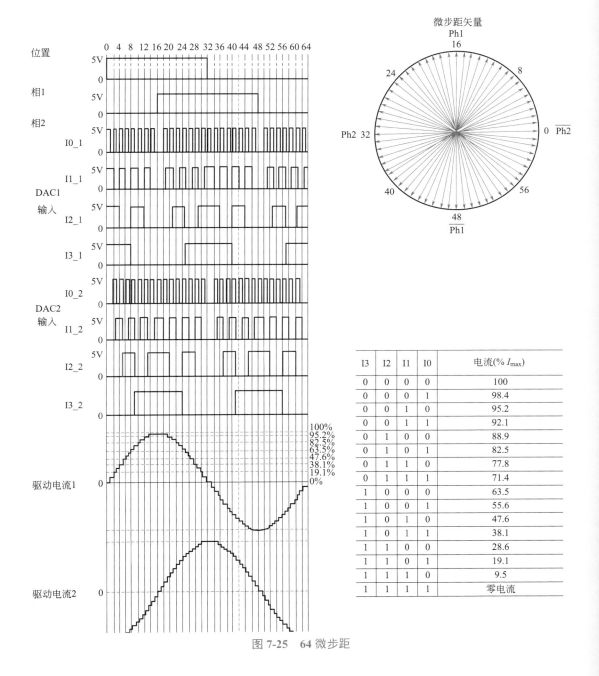

图 7-25　64 微步距

I3	I2	I1	I0	电流(% I_{max})
0	0	0	0	100
0	0	0	1	98.4
0	0	1	0	95.2
0	0	1	1	92.1
0	1	0	0	88.9
0	1	0	1	82.5
0	1	1	0	77.8
0	1	1	1	71.4
1	0	0	0	63.5
1	0	0	1	55.6
1	0	1	0	47.6
1	0	1	1	38.1
1	1	0	0	28.6
1	1	0	1	19.1
1	1	1	0	9.5
1	1	1	1	零电流

十、直流伺服电动机驱动集成电路

MOTOROLA 公司生产的 MC33030 是一种适用于微型直流伺服电动机闭环位置控制和速度控制的单片专用集成电路。它包括了从接收反馈输入信号的误差放大器和参考输入端，直至末级 H 桥功率放大器，过电流和过电压保护在内的完整电路，只要少量外围元器件即可构成整个系统，实现对直流伺服电动机四象限开关式控制。如图 7-26 所示。

MC33030 具有以下功能：片上反馈监测误差放大器、窗口探测器盲区和自我为中心。

参考输入：驱动/制动逻辑记忆与方向，1.0A 电源 H 型开关，可编程的过电流检测，可编程的过电流关断延迟，过压关断。MC33030 自带 H 桥电路，但驱动能力不足，所以外接由分立构成的 H 桥电路。

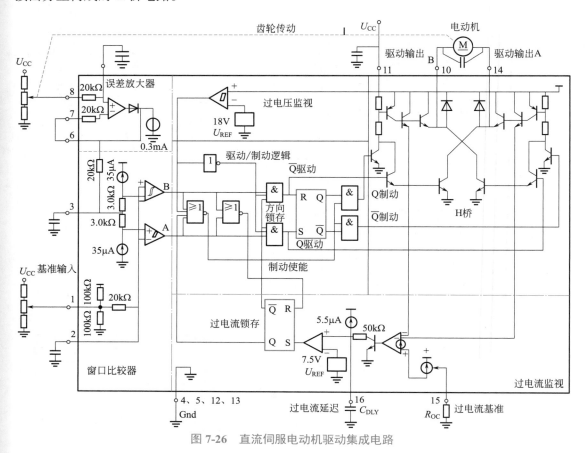

图 7-26　直流伺服电动机驱动集成电路

第二节　伺服/步进电动机驱动器电路

一、通用 40V40A 步进电动机驱动器电路

步进电动机驱动器由功放板、控制板两块电路板组成，功放板电路图见图 7-27，控制板电路原理图见图 7-28。从接线端子 J11 接入的 24 ~ 40V 直流电源经过熔断管后分为两部分，一部分为输出电路供电，一部分经过三端稳压电源 U1、U2、U3 产生控制用的 +15V、+5V 两种电源。U1 的输出为 +24V，对外没有用到，但 7824 三端稳压电源有较高的 40V 的输入耐压。增加 U1，是为了减小 U2 的功耗，同时解决 7815 三端稳压电源的输入耐压只有 35V，低于最高的电源电压的问题。

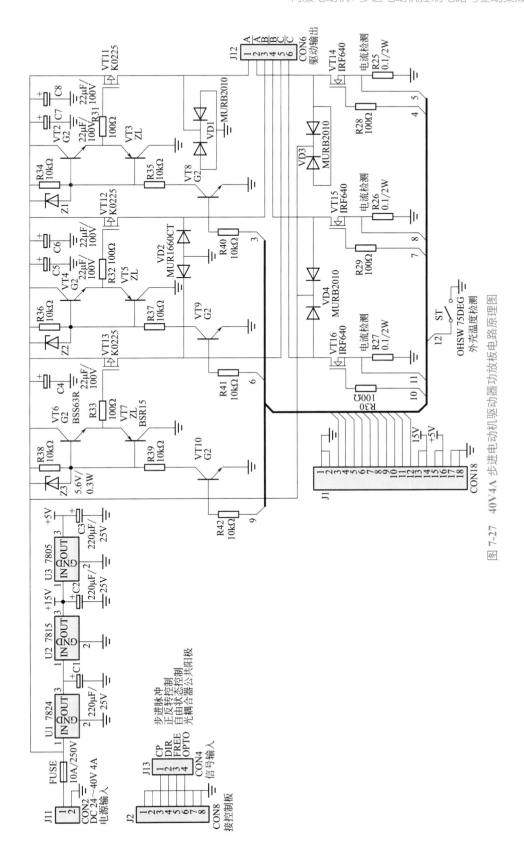

图 7-27 40V 4A 步进电动机驱动器功放板电路原理图

J12 接步进电动机的三相绕组的六个端子，J11#1、#2 接 A 相绕组的首端和尾端，J11#3、#4 接 B 相绕组的首端和尾端，J11#5、#6 接 C 相绕组的首端和尾端。当 A 相绕组需要通电时，VT11、VT14 同时导通，由于绕组为电感，故 A 相绕组的电流近似呈直线上升。通过 R_{25} 对该电流取样检测。当电流达到设定最大值时，VT11、VT14 同时关断，负载电感的感生电压使续流二极管 VD1、VD3 导通，电感通过续流二极管对电源释放存储的能量，电感的电流和开通时相似直线下降。由于电源较高，故电流下较快。经过一定时间 VT11、VT14 又同时导通，VT11、VT14 如此反复通断，A 相绕组的电流会在设定值附近小幅度波动，近似为恒流驱动。当 A 相绕组需要断电时，VT11、VT14 同时关断，不再导通。这种开关恒流驱动方式效率高，电流脉冲的前后沿很陡，符合步进电动机绕组电流波形的要求。VT14 的驱动信号为 0 ~ 15V 的矩形波，R28 为防振电阻，防止 VT14 的绝缘栅电容和栅极导线电感组成的 LC 电路在矩形波驱动信号的前后沿产生寄生振荡，增加 VT14 的损耗。VT11 是 P 沟道绝缘栅场效应管，驱动信号要求是相对于电源的 0 ~ 15V，即和电源电压相等时关端，比电源电压低 15V 时导通。

由于从控制电路来的控制信号是以低为参考的，所以控制信号需要电位偏移。VT8 的基极的驱动信号为 0 ~ 5V 的与 VT13 同步的矩形波，当 VT8 的电压基极为 0V 时，VT8 截止集电极电流为零，R34 无电流流过，VT2、VT3 的基极电压与电源电压相等，VT2 可以导通，VT3 不会导通，VT11 栅极和电源电压相等，栅极和源极的电压差为 0V，VT11 截止。当 VT8 的电压基极为 5V 时，VT8 导通，R34、R35 有电流流过，VT2、VT3 的基极电压降低，由于稳压二极管 Z1 的反向击穿，VT2、VT3 的基极电压比电源电压低，Z1 击穿电压即低 15V，VT3 可以导通，VT2 不会导通，VT11 栅极电压比电源电压即源极电压低 15V，VT11 导通。另外两路绕组的驱动电路工作原理相同。本电路用绝缘栅场效应管（MOSFET）作功率开关管，可以工作在很高的开关频率上。续流二极管用肖特基二极管，有很短的恢复时间。ST 为温度开关，当温度高于极限值时断开，作为过热指示和保护的依据。

连接器 J1 与主控板，有三路高边驱动、三路低边驱动、三路电流检测、两路电源和地线。J13 为外接控制线，CP 是步进脉冲，平时为 +5V 高电压，每一个 0V 的脉冲，步进电动机转一步。DIR 为正反转控制，+5V 时为正转，0V 为反转。FREE 为自由状态控制，平时为 +5V，0V 时步进电动机处于自由状态，任何绕组都不通电，转子可以自由转动，这和停止状态不同，停止状态有一相或两绕组通电，转子不能自由转动。OPTO 为隔离驱动光电耦合器的公共阳极，接 +5V 电源。这些驱动信号经过 J2 到主控板。

主控板的核心是 U1，U1 是复杂可编程逻辑器件（CPLD），与单片机、数字信号处理器（DSP）比速度要高很多，在 10ns 的数量级，适合于高速脉冲控制。U1#8 为外壳过热检测输入端，同时也是故障指示输出端，低电压表示有故障，外接的红色指示灯亮。外壳过热检测线高电压表示过热，该信号经过非门 U5C 反相接到 U1，R46 是上拉电阻，过热检测开关过热断开时，该线被拉成高电压，而不是悬空的高阻状态，U5C 是 CMOS 型集成电路，输入端是绝缘栅，不得悬空。U1#5、#6、#40 分别是正反转控制、自由状态控制、步进脉冲，都经过了光电耦合器隔离。正反转控制、步进脉冲还经过了非门 U5B、U5A 倒相。U1#37 是工作时钟，时钟振荡器由 U5F、R7、C11 组成，U5E 提高振荡器的驱动能力。U5F 是有回差的反相器（施密特触发器），利用正负翻转的输入电压的回差和 R7、C11 的充放电延时组成振荡器。U1#39 为复位输入端，低电压有效。开机上电时，由于电容 C 没充电，电容电压是 0V，U1 内部的状态为规定的初始状态。随着 R9 对 C 的充电，经过几百毫秒，电压变高，复位完成，U1 开始以复位状态为起点正常工作。U1#1、U1#32、U1#26、U1#7 组成边界检

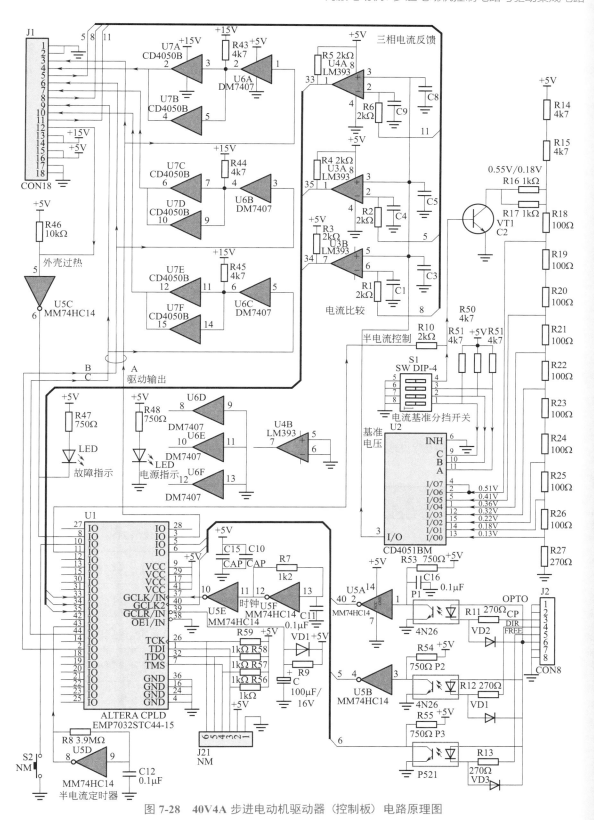

图 7-28　40V4A 步进电动机驱动器（控制板）电路原理图

测接口，通过串行总线用专业设备检测和对 U1 的在系统编程。U1#3、U1#2、U1#44 分别为三相脉宽调制（PWM）驱动信号。这三路信号直接输出驱动低边的三个输出场效应管。这三路信号还经过集电极开路的同相门 U6 将 0 ～ 5V 的信号变换为 0 ～ 15V，R43 ～ R45 是集电极供电电阻。

二、松下 MSD5A3P1E/MSD6A3P1E 交流伺服驱动器电路

本驱动器电源为三相 200V、60Hz 交流电源，配用电动机为 50W，编码盘为 2500 脉冲/转（p/r）的编码器，上位机与控制器用 26 线连接器 I/F 和 RS-232 串行接口 SER 连接，编码器接 SIG 接口。

松下 AC 伺服驱动器接口：面板连接器见图 7-29。典型应用接线见图 7-30。

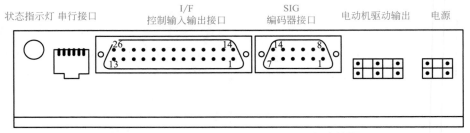

图 7-29　MSD5A3P1E/MSD6A3P1E 面板连接器

1. 松下 AC 伺服驱动器接口

CN2 I/F 各引脚的功能见表 7-36。

表 7-36　CN2 I/F 各引脚的功能

引脚号	符号	名称	典型连接
1	COM+	控制信号供电	12 ～ 24V+
2	SRV-ON	伺服开输入	开关常开接 COM–
3	A-CLR	报警清除输入	开关常开接 COM–
4	CL	计数器清零输入	开关常开接 COM–
5	GAIN	增益开关输入选择二次增益	开关常开接 COM–
6	DIV	控制分频开关输入选择二次倍率	开关常开接 COM–
7	CWL	正转驱动禁止输入	开关常闭接 COM–
8	CCWL	反转驱动禁止输入	开关常闭接 COM–
9	ALM	伺服报警输出	继电器线圈（＜ 50mA）接 COM+

续表

引脚号	符号	名称	典型连接
10	COIN	达到位置信号输出	继电器线圈（＜ 50mA）接 COM+
11	SP	速度指示信号输出	4.7kΩ
12	IM	转矩指示信号输出	4.7kΩ
13	COM−	控制信号供电	12 ～ 24V−
14	GND	12 ～ 20 线的屏蔽	
15	OA+	A 相差动输出 +	330Ω 负载
16	OA−	A 相差动输出 −	
17	OB+	B 相差动输出 +	330Ω 负载
18	OB−	B 相差动输出 −	
19	OZ+	Z 相差动输出 +	330Ω 负载
20	OZ−	Z 相差动输出 −	
21	CZ	Z 相输出零相位输出	（集电极开路，30V、15mA）外接 LED
22	CW+	顺时针脉冲输入 +	命令脉冲串差动输入
23	CW−	顺时针脉冲输入 −	
24	CCW+	逆时针脉冲输入 +	命令脉冲串差动输入
25	CCW−	逆时针脉冲输入 −	
26	FG	外壳地	

CN1 SER　编程串行接口，RS-232 标准，有 RX、TX、GND 三条信号线。
CN3 SIG　编码器接口，有差动输入的两条信号线和两条电源线。

2. 状态指示

状态指示灯，只有一个双色发光二极管指示灯，单独发光分别为绿和红，同时发光为黄。
绿长亮：电源开。
黄闪亮：亮 1s 灭 1s，表示故障代码的开始，连续闪亮次数代表故障代码的十位数。
红闪亮：亮 0.5s 灭 0.5s，连续闪亮次数代表故障代码的个位数。
例如：黄亮 1s、黄灭 1s，红亮 0.5s、红灭 0.5s 红共闪亮 6 次灭 6 次，最后灭 2s，再循环，黄亮 1 次，红亮 6 次，表示故障代码是 16，是过载报警。

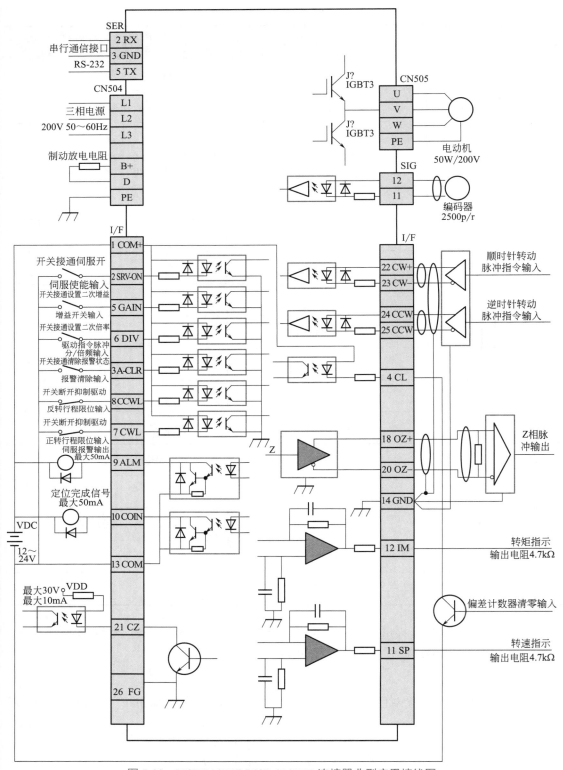

图 7-30 **MSD5A3P1E/MSD6A3P1E** 连接器典型应用接线图

常见故障代码：

> 11：电源电压低；
>
> 12：电源电压高；
>
> 14：过电流或对地漏电保护；
>
> 15：内部过热保护；
>
> 16：过载；
>
> 18：再生放电保护；
>
> 21：编码盘连接错误保护；
>
> 23：编码盘连接数据错误保护；
>
> 24：位置超过保护；
>
> 26：超速保护；
>
> 27：控制脉冲倍率错误保护；
>
> 29：距离计数脉冲丢失（打滑）保护；
>
> 34：软件限制；
>
> 36：EEPROM 校验码错误；
>
> 37：EEPROM 校验码错误；
>
> 38：超行程禁止保护；
>
> 44：绝对编码盘的一环计数器错误保护；
>
> 45：绝对编码盘的多环计数器错误保护；
>
> 48：编码盘 Z 相错误保护；
>
> 49：编码盘 CS 信号错误保护；
>
> 95：电动机自动识别错误保护。

3. 电路原理

内有三块电路板：主控板、驱动板、功率板，功率板采用散热良好的金属电路板。驱动板的连接器 CN501、CN502 分别与功率板的连接器 CN1、CN2 连接，驱动板的 CN503 与主控板的 CN4 连接。

（1）功率板与驱动板电路原理　如图 7-31 所示，功率板主要由 VD1 ～ VD6 组成的三相电源的桥式整流电路、QN1 ～ QN6 等组成的三相 SPWM 输出的六个 IGBT 组成的桥式电路、开关电源的开关管 QN7，这些都是功率较大电路。驱动板为连接弱信号控制部分与高电压的功率板。

CN504 为外接电源连接器，CN504#6、#8、#10 接三相 200V、60Hz 交流电源，#1 接保护地，#3、#5 外接制动电阻，压敏电阻 ZNR504、放电管 DSA501，可以释放瞬时高电压脉冲，保护内部电路。电容 C554、C555、C556 滤掉交流电源对内部的干扰和对外部交流电源的干扰。三相交流电源的 U 相经过连接器 CN502、CN2 的 27 ～ 30 线，V、W 相分别经过连接器 CN501、CN1 的 1 ～ 4 线、7 ～ 10 线到功率板，每相都用四线可以适合大电流，不同相之间用空线加大间隔提高绝缘强度。三相电源经过 VD1 ～ VD6 六个双二极管整流为直流电作为主电源 U_b，正极经过连接器 CN2#1 ～ #4、CN502#1 ～ #4 到驱动板连接滤波电容 C520、C521 和 CN504 外接的制动电阻，还有开关变压器 TR501#2，负极即地经过 CN1#13 ～ #16、CN501#13 ～ #16 到驱动板，其中 #13#15#16 为滤波电容负极，#14 为信号

313

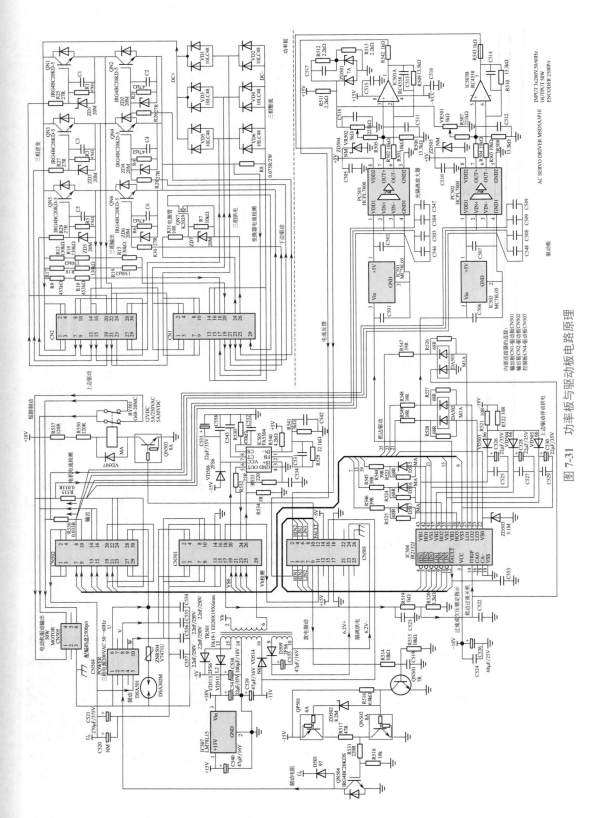

图7-31 功率板与驱动板电路原理

地。六个 IGBT 管 QN1～QN6 将主电源逆变成 SPWM 的交流电从连接器 CN2#8#10、#14#16、#22#23#24 到连接器 CN502，再通过电流取样电阻 R535、R536 到电动机连接器 CN505。逆变管的高边的 QN1、QN3、QN5 的集电极接主电源正极，低边的 QN2、QN4、QN6 的发射极经过变换器电流检测电阻 R8 接主电源负极，R8 电阻的电流取样电压经过 CN1#17、CN501#17 到驱动电路 IC504#14，过电流时 IC504 内部会断开驱动信号。低边的三个 IGBT 的驱动信号从 CN1#19、#21、#23、#25 接入，#19 接发射极公共端，其余三线分别接三个门极。高边的三个 IGBT 的驱动信号从 CN2#7#9、#13#15、#19#21 接入，由于三个发射极电压是随输出浮动的，没有公共端，因此高边的三个 IGBT 的驱动信号都是浮动的差动信号驱动的。每个 IGBT 的门极和发射极之间都有稳压二极管、电阻、电容，稳压二极管用于保护门极内的绝缘栅，电阻、电容提高抗干扰能力，即使连接器断开时门极也不会感应高电压。

　　驱动板的 TR501、IC505、IC507 和功率板的 QN7 等组成开关稳压电源。TR501#6 经过 CN501#29、CN1#29 接功率板的电源开关管 QN7 的漏极，QN7 的源极经过 CN1#26、CN501#26 到驱动板的电流取样电阻 R534，IC505 是开关电源 PWM 控制电路，内部框图见图 7-32，IC505#5 为驱动 PWM 输出，该输出经过 CN501#24、CN1#24 到功率板的 QN7 的栅极，控制 QN7 的通断，该电源为反激式开关电源，当 QN7 断电时，TR501 的二次侧通过二极管对滤波电容充电、对负载供电。VD513、C538 整流滤波产生 +5V，为控制弱信号供电，VD514、C539 产生 -15V，为运算放大器等提供正电源，VD511、C541 产生 +18V，为驱动电路供电，+18V 再经过三端稳压电路 IC507 产生 +15V，为运算放大器等提供负电源，VD509、C535 产生的 6.2V 为主控板的控制器接口的电路隔离供电。为了稳定输出电压，+5V 电压反馈到 IC505#1 的误差放大器的输入端，与内部的基准电压比较，控制开关管 QN7 的通断电时间比例，调节输出电压。IC505 为电源端，启动前主电源通过功率板的 R13～R15、R17～R19，连接器 CN1#20、CN501#20 供电，启动后用 +15V 经过 VD506 供电。CN501# 2 为误差放大器的输出端外接放大倍数电阻和频率补偿电容，CN501# 为开关管电流检测输入端，CN501#7#8 为振荡器外接电阻电容，决定开关电源的工作频率。

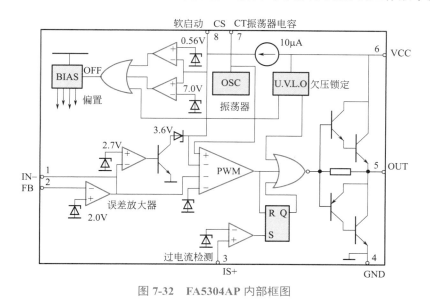

图 7-32　FA5304AP 内部框图

　　IC504 为三相 PWM 电路的专用驱动电路，内部框图如图 7-33 所示。内部有低边的三路

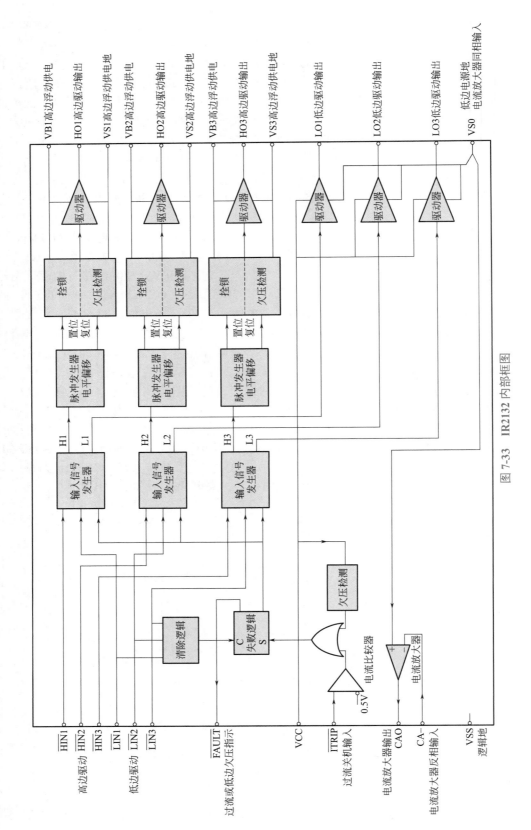

图7-33 IR2132 内部框图

普通驱动电路，有高边三路的高耐压的恒流驱动浮动输出电路，没有用光电耦合器浮动驱动。从主控板来的通过 CN503#6、#7、#8 接入的低边驱动信号，进入 IC504#8、#9、#10，经过 IC504 处理后从 IC504#25、#24、#23 输出，驱动功率板的低边的三个 IGBT 管，IC504#22 的 VS0 为驱动信号的公共端，该端由 ZD503 决定了比地高出 5V，这样可以使 IGBT 的门极、发射极间反压关断。

从主控板来的通过 CN503#3、#4、#5 接入的高边驱动信号，进入 IC504#4、#5、#6，经过 IC504 处理后从 IC504#42、#41 输出高边第一路驱动，HO1、HO2、HO3 分别为三路驱动的信号端，分别接三个高边 IGBT 的门极，VS1、VS2、VS3 分别接三个高边 IGBT 的发射极，为三路驱动的信号的参考端。每路驱动都是双线差动驱动。VB1、VB2、VB3 分别为三路驱动输出电路的浮动供电端，用 +18V 电源分别通过 VD503、VD504、VD505，对应为电容 C526、C528、C530 储电，再为内部供电。SPWM 驱动电路正常工作时三个高边 IGBT 的发射极会被对应的低边 IGBT 轮番接地，例如，当 QN2 导通时，QN1 的发射极接地，对应的 VS1 的 C526、C525 电容接地，+18V 电源通过 VD503 将 C526、C525 充电到 18V。当 QN1 导通，QN2 截止时，QN1 的发射极电压为主供电 Vb，即对应的 VS1 的 C526、C525 电容接 Vb，电容的正极电压比 Vb 高出 +18V，VD503 承受反向的 Vb，VB1 仍比 VS 高出 18V，驱动电路得到了浮动供电。另外两路原理相同。每路驱动输出都串联了二极管与电阻的并联电路，这可以使 IGBT 开通时间很短，关断时间较长。VD503 ～ VD505 要用快恢复、高耐压的二极管。

从低边三个 IGBT 发射极电流取样电阻来的电流信号，经过 CN1#17、CN501#17、电阻 R519 和 R520 分压，接到 IC504#14，作为低边过电流关断 SPWM 驱动信号的保护依据。IC504#12 输出过电流或驱动电源欠压指示信号，该信号经过 CN503#12 到主控板。

CN503#9 为制动信号，从主控板制动信号经过 QN501 放大，QP501、QN502 驱动制动开关管 QN504，如果 QN504 导通，外接制动电阻接到主电源 Vb 的正负极之间，对电源放电，防止电动机转速过高发电引起主滤波电容电压升高。CN503#10 也为制动信号，制动时高电压，继电器 RY501 吸合，将电动机三相绕组短路，电动机惯性转动发电，又被短路，实现快速停止。

电动机驱动的三相电源的两相串联了电流取样电阻 R535、R536，电阻两端的电压差代表输出到电动机的电流，该电压差信号经过光隔离放大器 PC501、PC502 放大，再经过双运算放大器 IC503 反相放大，到连接器 CN503#1#2，到主控板。由于取样电阻的电压对地有很大浮动，即有很大的共模电压，因此采用了隔离差动放大。输入信号线采用了双侧屏蔽，减小干扰。隔离的输入输出两部分的电源也是隔离的，前端的电源用了高边驱动电源经过 IC501、IC502 稳压的 5V 电源。VR502、VR503 为 IC503 的调零电位器，确保输入为 0V 时输出也为 0V。C511 ～ C514 起低通滤波作用。

（2）主控板电路原理　主控板电路原理见图 7-34、图 7-35，IC1、IC2 为控制微处理器，MCUBUS 为处理器的数据用总线，CNTBUS 为控制用总线。IC4 有复位功能的电可擦可编程只读存储器（EEPROM），为 IC2 提供复位信号，内部框图见图 7-36，在开机上电时，RESET 为高电压，为 IC2 复位，经过几百毫秒再变为低电压，复位完成，处理器开始执行程序。IC4 内存储的数据是生产厂和用户的各项设置，通过串行总线 DO、DI、RD、SCK、CS 与 IC2 传送数据。IC6 也是复位电路，为 IC1 提供复位，C31 为复位电容，该电容的充电时间决定复位时间。IC1#86 为内部模数转换器的基准电源，IC1#87 为主电源 Vb 电压检测，是模数转换器的输入端。

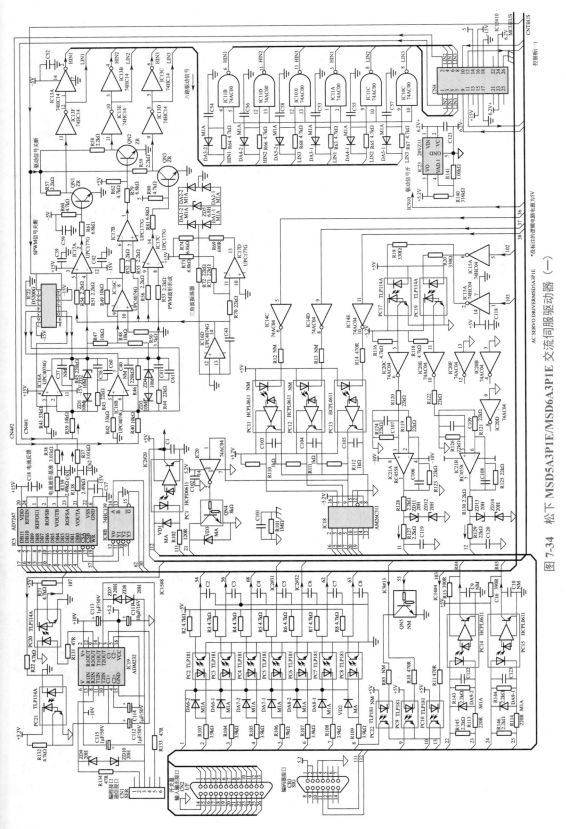

图 7-34 松下 MSD5A3P1E/MSD6A3P1E 交流伺服驱动器（一）

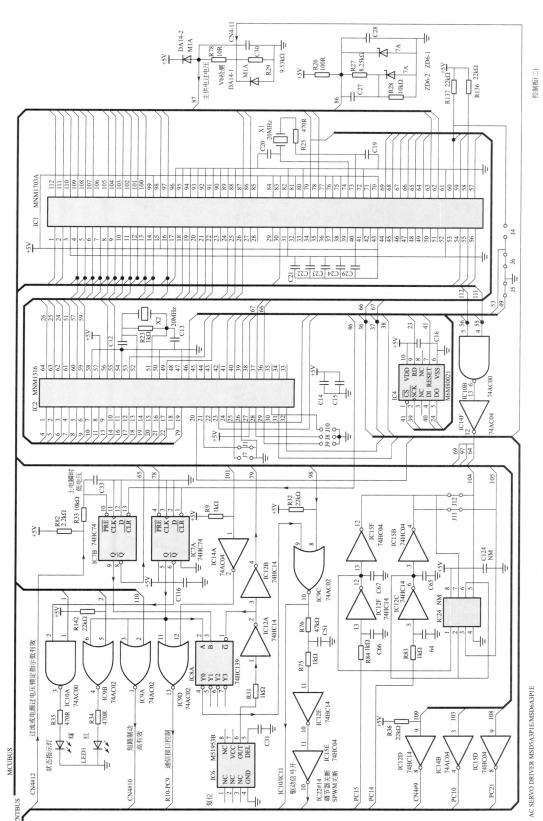

图 7-35 松下 MSD5A3P1E/MSD6A3P1E 交流伺服驱动器（二）

AC SERVO DRIVER MSD5A3P1E/MSD6A3P1E

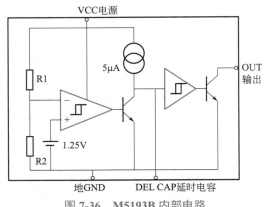

图 7-36 M5193B 内部电路

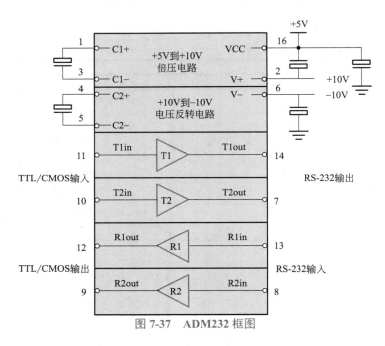

图 7-37 ADM232 框图

IC7B 为双 D 触发器，由于数据输入端 D 和时钟端 CLK 都接地，故两个都接成了 RS 触发器。开机上电时 IC2#46 低电压通过 $\overline{\text{CLR}}$ 对这两个触发器复位，复位后同相输出端 Q 为低电压，反相输出端 $\overline{\text{Q}}$ 为高电压。对于 IC7B，置位端 RPE 接过电流和驱动欠电压信号，过电流或驱动欠电压时为低电压，IC7B#9 的 Q 为高电压，$\overline{\text{Q}}$ 为低电压，前者用于关断驱动信号和 SPWM 发生器，后者送到 IC1#65 故障检测信号。

对于 IC7A，置位端 RPE 接 IC1#78，复位端 $\overline{\text{CLR}}$ IC2#46，两线共同控制其输出，其输出用于控制状态指示灯的发光、闪动，控制电动机的短路制动和通信接口。当 IC7A#5 的 Q 为高电压时，关断 LED1 内的红色指示灯，关断电动机的短路制动，通过光电耦合器 PC9 使通信口 CN2#9 与 CN2#13 连接，$\overline{\text{Q}}$ 的低电压使 LED1 内的绿色指示灯亮，IC7A#5 的 Q 为高电压说明 IC1 判断为有故障。当 IC7A#5 的 Q 为低电压时，LED1 内的红色指示灯受 IC1#2 的控制，低电压时亮，电动机的短路制动受 IC1#110 的控制，低电压时制动，通信口 CN2#9 与 CN2#13 是否连接，受 IC1#101 的控制，高电压时不连接，当出现报警时驱动外接继电器，$\overline{\text{Q}}$ 的高电压使 LED1 内的绿色指示灯受 IC1#1 的控制，低电压时亮。

IC8A 是译码器，BA 两位二进制数输入使四个 Y 输出端的一个为 0，当 BA=00 时，Y0 为 0，即 Y0 输出低电压，其他输入时 Y0 为高电压。当时 Y0 为高电压时，或非门 IC9C#10 输出低电压，通过 IC10、IC11 关断六路驱动信号，IC9C#10 输出的低电压还通过非门 IC12E、IC15E 关断 SPWM 信号发生器。当 Y0 输出低电压，六路驱动信号和 SPWM 信号发生器是否关断受 IC1#98 的控制，高电压时关断。IC8A#1 是使能端，低电压有效，复位完成后 IC6、IC12A 使其一直有效。可见除了 IC1#98 关断六路驱动信号和 SPWM 信号发生器外，过电流、驱动欠压、IC7A 使红灯亮、制动、CN2#9 与 CN2#13 连接的任何一种情况也会关断六路驱动信号和 SPWM 信号发生器。LED1 是双色发光二极管，可以发红色、绿色、黄色（红色、绿色同时发光），通过发光颜色、不同颜色的闪动次数指示工作状态。

通信接口 CN2#22#23 和 CN2#24#25 是两路控制数据差动信号输入，通过高速光电耦合器 PC14、PC15 和非门 IC12C、IC12F、IC15B、IC15F 分别接 IC1#104#105。IC1#109 通过非门 IC12D 反相后到驱动板，控制制动电阻，IC1#109 低电压时制动电阻为主电源放电。IC1#103 通过非门 IC14B 反相后，通过光电耦合器 PC10 将 CN2#10#13 连接，IC1#103 高电压时连接，当速度达到一定值时驱动外接继电器。IC1#108 通过非门 IC15D 反相后，通过高速光电耦合器 PC21 输出串行数据，IC1#107 从高速光电耦合器 PC20 输入串行数据，双向的串行数据经过 IC19 转换成 RS-232 标准电平信号，通过串行接口 CN1 和外部控制器通信。IC19 是 RS-232 电平转换专用电路 ADM232，内部框图见图 7-37。内有将 +5V 电源转换成 +10V 和 -10V 的电源变换器，C112、C114 是升压电容，C111、C113、C115 是电源滤波电容，稳压二极管 DZ7 ～ DZ10 对输入输出信号限幅，限制在 ±10V 范围内。

接口 CN2 外接控制计算机或 PLC 等，#1 为接口电源 12 ～ 24V 的正极，#13 为接口电源 12 ～ 24V 的负极。#2 ～ #8 为开关量控制输入，分别通过光电耦合器 PC2 ～ PC8 接 IC1、IC2。#9 ～ #12 为开关量控制输出。#15 ～ #20 为增量编码盘信号的 A、B、Z 三路脉冲差动信号输出，是编码盘信号经过 IC2 处理，经过光电耦合器 PC11 ～ PC13 隔离，再经过 IC16 转换成差动信号输出。#21 为编码盘零位指示信号，与 Z 信号一致。#22 ～ #25 为两路控制数据差动输入，经过光电耦合器 PC14、PC15 到 IC1#104#105。CN3 是接编码器通信接口，#1#2 对编码器提供 +5V 电源，#3#4 为地，#11#12 为差动数字信号输入。CN1 是编程和通信控制用 RS-232 接口，可以用计算机通过编程软件、编程电缆对驱动器进行多种设置，工作时还可以和驱动器之间传送控制数据。

IC5、IC16、IC17 等组成三相 SPWM 信号发生器。IC5 是双路 12 位模数转换器，内部框图见图 7-38。

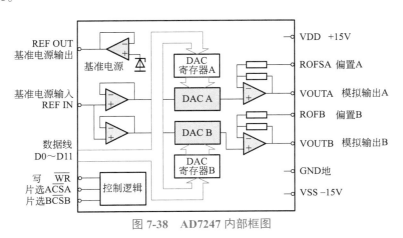

图 7-38　AD7247 内部框图

IC1#4 ～ #11、#13 ～ #17 向 IC5 传送数据，IC1#57、#62、#30 控制向 IC5 内的两个模数转换器分别传送数据，IC8 是双二 - 四线译码器。IC5 #21#23 的两路模拟输出是相位差为 120° 的两路正弦波信号，作为 U、W 两相输出的基准信号，频率大范围可调。U、W 两相正弦波电压分别经过 IC16A、IC16B 放大，送入比较器 IC17A、IC17C 的反相输入端。U、W 两相正弦波电压经过 IC16C 相加、反相放大，得到 V 相正弦波电压，送到 IC17B 的同相输入端，波形图见图 7-39。

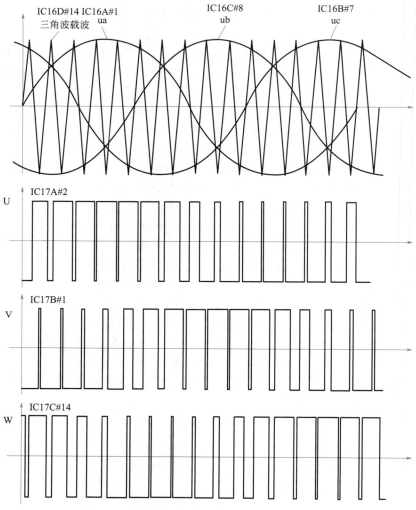

图 7-39　三相 SPWM 电流信号的形成

IC17A 的反相输入端、IC17B 的同相输入端、IC17C 的反相输入端分别输入 U、V、W 三相正弦波电压，另一个输入端接 IC16D 输出的三角波，IC16D、IC17D 等组成高频三角波振荡器，DA1、DA2、DZ5 组成 ±6.8V 双相限幅电路。IC16D、C43、R72 组成积分器，可以将 R72、R69 连接点的方波电压转换为三角波，IC17D、R71、R70、R69 组成有回差的比较器（施密特触发器），将 IC16D#14 的三角波转换为方波，两部分电路接成正反馈形式。

U、V、W 三相正弦波电压经过 IC17A、IC17B、IC17C 与高频三角波比较，产生 U、

V、W 三相 SPWM（正弦脉宽调制）信号，分别从 IC17A#2、IC17B#1、IC17C#14 输出，经过 QN1～QN3 放大、六反相施密特触发器 IC13 整形倒相产生三个高边、三个低边的六路 SPWM 驱动信号，再经过与非门 IC10、IC11，经过连接器 CN4 输出到驱动板的驱动模块 IC504。另外通过 CN4#2#1 来的 U、W 相的输出电流检测信号的负极性信号叠加到了模数转换器 IC5 的输出端，引入了电流负反馈，使电动机绕组的电流波形按给定正弦波变化，而不是电压。电动机绕组是电感性的，如果电压不变而频率变化会导致高频时，电流过小，驱动力矩过小，低频时电流过大，按电流波形驱动使频率不同时电感电流不变，在一定频率以下，频率变化时驱动力矩不变，也不会过电流。

如果出现故障，IC1#98、IC1#78、IC7B#9 等会通过 IC15E 接六路 SPWM 信号输出与非门 IC10、IC11 的另一个输入端，关断输出，还会通过开关电路 IC22，将 U、W 两相的放大电路 IC16A、IC16B 的输入输出短路，输出为零。

IC23 是稳压电源，为接口部分供电，与内部电路隔离。

第八章 伺服／步进控制系统典型应用与维修实例

第一节　步进电动机伺服控制

一、步进电动机主要技术参数

步进电动机的基本参数及主要特点：

（1）**电动机固有步距角**　它表示控制系统每发一个步进脉冲信号，电动机所转动的角度。电动机出厂时给出了一个步距角的值，如86BYG250A型电动机给出的值为0.9°/1.8°（表示半步工作时为0.9°、整步工作时为1.8°），这个步距角可以称之为"电动机固有步距角"，它不一定是电动机工作时的实际步距角，实际步距角和驱动器有关。

（2）**步进电动机的相数**　是指电动机内部的线圈组数，目前常用的有二相、三相、四相、五相步进电动机。电动机相数不同，步距角也不同，一般二相电动机的步距角为0.9°/1.8°、三相的为0.75°/1.5°、五相的为0.36°/0.72°。步进电动机增加相数能提高性能，但步进电动机的结构和驱动电源都会更复杂，成本也会增加。

（3）**保持转矩**　也叫最大静转矩，是在额定静态电流下施加在已通电的步进电动机转轴上而不产生连续旋转的最大转矩。它是步进电动机最重要的参数之一，通常步进电动机在低速时的转矩接近保持转矩。由于步进电动机的输出转矩随速度的增大而不断衰减，输出功率也随速度的增大而变化，因此保持转矩就成为了衡量步进电动机最重要的参数之一。比如，当人们说2N·m的步进电动机，在没有特殊说明的情况下是指保持转矩为2N·m的步进电动机。

（4）**步距精度**　可以用定位误差来表示，也可以用步距角误差来表示。

（5）**矩角特性**　步进电动机的转子离开平衡位置后所具有的恢复转矩，随着转角的偏移而变化。步进电动机静转矩与失调角的关系称为矩角特性。

（6）**静态温升**　指电动机静止不动时，按规定的运行方式中最多的相数通以额定静态电流，达到稳定的热平衡状态时的温升。

（7）动态温升　电动机在某一频率下空载运行，按规定的运行时间进行工作，运行时间结束后电动机所达到的温升叫动态温升。

（8）转矩特性　它表示电动机转矩和单相通电时励磁电流的关系。

（9）启动矩频特性　启动频率与负载转矩的关系称为启动矩频特性。

（10）升降频时间　指电动机从启动频率升到最高运行频率或从最高运行频率降到启动频率所需的时间。

（11）DETENTTORQUE　是指步进电动机没有通电的情况下，定子锁住转子的力矩。DETENTTORQUE 在国内没有统一的翻译方式，容易产生误解；反应式步进电动机的转子不是永磁材料，所以它没有 DETENTTORQUE。

二、基于 STM32F103 的贴片机控制系统的设计

"表面贴装系统"是一种通过移动、吸取、安放动作把表贴元件精准放置在指定位置的一种自动化设备。在实际生产线中先由点胶机对 PCB 板进行点胶操作，然后由贴片机进行贴装操作，最后由回流焊机焊接完成整个 PCB 板的焊接任务，是 SMT 流水线中不可或缺的一环。

步进电动机必须有驱动器和控制器才能正常工作。驱动器的作用是对控制脉冲进行环形分配、功率放大，使步进电动机绕组按一定顺序通电，控制电动机转动。本设计采用 DM442 数字式步进电动机驱动器。该驱动器可以设置 512 内的任意细分以及额定电流内的任意电流值，能够满足大多数场合的应用需要。电路连线如图 8-1 所示。

通过步进电动机驱动器控制步进电动机的方法较为简单，仅需通过单片机 I/O 口给出不同频率的方波脉冲信号即可控制步进电动机的速度，通过另一个 I/O 口给出高低电平控制电动机旋转方向。这里所采用的步进电动机步距角为 1.8°，因此驱动器每接收 200 个脉冲信号，步进电动机旋转一周。

下位机控制程序由串口收发程序、限位开关检测程序、舵机驱动程序、步进电动机驱动等部分组成。下面将对舵机驱动和串口收发部分做详细的介绍。

1. 舵机驱动程序

舵机用来控制吸笔和拖拽针的运动，在单片机的控制中常用 PWM 调制来驱动它。脉冲宽度调制（PWM）是利用微处理器的数字输出来对模拟电路进行控制的一种非常有效的技术，其优越性在于驱动电子设备的简单性和计算机接口的容易性。在舵机控制系统中，输出的 PWM 信号通过功率器件将所需的电流和能量传送到舵机线圈绕组中，来控制舵机的正反转。

STM32 的定时器除了 TIM6 和 TIM7，其他的定时器都可以用来产生 PWM 输出。其中高级定时器 TIM1 和 TIM8 可以同时产生多达 7 路的 PWM 输出。而通用定时器也能同时产生多达 4 路的 PWM 输出，这样，STM32 最多可以同时产生 30 路 PWM 输出。由于只控制一个舵机，这里我们仅利用 TIM3 的 CH2 产生一路 PWM 输出。具体步骤如下：

❶ 开启 TIM3 时钟，配置 PA7 为复用输出。

❷ 设置 TIM3 的 ARR 和 PSC，控制输出 PWM 的周期。

❸ 设置 TIM3_CH2 的 PWM 模式。

❹ 使能 TIM3 的 CH2 输出，使能 TM3。

❺ 修改 TIM3_CCR2 来控制占空比。

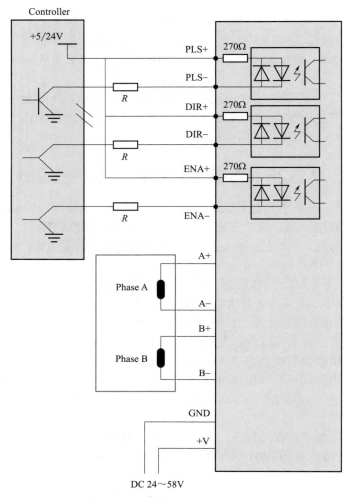

图 8-1　步进电动机驱动器连线图

由于舵机所需的控制信号标准周期是 20ms，最低不得少于 15ms。中位脉冲宽度是 1.5ms，脉冲宽度在 ±1.5ms 之间内变化。可控范围一般都是 0.5 ～ 2.5ms。即控制舵机运行至两个机械极限位置的信号周期为 0.5 ～ 2.5ms，对应占空比为 2.5% ～ 12.5%。本方案中舵机需保持在 3 个状态，分别是左极限、右极限和中间位置，用于控制拖拽针下移，吸笔下移和复位。

因此，要控制舵机，首先需要一个频率为 50Hz 的 PWM 波，然后调节其占空比为 2.5% ～ 12.5%。PWM 输出频率的计算公式为：

$$PWM 输出频率 = 系统时钟频率 / [自动重装载值 × (预分频系数 +1)]$$

这里系统时钟频率为 72000000Hz，所需 PWM 频率为 50Hz。为方便计算，同时保证自动重装载值和预分频系数均为整数，这里取自动重装载值为 1000。计算得预分频系数为 1440-1=1439。因此调用 PWM 初始化函数为：PWM_Init（1000，1439）；

PWM 输出波形占空比计算公式为：

PWM 输出波形占空比 =【 TIM3->CCR2×100% 】/ 自动重装载值

由此计算得到：

左极限位置时 TIM3->CCR2=25，

右极限位置时 TM3->CCR2=125，

中间位置时 TIM3->CCR2=75。

2. 串口通信配置

STM32 的串口资源相当丰富，最多可提供 5 路串口（STM32F103RBT6 只有 3 个串口），有分数波特率发生器，支持同步单线通信和半双工单线通信，支持 LIN，支持调制解调器操作、智能卡协议和 IrDASIRENDEC 规范（仅串口 3 支持），具有 DMA 等。

STM32 的串口配置需要开启串口时钟，并设置相应 I/O 口的模式，配置波特率、数据位长度、奇偶校验位等信息。STM32 的串口波特率计算公式如下：

$$TxRxbaud= \frac{f_{ck}}{16 \times USARTDIV}$$

式中，f_{ck} 是给串口的时钟；USARTDIV 是一个无符号定点数。

3. 串口数据包格式设计

表 8-1 为串口与单片机通信的数据包格式，每帧有 9 个字节，开始 6 个字节是包头标志、器件地址、数据类型、起始地址以及数据长度，其中数据类型有：读数据指令 r（0x72）、预设参数 w（0x77）、运动指令 m（0x6D）、请求重发指令 c（0x63）、正常返回指令 b（0x62）和放弃通信指 q（0x71）。然后是 10 个字节的数据位，通常数据位为 2 个 4 字节的数据，为了避免出现数据对齐问题，在后面加入两个值为 0 的字节。最后是两个字节的校验位和结束标志位，采用 CRC16 进行校验。

表 8-1　串口与单片机通信的数据包格式

包头						数据区	包尾	
包头标志 1	包头标志 2	器件地址	数据类型	起始地址	数据长度	有效数据	检验和	结束标志

数据由上位机即 PC 主动发送，下位机即单片机被动等待接收，系统在每次上电初始化时进行一次握手，下位机在接收到的包头数据中匹配自己的器件地址，一致时则接收命令，否则将收到的数据包抛弃。当上层控制器向单片机发送读数据指令 r（0x72）时，其数据位均为 0；单片机收到指令后，将状态信息填入数据位，回发给上位机。当上位机向单片机发送预设参数 w（0x77）数据包时，将参数信息填入相应数据位；单片机收到后，将数据写入 EEPROM 中并发送反馈，反馈帧以同样的类型、将存好的数据再次读出填入数据位，发送给上位机进行匹配校验。当上位机向单片机发送运动指令 m（0x6D）时，将数据位按设定的格式填入数据位；单片机读取并按照指令内容进行运动。

单片机正确接收到除预设参数之外的数据时向主机回发正常返回指 b（0x62）；若收到上一组主机的数据后发现数据出错，则请求重发指令 c（0x63），主机接收到此回应指令后执行重发操作；若连续通信错误并超过最大限制，则放弃发送的指令 q（0x71）。因为不涉及有效数据，所以这三种指令的起始地址、数据长度、有效数据均为 0。通信流程如图 8-2 所示。

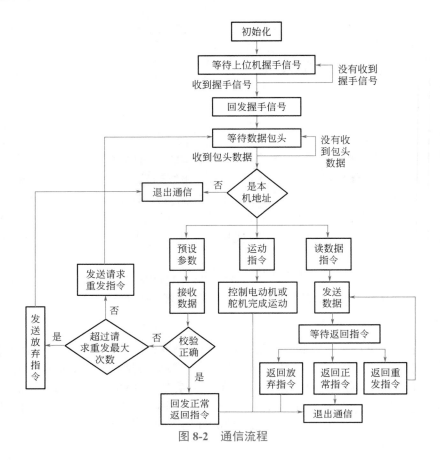

图 8-2　通信流程

三、三相混合式步进电动机 SPWM 控制技术

　　该方案实际上就是 SPWM 法原理的直接阐释，用同样数量的等幅而不等宽的矩形脉冲序列代替正弦波，然后计算各脉冲的宽度和间隔，并把这些数据存于微机中，通过查表的方式生成 PWM 信号控制开关器件的通断，以达到预期的目的。此方法是以 SPWM 控制的基本原理为出发点，可以准确地计算出各开关器件的通断时刻，其所得的波形很接近正弦波，但其存在计算烦琐，数据占用内存大，不能实时控制的缺点。系统框图如图 8-3 所示。

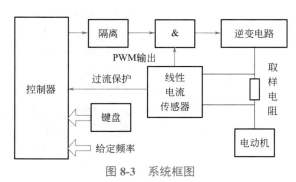

图 8-3　系统框图

（1）控制器选用具有四个 PWM 比较输出口 ATMEGAI6L。

（2）H 桥驱动电路中选用 IR 公司的 IR21844，它具有以下优点：

❶ 输入单路 PWM 信号，输出两路互补的 PWM 信号，可以防止逆变器主电路中的开关管共态导通，用以控制一组桥臂。

❷ 死区时间 T 可以通过 R 来调节。由于选用的功率管 IRF540 导通时间比截止时间快，为了防止同一路中上下桥臂共态导通，设置适当的死区时间 T。

图 8-4 为 IR21844 的电路结构，通过自举电路使 VB 和 VS 之间产生高端悬浮电源。为了使自举电路工作正常，二极管 VD 选择快速恢复二极管，自举电容 C 选择损耗小、绝缘电阻高、频率特性好的电容。

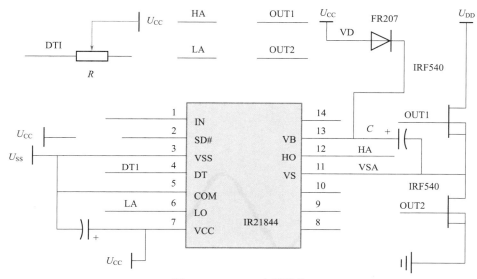

图 8-4　IR21844 电路结构

（3）取样电阻的选材直接影响到稳压精度和温度特性，所以必须选用温度系数小、噪声低、功率裕量大的同型号精密电阻，如 RJJ。根据线性电流传感器 IR2175 的最大输入电压是 +260mV，过载电流流过取样电阻时所产生电压应为 260mV（例如：对于 10A 的过载电流，取样电阻应为 26mΩ）。

（4）软件设计。软件设计系统软件分为四个模块：主程序，T/C0 中断服务子程序，外部中断子程序，键盘输入显示程序。为快速计算，将 0～360° 每隔 0.1° 取一个余弦值存入寄存器，为了保证三相互差 120°，N 取 3 的倍数。

主程序如图 8-5 所示。

T/C0 中断服务程序如图 8-6 所示。当定时时间到达载波周期，更新寄存器，PWM 使能，产生下一个 PWM 波。

外部中断服务程序是当逆变电路发生过流时，IR2175 立即向 CPU 发出指令封锁所有输出，有效保护各功率器件。

依照上述思想方法开发出的单片机控制系统的软硬件，经过实验测试，空间电流矢量的细分控制法可以使电动机平稳运行，噪声得到有效改善。点击相电流波形即采样电阻上的电压波形，通过数字示波器观察如图 8-7 所示。

从电流波形图可以看出，电动机的电流波形基本符合正弦波形，波形失真较小，由此波形可以得到较好的空间旋转磁场矢量。

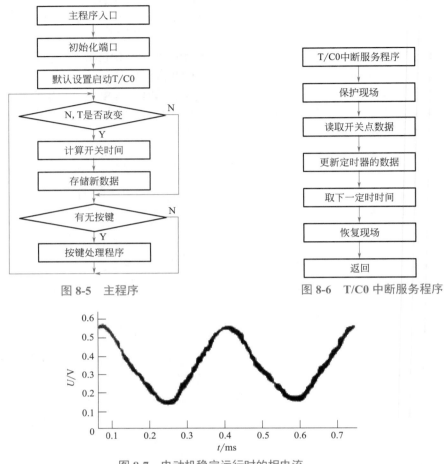

图 8-5　主程序

图 8-6　T/C0 中断服务程序

图 8-7　电动机稳定运行时的相电流

四、基于 DSP 的步进电动机控制系统

在 DSP 系统设计之前，首先要明确设计任务，在任务书里将系统将要达到的功能描述准确、清楚，然后应该把设计任务书转化为量化的技术指标。由这些技术指标大致就可以确定应选用 DSP 芯片的型号。对于一个实际的 DSP 系统，设计者应考虑的技术指标包括：

❶ 由信号的频率范围确定系统的最高采样频率；

❷ 由采样频率及所要进行的最复杂算法所需最大时间来判断系统能否实时工作；

❸ 由以上因素确定何种类型的 DSP 芯片的指令周期可满足需求；

❹ 由数据量的大小确定所使用的片内 RAM 及需要扩展的 RAM 的大小；

❺ 由系统所需要的精度确定是采用定点运算还是浮点运算；

❻ 根据系统是计算还是控制用来确定 I/O 端口的需求。

根据 DSP 芯片和技术指标还可以初步确定 A/D、D/A、RAM 的性能指标及可供选择的产品。当然，在产品成型时，还须考虑成本、供货能力、技术支持、开发系统、体积、功耗和工作环境等因素。在确定 DSP 芯片选型后，应当先进行系统的总体设计。利用 DSP 芯片设计一个 DSP 系统的大致步骤如图 8-8 所示。

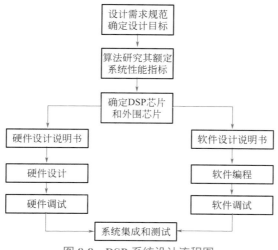

图 8-8　DSP 系统设计流程图

DSP 事件管理器的比较单元总共可以产生 12 路 PWM 脉冲，算上通用定时器的比较操作总共可以提供 16 路 PWM。每个步进电动机需要 2 路 PWM，一路用于转向控制，一路用于步进控制。步进电动机的驱动电路是根据控制信号工作的，在步进电动机的 DSP 控制中，控制信号是由 DSP 产生的。其基本控制作用如下：

（1）换相顺序　步进电动机的通电换相顺序是严格按照步进电动机的工作方式进行的，通常把通电换相这一过程称为"脉冲分配"。例如，三相步进电动机的单三拍工作方式，其各相通电的顺序为 A → B → C，通电控制脉冲必须严格地按照这一顺序的分别控制 A、B、C 相的通电和断电。

（2）步进电动机的转向　通过前面介绍的步进电动机的原理我们已经知道，按给定的工作方式正序通电换相步进电动机就正转；如果按反序通电换相，则电动机就反转。例如四相步进电动机工作在单四拍方式，通电换相的正序是 A → B → C → D，电动机就正转，如果按反序 A → D → C → B，电动机就反转。

（3）步进电动机的速度　如果给步进电动机发一个控制脉冲，它就转一个步距角，再发一个脉冲，它会再转一个步距角。两个脉冲的间隔时间越短，步进电动机就转得越快，因此，脉冲的频率决定了步进电动机的转速。

关于步进电动机的脉冲分配的方法有两种：软件法和硬件法。简要说明一下：软件法是完全按照软件的方式，按照给定的通电换相顺序，通过 DSP 的 PWM 输出 u 向驱动电路发出控制脉冲。具体方法是在周期中断时，在中断处理子程序时，通过修改比较方式寄存器 ACTRA/B 中的相应位为"强制高"或"强制低"来控制某相通断电，实现换相。但这种方法是以牺牲 DSP 机时和资源来换取系统的硬件成本降低。

在本系统中，采用的是硬件法实现脉冲分配，所谓硬件法，实际上就是使用脉冲分配器芯片或配套电动机驱动器来进行通电换相控制，这样就节约了 DSP 的机时和资源，因此利用 LF2407 最多可以实现四台步进电动机的多轴联动控制。

另外，关于转向控制，可以利用 DSP 的 PWM 口的"强制高"输出（正转）和"强制低"输出（反转）来实现，也可以自接用 I/O 口输出高低电平实现，要看如何分配的系统引脚资源。

五、基于 PLC 和触摸屏的步进电动机控制系统

1. 控制系统硬件的设计

控制系统硬件的核心是可编程控制器（PLC），PLC 选用西门子公司的整体式 CPU224，其具有可靠性高、功能强、体积小等优点。

西门子 CPU224 是一种整体式的 PLC，其组成示意图如图 8-9 所示。整体式机构的 PLC 是将中央处理单元（CPU）、存储器、输入单元、输出单元、电源、通信端口、I/O 端口等组装在一个箱体内构成主机。另外还有独立的 I/O 扩展单元等与主机配合使用。整体机结构紧凑、体积小，小型机和微型机常采用这种结构。

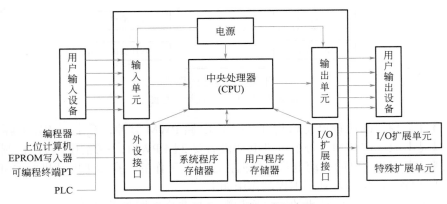

图 8-9　整体式 PLC 的组成示意图

西门子 CPU224 是 S7-200 系列 PLC 中的典型产品，它的基本单元有 14 个开关量输入口和 10 个输出口，最大可连接 7 个扩展模块，能够方便地处理开关量、模拟量，并具有 7 个 PID 回路控制功能。CPU224 具有很强的功能，如自带高速计数器、自带通信接口、具有脉冲输出功能、具有实时时钟、能进行浮点运算等。此外，CPU224 允许在程序中立即读写输入、输出，允许在程序中在使用中断、设置停止模拟数字量输出状态，可以允许为数字量及模拟量输入加滤波器，还具有窄脉冲捕捉功能，为复杂的工业控制提供了方便。

2. 输入 / 输出端子地址分配

为了实现步进电动机速度、正转、反转、三相单三拍和三相六拍等多种运行方式的控制，需要 7 个输出控制信号，因此输入端子的选用为 I0.0、I0.1、I0.2、I0.3、I0.4、I0.5、I0.6。其中 I0.0 为启动按钮，I0.1 为停止按钮，I0.2 ~ I0.6 是控制电动机运行方式的选择，其中 I0.2 与 I0.3 是控制正、反转的选择；I0.4 是控制单三拍运行方式，I0.5 是控制六拍运行方式；I0.6 是对速度的选择。输出端子地址为 Q0.0、Q0.1、Q0.2，控制三相步进电动机绕组的接通和断开，实现步进电动机的运行。当它们为 1 时与其对应的相就为通电状态。具体地址分配如表 8-2 所示，相应的硬件电路如图 8-10 所示。

表 8-2　CPU224 输入 / 输出端子地址的分配

输入信号		输出信号	
名称	输入端子	名称	输出端子
启动	I0.0	步进电动机 A 相绕组	Q0.0

续表

输入信号		输出信号	
名称	输入端子	名称	输出端子
停止	I0.1	步进电动机 B 相绕组	Q0.1
正转	I0.2	步进电动机 C 相绕组	Q0.2
反转	I0.3		
单三拍运行方式	I0.4		
六拍运行方式	I0.5		
速度选择	I0.6		

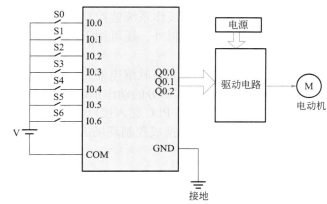

图 8-10　步进电动机的 PLC 控制系统 I/O 接线图

驱动电路如图 8-11 所示。

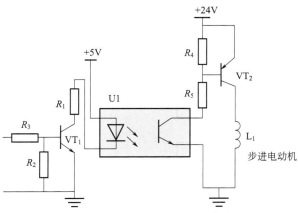

图 8-11　步进电动机的驱动电路

驱动电路原理如下：当给 PLC 输出端给 R_3 电阻输入一个高电平时，VT_1 的发射结由于正向偏置导通，VT_1 的集电结也导通，光耦的发光二极管导通并发光，光电三极管将光能再转换为电能，连接 24V 的 R_4、R_5 回路导通，R_4 和 R_5 分压使 VT_2 基极电压降低，VT_2 发射结导通，同时 VT_2 的集电结也导通，三相步进电动机绕组 L_1 通电。如果 PLC 输出端为低电平，则 L_1 绕组不能通电或者通电变为断电。

3. 控制系统的软件设计

控制系统软件部分是控制系统能否成功应用的关键。软件包括两个部分，一部分是系统软件，另一部分是应用软件。前者是可编程控制器本身所具有的，由 PLC 生产厂家所编写并固化在 PLC 设备中。后者是针对具体控制过程而编制的，它决定控制系统是否能满足技术要求以及系统使用的难易程度。本控制系统应用软件部分的核心内容是定时器应用控制。

本控制系统的应用编程软件使用的是 STEP7-Micro/WIN32（德国西门子公司为其产品专门设计的一种编程语言），其可在个人计算机上提供西门子 S7-200 系列 PLC 的编程环境。有梯形图（LAD）、语句表（STL）和功能块图（FBD）三种程序编辑器供用户选择。计算机与 PLC 通过 PC/PPI 编程电缆相连，通过计算机上的 STEP7-Micro/WIN32 软件控制可以实现程序的输入、编辑、检索功能，也可以在线作系统监控及故障检测。同时也可以方便地实现程序的上传及下载。除了应用程序的编辑外，还可用于系统配置，如设定通信有关的参数等。

应用软件的编程是通过对 PLC 中的软元件（软继电器）操作来实现的。应用程序在编程中采用模块化结构，使各动作互不干扰。本部分的动作正确与否关系到控制过程能否准确完成。控制中所有的操作按钮的信号均要通过 PLC 输入接口电路转换成 PLC 可接收的信号。而 CPU 处理后的信号需通过输出接口电路转换成控制现场需要的信号，以驱动继电器等执行元件来控制设备的运行。

六、基于单片机的步进电动机控制系统

（1）总体设计 本系统的组成框图如图 8-12 所示，单片机接收来自键盘控制模块的指令，并将状态信息传递至显示模块，单片机控制信号经驱动电路，可控制步进电动机的转速及方向。本系统选用的单片机 STC89C52 有 40 个引脚，其中 P2.0 ～ P2.3 为步进电动机驱动信号，P1 为数码管控制端口，P2.5 为数码管控制芯片 74HC573 位码选通控制端，P2.7 为 74HC573 段码选通控制端，P0.0 ～ P0.2 为位显示端口，P2.4 为运行状态显示端口，P2.6 为运行方向显示端口，P3.4 ～ P3.7 为扫描键盘行线，P3.2 ～ P3.3 为扫描键盘列线。

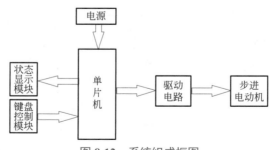

图 8-12 系统组成框图

（2）硬件电路设计 本系统工作电压为 5V，初始化复位操作有上电复位和手动复位两种方式。上电复位即 STC89052 上电后，通过外部复位电容实现自动复位，手动复位是通过

运行过程中按下 RST 按键实现的。单片机的内部振荡方式是在 Pin18 和 Pin19 引脚上接上 12MHz 晶振，晶振两端接 30pF 电容，电容另一端并联接地。由于单片机的输入输出端口有限，故按键输入电路采用动态扫描的设计方式，扫描键盘的返回线端口是 P3.2 和 P3.3，即单片机的外部中断输入端口。按键扫描的原理是，扫描线顺序设定为 P3.4 ~ P3.7，当 P3.4 置零后，单片机读取返回线的状态如果全是 1，则表示没有按键按下；如果 P3.2 或 P3.3 为零，则表示相应的按键按下，随即进入相应的处理程序。扫描完成后，将 P3.4 置 1。

以此类推，先后扫描 P3.5、P3.6 和 P3.7。在处理相应程序前，需要增加一个延时函数，以去除抖动避免重复执行程序。

系统的显示电路由四位共阴数码管和 74HC573 组成。选用 74HC573，可以节省单片机的输入输出端口。两片 74HC573 的 2 ~ 9 引脚分别连接单片机 P1.0 ~ P1.7 端口，其中一片 74HC573 控制数码管的段显示，另一片 74HC573 控制数码管的位显示，其 19 ~ 16 引脚与数码管的使能端相连接。数码管动态显示时，如要显示"1、2、3、4"，单片机的 P1 口先输出令第一个数码管点亮的位码 0xfe，然后令控制位显示的 74HC573 锁存端置 1，段显示 74HC573 置 0，相应数码管点亮。随后 P1 口输出 1 的段显示码 0x06，经短暂延时后，依次点亮第二个、第三个和第四个数码管，并相应显示对应的数字。

本系统选用的 28BYJ48 型步进电动机属于四相五线电动机，步进角度为（5.625/64）°，转动一周所需的脉冲数为 4096，工作电压为直流 5 ~ 12V，本系统使用 ULN2003 直接驱动步进电动机，并采用单相绕组通电四拍模式的驱动方式（A-B-C-D-A）。

（3）软件设计 本系统的软件设计分为系统初始化模块、按键控制模块、显示模块和驱动模块等。主程序先初始化各个变量，使数码管、指示灯关闭，驱动步进电动机的各引脚置高电平，进入待机状态。当按键按下时，调用键盘控制程序，判断并运行相应子程序。系统主程序如下：

```
EA=1;                    // 开总中断
IT0=1;                   // 下降沿触发
EX0=1;                   // 开外部中断 0
EX1=1;                   // 开外部中断 1
IT1=1;                   // 下降沿触发
ET0=1;                   // 定时器 0 的中断允许开关
ET1=1;                   // 定时器 1 的中断允许开关
TMOD=0x11;               // 设置定时器模式
shunshizhen=0;           // 单步模式计数初值
nishizhen=1;
qiting=1;                // 指示灯灭
toward=1;
TH0=0xfc;                // 写入定时器 0 初值
TL0=0x18;
TH1=0xfc;                // 写入定时器 1 初值
TL1=0x18;

TR0=0;                   // 关定时器 0
TR1=1;                   // 关定时器 1
```

```
While (1)
{

step1                          // 按键扫描第一步
DelayUs2x (20);                // 延时
Step2
DelayUs2x (20);
Step3
DelayUs2x (20);
Step4
DelayUs2x (20);
}
```

系统经过初始化后，便进入待机状态，等待按键中断的产生。在连续运行模块中，定时器1开启后，便进入显示扫描。在连续运行模块中，位按键按下，再按上升键和下降键调节，最后按下启停键，步进电动机便按照设定的速度运行。如果需要改变方向，按下反向键即可。进入预置步模式时，首先开启定时器1，数码管便显示当前的模式是模式3，设定的步数是零，然后用位选择键、上升键和下降键可以调整步数，反向键可以改变运行的方向。定时器0控制步进电动机的输出频率，当定时器0发生中断后，相应的记录中断次数元素 t 加1，当 t 的数值与设定的挡位大小相等的时候，单片机向步进电动机输出一个脉冲信号，步进电动机便运行一步。定时器1的中断发生，重设初始值时，调用显示函数，数码管便显示设定的各项数值。

七、基于 CAN 总线的步进电动机控制系统

（1）**步进电动机分布式控制系统总体设计**　该系统结构可分为三个层次：第一层为 PC 机与 CAN 总线接口层。采用 CAN-RS232 转换器实现 PC 机与 CAN 通信总线之间的可视化操作控制；第二层为 CAN 总线与 C8051F020 接口。该层实现 CAN 总线和 C8051F020 控制板的 CAN 控制器的物理接口和通信；第三层为步进电动机细分驱动接口，完成对步进电动机的实际控制动作。其中步进电动机细分驱动控制通过 L297/L298 和 C8051F020 单片机内的两个12位 DAC 转换器来配合实现。利用光电编码盘检测步进电动机的转角信号，将位置信息检测反馈给 C8051F020 可以实现对步进电动机转角位置信息的精确控制。系统总体结构如图 8-13 所示。由于 CAN 总线具有多主站运行和分散仲裁以及广播通信的特点，其不分主次节点可在任意时刻主动向网络上其他节点发送信息，能使系统在信息传输的安全性、准确性、实时性方面达到较高的要求。

（2）**CAN-RS232 转换器硬件设计**　CAN-RS232 转换器是系统重要的组成部分，主要负责在 CAN 协议和 RS-232 串口协议之间进行数据转换，它的性能直接影响着系统的效率。硬件接口如图 8-14 所示，CAN-RS232 转换器以 AT89C52 为核心，经 MAX232 电平转换实现与 PC 机串口通信，并与独立 CAN 总线控制器 SJA1000 进行通信，82C250 为高性能 CAN 总线收发器。

（3）**下位机硬件电路设计**　下位机硬件电路以高速高性能 C8051F020 单片机为核心，通过 C8051F020 与独立 CAN 总线控制器 SJA1000 接口实现通信功能。本设计中采用两片

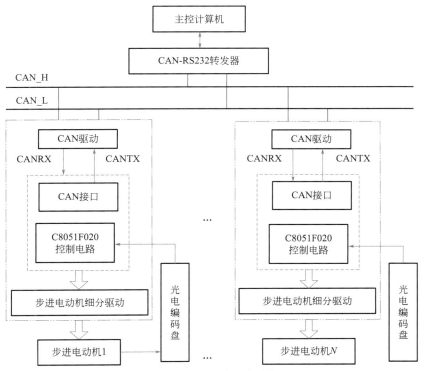

图 8-13　示教系统总体结构图

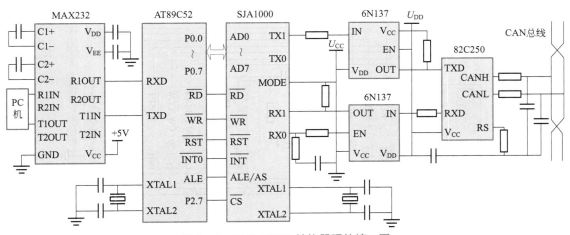

图 8-14　CAN-RS232 转换器硬件接口图

L297 与一片 L298 相结合实现步进电动机的细分驱动功能，如图 8-15 所示。

　　C8051F020 是美国 Cygnal 公司生产的高速高性能单片机，它与 MCS-51 指令系统完全兼容，内核采用流水线方式处理指令。C8051F020 单片机内含 2 路 12 位 DAC（输出 0～3V 的电压信号），并具有 5 个捕捉／比较模块的可编程计数器／定时器阵列（PCA）、4 个通用 16 位定时器和 64 个数字端口 V0。该单片机带有 64KB Flash 存储器，还具有片内电源监测、片内看门狗定时器及片内时钟源，并在内部增加了复位源，从而大大提高了系统的可靠性。

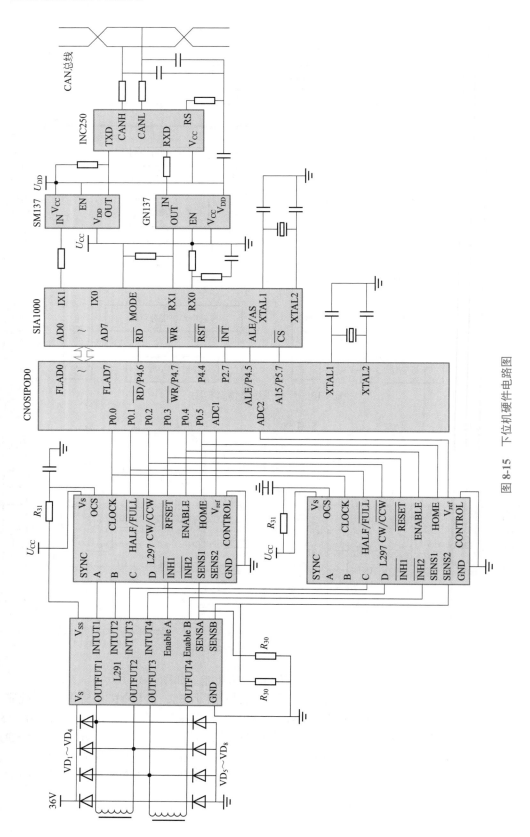

图8-15 下位机硬件电路图

一般情况下步进电动机的步距角有整步工作和半步工作两种，常采用恒定电流值驱动，在驱动大力矩负载时往往发热严重。本系统采用的是恒流细分驱动，将步进电动机额定电流分成多次进行切换，在每次输入脉冲切换时，只改变相应绕组中的额定电流的一部分，则转子相应地每步转动为原有步距角的一部分，这样将步进电动机一个步距角细分成若干更小的步；同时在电路中设置采样电阻，在绕组电流达到设定值时，由于采样电阻的反馈作用，通过比较器使电源电压工作在关断状态，形成一系列的 PWM 电压脉冲，从而使绕组电流保持在设定值附近内波动。这样电源供给的能量大幅度下降，降低了发热量，具有较高的效率。

L297 是步进电动机控制器集成电路，其核心是脉冲分配器，适用于双极性两相步进电动机或单极性四相步进电动机的控制。此芯片采用固定斩波频率，由两个 PWM 斩波器来控制相绕组电流实现恒流斩波控制，获得良好的转矩-频率特性，主要有半步方式、一相激励方式、两相激励方式等三种工作方式。该器件的一个显著特点是步进电动机所需环形分配器由电路内部产生，大大减轻了 CPU 的负担。L298 是内含两个 H 桥的高电压大电流双全桥式驱动器，接收标准 TTL 逻辑电平信号，可驱动电压 46V、每相 2.5A 及以下的步进电动机。每个桥都具有一个使能输入端，在不受输入信号影响的情况下允许或禁止器件工作，每个桥的两个桥臂低端三极管的发射极接在一起并引出，用以外接检测电阻。

八、基于 FPGA 的步进电动机多轴联动控制系统

（1）**控制系统功能**　应用于显微镜载物台的步进电动机控制系统采用三个步进电动机实现三维空间控制。X 轴电动机负责 X 轴运动，X 和 Y 轴构成平面控制，Z 轴用于控制物象放大缩小。每个电动机运行模式分为步进匀速、加速、减速运动三种模式，通过控制器实现分频发送脉冲。电动机还具有换向功能。系统具有人机接口，可以实时显示速度。具体控制功能如图 8-16 所示。

图 8-16　控制功能

（2）**系统总体设计**　系统主要由控制核心、驱动电路及步进电动机构成。控制核心采用 FPGA，模块内包括时钟分频、速度和方向控制实现对电动机的精确控制；速度控制采用锁相环 PLL 宏模块产生 PWM 信号；方向控制通过脉冲分配器产生不同步进时序，实现换向。具体方案如图 8-17 所示。

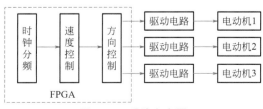

图 8-17　系统方案图

步进电动机采用两相混合式作为研究对象，选用驱动方式为恒流斩波驱动，实现正反转

功能的三个 42BYG250 两相混合式步进电动机。该电动机工作参数如下：额定电流 0.67A，额定电压 12V，步距角 1.8°，定位转矩 11.8mN·m，最大空载启动频率大于 1000Hz，最大空载运行频率大于 3000Hz。

（3）系统硬件设计　硬件系统由 FPGA、外围电路和驱动器构成，外围电路包括了时钟电路、复位电路、电源电路、配置电路、存储电路和串口电路。核心控制芯片为 EP2C8Q208C8，驱动电路采用以 THB6128 芯片设计的电路。系统的硬件电路框图如图 8-18 所示。

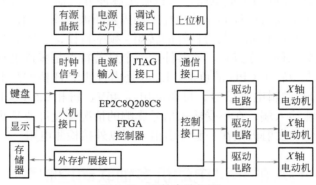

图 8-18　硬件电路框图

（4）时钟电路和复位电路设计　时钟电路采用 50MHz 的有源晶振。为了保证时钟电路的工作稳定性，在设计时采用了 π 形滤波电路进行滤波处理。复位电路是低电平有效，使得 FPGA 芯片进行复位。详细的电路如图 8-19 所示。

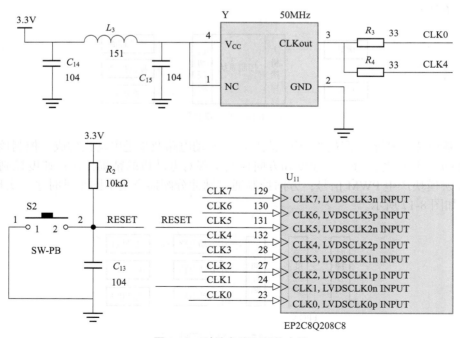

图 8-19　时钟电路和复位电路

（5）接口电路设计　通过上位机处理完成如初速度、加速度及控制信号设置，以及数据的传送和信息的反馈，需要设计接口电路。由于FPGA系统电压是3.3V，故采用MAX3232芯片实现电平转换。

（6）驱动电路设计　驱动芯片采用THB6128，为三洋公司生产的大功率、高细分两相混合式步进电动机专用驱动芯片，经过扩展简单的电路就能实现高性能两相混合式步进电动机驱动器。引脚3、7、9、13是两相混合式步进电动机接线端，设计电路这四个端子直接与两相混合式步进电动机相接，引脚3、7是一相，9、13是一相。引脚9是电动机的电源端，设计时采用的是12V的电源。引脚26、27、28是THB6128芯片上的细分引脚，根据输入值选择8种不同的细分模式，根据需要选择。

脉冲信号和正反转信号实时性要求比较高，所以在选择芯片时选用TLP2530进行光耦处理，能够满足实时性的同时还能够满足更高频率脉冲的驱动。隔离电路的设计电路如图8-20所示。

THB6128驱动芯片具有设置电流和衰减的能力。引脚18是衰减模式的选择电压输入端，当此端的电压小于0.8V时，是快衰减模式；当此端的电压大于1.1V小于3.1V时，是混合衰减模式；当电压大于3.5V时是慢衰减模式。为了更好地利用衰减获得比较好的驱动效果，采用了一个可调节的电位器来控制电压。电路如图8-21所示。

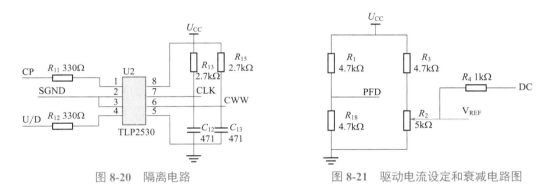

图8-20　隔离电路　　　　　　　图8-21　驱动电流设定和衰减电路图

（7）系统软件设计与实现　多轴联动步进电动机控制系统中，FPGA主要完成的功能是对脉冲信号进行产生和控制，采用合适的插补方法控制电动机运行。软件设计方案由于篇幅有限，在此不再赘述。

九、步进电动机的常见故障检修

1.启动和运行速度减慢故障原因及排除

故障原因：引起运行速度减慢的原因有两方面。一方面，检修时将定子各相控制绕组中串入的小电阻拆下未接入，或该小电阻已损坏失效；另一方面是因定、转子气隙不均造成定、转子相擦。

就原因一来说，因步进电动机控制绕组中输入为脉冲电流，由于绕组中有电感的存在，它会使脉冲电流的上升时间和下降时间增长，影响步进电动机启动和运行速度，即使两者速度减慢。原串入的电阻是使绕组回路时间常数减小，改善启动和运行特性；当检修时未接入该电阻或电阻损坏（短路、开路、击穿等），则回路时间常数增大，使脉冲电流上升沿和下降沿由陡直变为平坦，恶化了频率特性。

解决办法：将未接入的电阻重新接入电路，注意应串接在每相绕组内；如电阻失灵损坏，应选用同规格的电阻换上。注意选用的电阻阻值应等于或大于原电阻阻值，不可用小阻值电阻代替，因为阻值越大，电流电压越高，脉冲电流特性越好，但阻值也不能选得过大，否则使电动机效率降低。

就原因二来说，由于气隙不均会造成定、转子相擦故障，加大了步进电动机静态转矩，因此使动态特性（转矩）变差，导致启动和运行速度减慢。

解决的办法是仔细检查出定、转子相擦的原因，解决气隙不均匀现象。

2. 运行中失步故障原因及排除

失步原因：失步原因也分两方面。第一是步进电动机带大惯量负载而产生振荡，造成在某一运行频率下启动失步或停转滑步。第二是原采用双电源供电的而改为单电源供电，使启动频率和运行频率降低，矩频特性恶化而失步。

解决方法：原因一造成失步的排除方法是，通过加大负载的摩擦力矩或采用机械阻尼的方法，用以消除或吸收振荡能量，改善运行特性，消除失步。因为步进电动机是受控于电脉冲而产生步进运动的，采取如上措施能使电脉冲正常，不受干扰，从而消除失步的可能性。

原因二解决的办法是恢复双电源供电。有些使用单位或部门，为简化电路采用单电源供电，造成步进电动机运行失步。这是一种错误的措施。采用双电源是为了提高启动及运行两种效率，改善矩频特性。从而改善输入步进电动机绕组中脉冲电流的上升沿及下降沿。用单电源供电，脉冲稳定电流得不到维持，步进电动机功率相应减小，所以在驱动中相当于容量小而过载，效率降低而失步。采用双电源供电，用高、低压两套电路，即在步进电动机绕组脉冲电流通入瞬间（上升沿阶段），对其施以高电压，强迫电流上升加速；当电流达到一定值后，再改为低压，使电动机正常运行。这种措施不仅使驱动电源容量大大减小（比单电源供电小），提高了运行效率，也改善了运行特性，电动机可不失步运行了。

3. 控制绕组一相绕反及排除方法

一相绕组反接相当于通电电流方向相反，电流相互抵消，电动机在此相内运行失常或根本不能运行。

解决的办法是，用仪表检测出反接相后，将该相绕组头尾调换，按正确接法接好。

4. 控制绕组断路、短路与绝缘击穿及排除方法

❶ 定子控制绕组开路、短路、击穿原因：开路原因一是引线开焊，二是虚焊，三是机械损伤而折断。

短路及击穿原因：一是导线绝缘层质量差而露铜，使匝间短路；二是绕线或套入磁极过程中损伤绝缘层；三是电动机运行年久又过热，使绝缘毛化或烤焦，造成短路或击穿。

❷ 解决的办法：开路故障中如属开焊或虚焊，应重新焊好、焊牢；如因折断，将折断处头尾拧紧在一起再焊牢，焊接处包好绝缘。

短路或击穿的处理：如仅表面1匝或几匝绝缘受损，可剥去旧绝缘，按规定包好新绝缘；如整个绕组绝缘老化，造成严重匝间短路或击穿，因无法局部修理，只有按原线规格、原匝数重绕线圈换上。

5. 电源装置故障使步进电动机不能运行的原因及排除方法

❶ 电源装置故障原因主要有三方面，一是功率放大器失灵；二是门电路中电子开关损坏；三是计数器失灵。

❷ 处理方法：用万用表及示波器等仪器，对照线路图逐步检查。如测出放大程序逻辑

部分无信号或信号弱，说明功率驱动器有毛病，应对其进行进一步检查和修理；当电子开关中启动开关损坏，应更换；如反馈信号没有，即没有反馈电压值，说明反馈环节有故障，应检测脉冲数选器、整形反相环节等，找出毛病予以调整；如门电路不关闭、步进电动机不停机，说明计数器有故障，应检测计数器找出毛病，使之调整灵活，达到计数器在规定的脉冲数后电动机停转，即达到当输入脉冲数刚好为所选定的数字，门电路就关闭，电动机就停转；当发现电动机通电次序不对，不符合设定顺序，说明环形分配器失灵，因它的级数应等于步进电动机的相数，在此情况下它才按规定逻辑给电动机各相绕组依次通电，使之顺转或逆转。总之对电源装置应经常检测和调整，使之正常，才能保证步进电动机工作正常。

十、直流电动机故障检修及常见故障的排除

1. 直流电动机的常见故障及排除

由于直流电动机的结构、工作原理与异步电动机不同，因此故障现象、故障处理方法也有所不同。但故障处理的基本步骤相同，即首先根据故障现象进行分析，然后进行检查与测量，找出故障所在，并采取相应的措施予以排除。

2. 电枢绕组故障的检修

（1）电枢绕组接地　这是直流电动机最常见的故障。电枢绕组接地故障常出现在槽口处和槽内底部，可用兆欧表法或校验灯法检查判断，兆欧表测量法前面已讲述，这里只介绍校验灯法。将 36V 低压电通过 36V 低压照明灯分别接在换向片上及转轴一端，若灯泡发光，则说明电枢绕组接地。

具体是哪个槽的绕组元件接地。将 6 ～ 12V 直流电压接到相隔 $K/2$ 的两换向片上，用毫伏表的一支表笔触及转轴，另一支依次触及所有的换向片，若读数为零，则该换向片或该换向片所连接的绕组元件接地。电枢绕组接地点找出来后，可以根据绕组元件接地的部位，采取适当的修理方法。若接地点在元件弓出线与换向片连接的部位，或者在电枢铁芯槽的外部槽口处，则只需在接地部位的导线与铁芯之间重新进行绝缘处理就可以了。若接地点在铁芯槽内；一般需要更换电枢绕组。如果只有一个绕组元件在铁芯槽内发生接地，而且电动机又急需使用时，可采用应急处理方法，即将该元件所连接的两换向片之间用端接线将该接地元件短接，此时电动机仍可继续使用，但是电流及火花将会有所加大。

（2）电枢绕组断路、开焊故障　这也是直流电动机常见的故障。电枢绕组断点一般发生在绕组元件引出线与换向片的焊接处，这种断路点比较容易发现，只要仔细观察换向器升高片处的焊点情况，再用螺丝刀或镊子拨动各焊接点，即可发现。

若断路点发生在电枢铁芯内部，或者不易发现的部位，则可测量换向片间压降，即在相隔接近一个极距的两换向片上接入低压直流电源，用直流毫伏表测量相邻换向片间的压降。

电枢断路或焊接不良时，在相连接的换向片上测得的压降将比平均值显著增大。

电枢绕组断路点若发生在绕组元件与换向片的焊接处，只要重新焊接好即可。断路点只要不在槽内部，就可以焊接断线，再进行绝缘处理即可。如果断路点发生在铁芯槽内，且断路点只有一处，则可将该绕组元件所连的两片换向片短接，也可以继续使用，若短路点较多则需要换电枢绕组。

（3）电枢绕组断路　若电枢绕组短路严重，会使电动机烧坏。只有个别线圈短路时，电动机仍能运转，只是使换向器表面火花变大，电枢绕组发热严重，若不及时发现加以排除，则最终也将导致电动机烧毁。电枢绕组短路故障主要发生在同槽绕组元件的匝间短路，查找

短路的方法如下。

❶ 短路测试器法。与检查三相异步电动机定子绕组匝间短路的方法一样，将短路测试器接通交流电源后，置于电枢铁芯的某一个槽上，将断锯条在其他各槽口上面平行移动，当出现较大振动时，则该槽内有短路故障。

❷ 毫伏表法。将 6.3V 交流电压（用直流电压也可）加在相隔 $K/2$ 或 $K/4$ 的两片换向片上，用毫伏表的两支表笔依次触到换向器的相邻两片换向片上，检测换向片间电压。电枢绕组匝间短路时，在和短路绕组相连接的换向片上测得的压降值显著降低；换向片间直接短路时，测得的片间压降等于零或非常小。

电枢绕组短路故障可按不同情况分别加以处理，若绕组只有个别地方短路，且短路点较为明显，则可将短路导线拆开后在其间垫入绝缘材料并涂以绝缘漆，待烘干后即可使用。若短路点难以找到，而电动机又急需使用时，则可用前面所述的短路法将短路元件所连接的两换向片短接即可。如短路故障较严重，则需局部或全部更换电枢绕组。

3. 换向器的检修

（1）片间短路　如发现是片间表面短路或有火花烧灼伤痕，只要用拉槽工具刮去片间短路的金属屑末、电刷粉末、腐蚀物质及尘污等，直至校验灯或万用表检查无短路即可。再用云母粉末或小块云母加上胶水填补孔洞，使其硬化干燥。若上述方法还不能消除片间短路，就要拆开换向器，检查其内表面。如果用上述方法不能消除片间短路，即可确定短路故障发生在换向器内部，一般应更换换向器。

（2）换向器接地　通地故障经常发生在前面的云母环上，该环一部分在外部，由于灰尘和其他碎屑堆积在上面，很容易造成通地故障。发生通地故障时，这部分的云母片大都已烧毁，寻找起来比较容易，再用校验灯或万用表进行检查。修理时，一般只要把击穿烧坏处的污物清除干净，用虫胶干漆和云母材料填补烧坏处，再用 0.25mm 厚的可塑云母板覆盖 1 ～ 2 层。

（3）云母片凸出　换向器的换向片磨损比云母快，往往出现云母凸出的现象。修理时，可用拉槽工具把凸出的云母片刮削到此换向片低约 1mm。刮削要平，不可使两边比中间高。

4. 调整电刷中性线位置

常用的一种方法是感应法。励磁绕组通过开关接到 1.5 ～ 3V 的直流电源上，毫伏表接到相邻两级的电刷上（电刷与换向器的接触一定要良好）。当打开或合上开关时，即交替接通和断开励磁绕组的电流，毫伏表的指针会左右摆动，这时将电刷架顺电动机旋转方向或逆转方向缓慢移动，直到毫伏表指针几乎不动时，刷架位置就是中性线位置。

调整完电刷中性线位置，要将刷架紧固。

5. 直流电动机的试验

（1）用指南针检查换向极绕组极性，如接反，改正接法。对电动机，换向极极性与顺着电枢转向的下一个主磁极极性相反。对发电机，换向极极性与顺着电枢转向的下一个主磁极极性相同。

（2）测量绝缘电阻。对低压电动机，将 500V 兆欧表的一端接在电枢轴（或机壳）上，另一端分别接在电枢绕组、换向片上，以 120r/min 的转速摇动 1min 后读出其指针指示的数值，测量出电枢绕组对机壳、换向片对地的绝缘电阻。

电动机在冷态时，其绝缘电阻值应按绕组的额定电压大小来计算，要求不低于 $1M\Omega/kV$，一般额定电压 500V 以下的电动机，在热态时（绕组温升接近额定温升时）绝缘电阻不应低于 0.5MΩ。

（3）测量绕组的直流电阻。

❶ 电桥法。对单叠绕组应在换向器直径两端的两片换向片上进行测量；对单波绕组应在等于极距的两片换向片上进行测量。测量时要提起电刷，然后用电桥进行测量，具体操作方法参照交流电动机定子绕组电阻的测量。

❷ 电流电压表。由于被测电阻值小，电流表的内阻就将影响测量精度，用此法接线时，电压表测量得到的电压值不包含电流表上的电压降，故测量较精确。此时被测电阻值 R 为：

$$R=U/I$$

由于有一小部分电流被电压表分路，故电流表中读出的电流大于流过被测电阻 R 上的电流，因此，测出的电阻值比实际电阻值偏小。精确的电阻值可用下式计算：

$$R=U/\left[I-\left(U/R_v\right)\right]$$

式中，R_v 为电压表的内阻。

若考虑电流表内阻 R_a，则被测量电阻可用下式计算：

$$R=\left(U-IR_a\right)/I$$

不管用何种方法，测得的绕组直流电阻值都应换算到标准温度 15℃ 时的电阻值。其换算公式为：

$$R_{15}=R_\theta/\left[1+\alpha\left(\theta+15\right)\right]$$

式中，R_{15} 为绕组在温度为 15℃ 时电阻，Ω；R_θ 为绕组在温度 θ 时电阻，Ω；α 为绕组导体的温度系数，铜的 $\alpha=0.004℃^{-1}$，铝的 $\alpha=0.00385℃^{-1}$；θ 为测量电阻时绕组的实际温度，℃。

（4）负载试验。安装好电动机，让电动机在额定电压、额定电流、额定转速下带上额定负载按定额运行一定的时间。观察电动机的运行状况是否良好，换向火花是否在允许范围之内。换向器上没有黑痕迹，电刷上没有灼痕，运行平稳，无噪声和振动，则为正常。

第二节　CAK6150 数控车床驱动板的维修

CAK6150 是一种经济型两轴（X、Z 轴）数控车床，该车床整机性能稳定，系统故障率低，X、Z 轴的精度可以达到 0.001mm 和 0.002mm。但是该车床的步进电动机驱动板故障频繁，驱动板用的大功率管 MJ10016 的 c、e 结经常击穿短路或断路。

驱动板线路分析步进电动机驱动板故障主要表现为：大功率管 MJ10016 损坏和模块（驱动板上的细分驱动整型电路和前置驱动电路，以下简称模块）输出信号不正常。

由于厂商没有提供驱动板的原理图，而且模块电路用环氧树脂灌装封闭，为此，我们将一报废驱动板的模块拆开后，绘制出模块的原理图（图 8-22）。模块电路图如图 8-22 中短虚线包围部分，其模块的输出接线端口用 Y1 ～ Y14 表示。

一、驱动板接线端口的说明

图 8-22 中，X1 ～ X10 是驱动板外部信号的端口。X1、X6 是电源板提供的 +5V 电源；

X2、X3 是输出给 CNC 系统和电源板的过流信号，X2 高电平有效。X3 低电平有效，X2、X3 信号有效时，CNC 将封锁正在运行的其他程序。X4 是电源板提供的 +12V 电源正端，接地端和 X1 共地；细分电路的合成波由 X5 输入到 CNC 内部；CNC 系统 VO 端口输出的步进脉冲信号由 X7、X9、X10 和共地端 X8 输入到驱动板，并由 U4、U5、U6 进行了隔离。接地端 X8 和 X1 不共地。

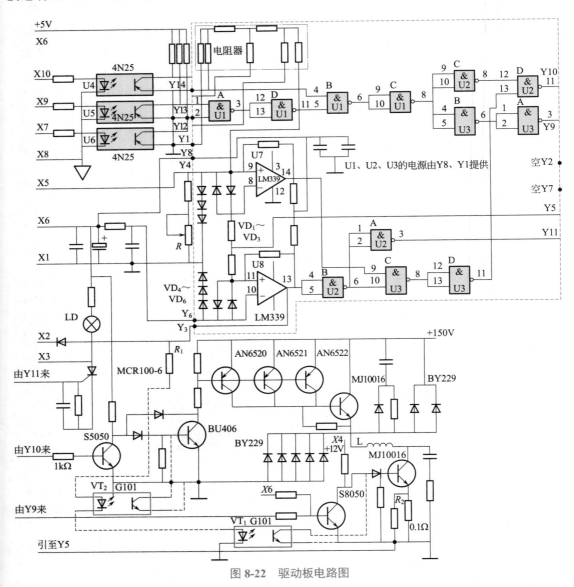

图 8-22　驱动板电路图

二、细分电路的分析

细分电路主要由 U4、U5、U6 和电阻链（图 8-22 中点画线内）组成。分析图 8-23 的 12、13、14 的波形（模块 Y12、Y13、Y14 引脚的波形）就会发现波形的电平高低正好是二进制数：010、011、100、101、110 顺序递升后又以 101、100、011、010 的顺序递减。U4、

U5、U6 和电阻链的合成波如图 8-23 中的波形 4 所示。其幅值由图 8-22 中的 R 调整,并且合成波又接入到 U7 的 9 引脚,以控制步进电动机绕组 L 中的电流。细分控制使步进电动机每一步更加细化,电动机的步距角更小,车床的车削精度更高,如图 8-23 的波形 4 所示。细分的阶梯数不是越多越好,如果超过 10,步进电动机带负载后,就会产生跳步和失步现象。

三、电流调整电路与过流保护电路

(1)步进电动机电流控制电路 步进电动机电流控制电路主要由 U7、U3(74LS132)的 C 和 D 门,U1、U2 的 C 和 D 门,及模块外部电路 $VT_3 \sim VT_{10}$ 等元件组成。由图 8-22 看出,步进电动机驱动电源采用典型的单高压驱动方式。当大功率管 VT_3、VT_4 导通时,+150V DC 直接加于 L 上。为了将 L 中的电流限制在额定电流之内(X 轴的额定电流为 8A,Z 轴的额定电流为 12A),必须控制大功率管 VT_3 的导通时间。如果没有细分驱动控制,L 中的电流就像图 8-24 那样。图 8-24 中波形下降时间 T 不能太长,否则,电动机的运行特性将变软,电动机输出的转矩将减小,电动机带载能力将减弱。图 8-23 的波形只是 X 轴步进电动机某一相运行一拍的过程图。图 8-23 的波形 5 和图 8-24 的波形不一致的原因是图 8-23 的波形是由于细分波形 4 控制的结果。选用 74LS132 对 U/7 的 14 脚输出波形进行整形,有利于功率管 VT_3、VT_4 的导通;由于具有回差电压,故抗干扰能力比较强。

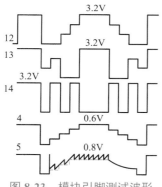

图 8-23 模块引脚测试波形

图 8-24 L 中电流波形

(2)过流保护电路 如果不限制 L 中的电流,就会烧坏 VT_3 和 VT_4,进而烧坏步进电动机绕组 L。图 8-22 中的 U8 及外围元件组成步进电动机过流保护器。

U8 的 10 引脚由 $VD_4 \sim VD_6$ 限制在 2.1V,决定了过流保护电路启动的电动机电流值。而 11 引脚采样 0.19Ω 电阻上的压降(正常时 X 轴压降为 0.8V;Z 轴压降为 1.2V),反映了 L 中电流的大小。所以,正常工作时,U8 的 13 引脚呈低电平,Y11 输出低电平,晶闸管 MCR100-6 不导通;VD_7 不导通,CNC 系统无过流信号报警。L 中的电流超过额定值并且 U8 的 11 引脚超过 10 引脚的采样电压时,U8 的 13 引脚翻转,呈高电平,VD_7 和晶闸管 MCR100-6 导通。VD_7 导通使 CNC 系统暂停正在运行的其他程序;晶闸管导通时,用 ID 显示哪块驱动板过流,同时由 X3 端输出过流信号断开驱动板的 +12V 电源。

按理论分析,功率管 VT_3 的 c、e 结短路,造成 +150V DC 无法关断,这时 L 中电流将超过额定值,但经保护电路控制之后,VT_4 应当不能损坏。但笔者维修该车床的记录均是 VT_3、VT_4 的 c、e 同时击穿短路损坏或断路损坏。由于 QNC 系统内部对驱动板的过流信号处理电路无图纸说明,笔者不能分析其 VT_4 烧坏的原因。为了避免 VT_3、VT_4 同时损坏,笔者将图 8-22 的线路作了改动，改动部分的线路如图 8-22 中的虚线连接所示。

四、驱动板故障的检修

模块常见的故障主要是端口 Y10、Y9 输出的电平不正常。可采用如下检修方法。

1. 粗略判断故障所发生的部位

（1）如果车床发生的是过流故障，系统发出过流报警，肯定是驱动板发生了过流。先不要断开电源，根据驱动板上点亮的指示灯，就可以断定是 X、Z 轴的某一块板有故障，可假定是 X 轴驱动板的故障；然后，断开机床电源，用万用表电阻挡测量 VT_3、VT_4 的 c、e 结是否短路。如果是，更换 VT_3、VT_4 新管，否则进入下一步的调试。

（2）如果不是过流故障，则可能是 X、Z 轴车削时的丢步故障。假定是 X 轴丢步，先断开机床电源后，拆下 X 轴的全部驱动板连接 +150V DC 的电源线后，进入下一步的调试。

2. 驱动板的调试

驱动板被拆下进行调试时，需要一个具有输出 5V、12V、150V 的直流电源板、异步二进制递减计数器和大功率可调电阻。

（1）**调试台电源板的制作方法**　调试台电源板采用一个输出有交流 6V、12V、24V、110V 的机床变压器，然后按照图 8-25 的原理图，直流各输出端用较长的导线，导线的另一端焊接上鳄鱼夹，然后将 5V 电源的输出线用鳄鱼夹接到要检修的驱动板 X6、X1 端；同理，接好 12V 和 150V 电源。

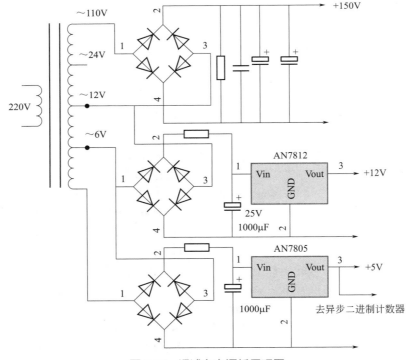

图 8-25　调试台电源板原理图

（2）**异步二进制递减计数器的制作方法**　用 CC74HC74 制作的异步二进制递减计数器

的原理图如图 8-26 所示。将输出 Q1、Q2、Q3 分别接到驱动板的 X7、X9、X10，然后将驱动板的 X8 和 X1 用导线短接。异步二进制递减计数器的作用是模仿 CNC 系统的 X7、X9、X10 端发出的波形，代替驱动板端 Y4 或 X5 正常工作的波形。

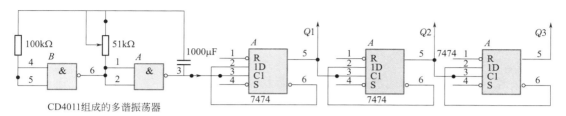

图 8-26　异步二进制递减计数器的原理图

（3）步进电动机绕组 L 的代替　步进电动机绕组 L 可用两片 1592 的电阻并联来代替使用。选用原则是使 VT$_3$、VT$_4$ 回路的电流不要超过图 8-22 中 U8 的保护动作电流值约 21A。

做好上述准备后，接通备用电源，用示波器测量驱动板上各点波形，结合图 8-22 就很容易地检修驱动板了。

对于车床丢步的故障，在检修时，有可能驱动板并没有故障，这时应当检查相应驱动轴的滚珠丝杠副和轴承是否磨损或失调等原因。检修完的驱动板安装到机床上后，还不能立即通电试验，因为引起驱动板损坏的原因并不一定是驱动板本身，还可能有以下的两种原因。一是电动机接头处流进切削液造成接头导线短路。再次给机床通电以前，首先将 CNC 系统箱后连接步进电动机的 7 芯航空插头拔下，用万用表测量电动机和电动机电缆是否有短路故障，如无故障，才可通电试验。二是电源板有故障。只有上述两种故障排除后，才可以通电试验驱动板。

第三节　电火花线切割机步进电动机失步等故障的检修

一、故障原因

步进电动机不能紧锁、停转和失步等常见故障的原因有以下几种：

❶ 驱动步进电动机的脉冲频率太高，使步进电动机不能响应，发生失步或堵转。

❷ 驱动电源不佳而造成步进电动机失步。

❸ 步进电动机控制及驱动电路常见的故障有停转、摆动和不能紧锁。

❹ 工作台负载过重能造成步进电动机失步甚至停转。

❺ 步进电动机本身问题或绕组烧坏造成失步或停转。

二、故障解决办法

1. 驱动步进电动机的脉冲频率太高

这会使电动机不能响应，造成失步或堵转。有效转矩会随电动机速度迅速下降，所以一般规定限制速度≤3000r/min，使步进电动机可提供良好的位移保证。要解决这样的失步，办法有两个：

（1）降低步进电动机转速。可检查在变频取样输入端并联的稳压主极管是否烧断，此稳压二极管在输入空载电压达到稳压二极管的反向电压值后，即会反向导通，将高于稳压值的高压部分削掉，起到限定空载速度作用。该稳压二极管一般取稳压值为10V左右的中功率管。

（2）减少线路时间常数。

此法对于在较旧的机床上进行改进较有效，具体做法如下：

❶ 加大限流电阻的同时，提高驱动电源的电压，例如从原来的24V提高到30V或更高。

❷ 在每个限流电阻上并接电解电容，其电容量可根据现场步进电动机吸合力度决定。一般步进电动机吸合时，稍用手力是不可能转动工作台的移动手柄的，较好和较新的步进电动机单用手力是转不动的（步进电动机一般输出功率在1kW以下）。我们还可以调控线切割机的控制台，分别对三相六拍控制方式和双三拍控制方式用同样的较高运转速度驱动步进电动机，如果两种控制方式都没有失步，可说明步进电动机吸合力还可以，电容量可不增加；如果用三相六拍控制方式时没有失步，而用双三拍控制方式时有失步，可说明步进电动机吸合力还是不够，电容量可适当增加；若增加电容量后吸合力还是不够，就要另找原因。

❸ 在阻尼二极管回路中串接电阻。但要注意该电阻值的调整，使步进电动机低速转动时不会产生共振现象。

❹ 采用较先进的电路或器件替代步进电动机的驱动电路。图8-27所示是用10V电源的晶体管功放管驱动电路（一般多用24V电源）。图8-28所示是采用IRF640场效应功放管驱动电路。单板微机PIO输出控制信号X_{ao}、X_{bo}、X_{co}、Y_{ao}、Y_{bo}、Y_{co}，并经达林顿驱动电路1413直接驱动场效应功放管的栅极，1413起一定的放大和隔离作用，此电路的实际应用效果较好。

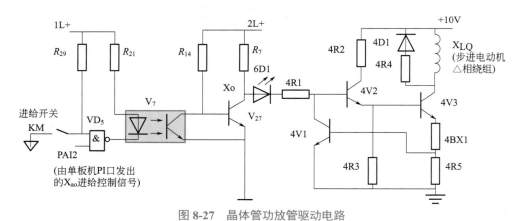

图8-27 晶体管功放管驱动电路

图8-29所示为用达林顿作功放管的驱动电路，由于前级供给它的驱动电流可比用晶体管时小得多，因此，该电路可做得很简洁；对于用微机（386、586等系列）的线切割机控制台，可在该"计算机"主板上插入一块专用电子板卡，安装和使用驱动程序软件，输出控制信号X_{ao}、X_{bo}、X_{co}、Y_{ao}、Y_{bo}、Y_{co}，驱动步进电动机。

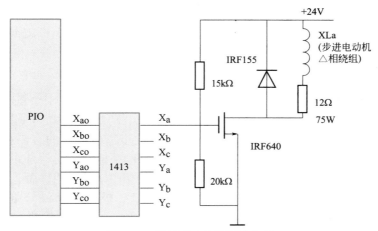

图 8-28　场效应功放管驱动电路

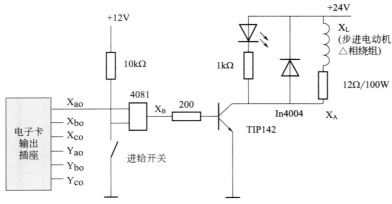

图 8-29　用达林顿作功放管的驱动电路

2. 步进电动机驱动电源不佳也能造成电动机失步

虽然驱动电源的设计能保证电动机不失步，但使用中电源会出现故障。若滤波电容漏电、击穿或损坏后，直流输出会变为没有滤波的全波整流波形输出（图 8-30），假如有某一驱动脉冲刚好在过零处 t（或 2，3，…等），那么电动机最多只能得到图 8-30 所标出的电压波形，这样电动机就很容易出现失步。当步进电动机失步时，应检查步进电动机驱动电源输出波形好不好。若波形不好，纹波过大，则应查出损坏的滤波电解电容；输出波形的纹波较大，说明滤波电容变质，应换新的，并尽可能加大电容容量，最好多个电容并联使用。也可考虑使用三相桥式整流电源，来减低滤波电容容量减少而失效的影响。而增大电容容量，可更有效地减少步进电动机驱动电源纹波，提高电源质量。

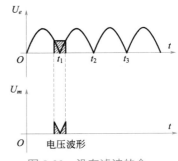

图 8-30　没有滤波的全波整流波形输出

如电源内阻变大，整流在有负载时，输出电压就会偏低，也可能造成步进电动机失步。例如：整流二极管自身内阻变大，或因虚焊和接插件接触不良使接触电阻变大，步进电动机得不到应有的驱动功率支持，也会造成失步。此时，可让电源带上最大负荷（如让各个步进电动机处于两相通电），然后测量输出电压和波形，若电压偏低，可采取升高电压措施。如是电源的输出特性太软，随着负载的增加，电压跌落会更严重，就应注意电源内阻，甚至会是电源变压器的内阻问题，必要时可考虑更换内阻较小的电源变压器。

3. 步进电动机控制及驱动电路常见的故障有停转、摆动和不能紧锁

例如某 DK7725e 型数控电火花线切割机的步进电动机驱动电路（图 8-27）出现类似故障，到生产现场，可看到控制台面板上代表 Y 轴步进电动机的有一相步进信号指示（如图 8-27 中的发光二极管 6D1）不亮，且发现滑板移动手柄左右摆动，并发出异常振动声响，不能正常旋转。此时可判断故障多半是控制信号三相中缺某一相，而造成电动机缺相供电；更换功放板后，发现如图 8-27 的功放板中代号 4V2 三极管的 be 结开路，用 3DG130 更换后恢复正常。假如另有原因还没有发现问题，可从 PI/O 逐级往后检测，并与同类信号之间做对比测量，可较容易查找出故障原因。

查找与步进电动机控制信号有关的故障时，要注意观察主控制器面板上分别代表 X、Y 轴步进电动机的三相步进信号显示是否正常，如指示发光管常亮或常暗，则可能是驱动功率管损坏或接口电路故障。另外还应注意步进运行时指示发光管闪亮是否按一定的规律。如用三相六拍控制方式，3 个发光管在任一时刻应是 1 亮 2 暗或 2 亮 1 暗，循环闪动。为了便于观察和使用万用表测量，可把人工变频调得比较慢（约 1s 走一步），这时，必须对控制信号怎样传输以及各信号在电路板上的实际位置要有明确的认识，必要时可画出电路草图。若发现驱动脉冲断掉了某相，可先测量电动机各相驱动脉冲是否正常。若不正常，首先应检查驱动电路；若正常，就要检查电动机绕组是否有某相断路或短路。

4. 工作台负载过重也能造成步进电动机失步甚至停转

对于适当大小的驱动负载，步进电动机在运动过程中会产生小幅速度波动；当大小适当时，步进电动机提供可重复的运动和位移，并以一定的转速驱动工作台。但当工作台的阻力突然变大，超过步进电动机的输出转矩时，就会造成失步。例如检修机床的丝杠、螺母后，将二者的配合调得过紧；丝杠螺母间混进杂物，增大了摩擦力；工件或夹具与线架等摩擦或顶住；防护部件与线架等摩擦或碰撞等原因，都会使步进电动机负载过重拖不动或失步。

5. 步进电动机本身问题或绕组烧坏会造成失步或停转

若电动机长时间运行发热或超负荷运行烧坏绕组，将不能建立旋转步进磁场，电动机就会停转或摆动。所以要及时更换或维修步进电动机，这样可有效提高控制精度。随着电子技术的发展，电火花线切割机的技术水平不断提高，我们需要不断学习，总结维修经验，结合平时检修情况对线切割机进行有效的技术改进，这对降低故障停机率、提高生产效率和适应技术进步的要求很有必要。

第四节　直流伺服控制

一、直流伺服电动机控制特性及主要参数

直流伺服电动机是自动控制系统中具有特殊用途的直流电动机，又称执行电动机，它

能够把输入的电压信号变换成轴上的角位移和角速度等机械信号。直流伺服电动机的工作原理、基本结构及内部电磁关系与一般用途的直流电动机相同。

直流伺服电动机的控制电源为直流电压，分普通直流伺服电动机、盘形电枢直流伺服电动机、空心杯直流伺服电动机和无槽直流伺服电动机等。普通直流伺服电动机有永磁式和电磁式两种基本结构类型。电磁式又分为他励、并励、串励和复励四种，永磁式可看作是他励式。

特点：转子直径较小，轴向尺寸大，转动惯量小，因此响应时间快，但额定转矩较小，一般必须与齿轮降速装置相匹配。用于高速轻载的小型数控机床中。

1. 直流伺服电动机的基本结构

图 8-31 为直流伺服电动机的结构，主要包括定子、转子、电刷与换向片三个部分。

2. 直流伺服电动机的分类

（1）根据电动机本身结构的不同，可分为以下几类：

❶ 改进型直流伺服电动机转子的转动惯量较小，过载能力较强，且具有较好的换向性能。

❷ 小惯量直流电动机最大限度地减少了转子的转动惯量，能获得最好的快速特性。

❸ 永磁直流伺服电动机能在较大过载转矩下长期地工作，转动惯量较大，无励磁回路损耗，可在低速下运转。

❹ 无刷直流电动机由同步电动机和逆变器组成，而逆变器由装在转子上的转子位置传感器控制。

（2）根据直流电动机对励磁绕组的励磁方式不同，可分为他励式、并励式、串励式和复励式四种。如图 8-32 所示。

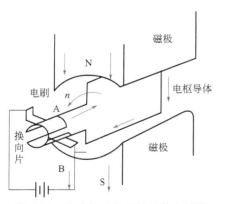

图 8-31　直流伺服电动机的基本结构

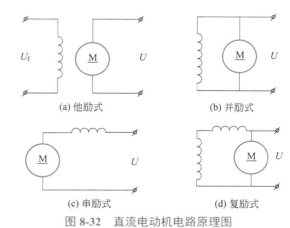

图 8-32　直流电动机电路原理图

3. 直流伺服电动机的技术参数

❶ 额定功率是指电动机轴上输出功率的额定值，即电动机在额定状态下运行时的输出功率。在额定功率下允许电动机长期连续运行而不致过热。

❷ 额定电压是指电动机在额定状态下运行时，励磁绕组和电枢控制绕组上应加的电压额定值。

❸ 额定电流是指电动机在额定电压下，驱动负载为额定功率时绕组中的电流。额定电

流一般就是电动机长期连续运行所允许的最大电流。

❹ 额定转速也称最高转速，是指电动机在额定电压下，输出额定功率时的转速。直流伺服电动机的调速范围一般在额定转速以下。

❺ 额定转矩是指电动机在额定状态下运行时的输出转矩。

❻ 最大转矩是指电动机在短时间内可输出的最大转矩，它反映了电动机的瞬时过载能力。直流伺服电动机的瞬时过载能力都比较强，其最大转矩一般可达额定转矩的 5 ~ 10 倍。

❼ 机电时间常数 τ_j 和电磁时间常数 τ_d 分别反映了直流伺服电动机两个过渡过程时间的长短。τ_j 通常小于 20ms，τ_d 通常小于 5ms，两者之比通常大于 3，因而通常可将直流伺服电动机近似地看成是一阶惯性环节。

❽ 热时间常数是指电动机绕组上升到额定温升的 63.2% 时所需的时间。

❾ 阻尼系数又称内阻尼系数，其倒数即为机械特性曲线的斜率。

4. 直流伺服电动机的特性参数

❶ 转矩 - 速度特性曲线，又叫工作曲线，如图 8-33 所示。

❷ 负载 - 工作周期曲线，如图 8-34 所示。

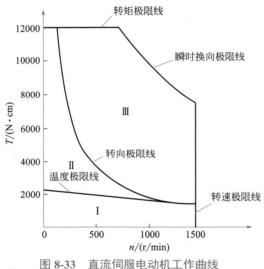

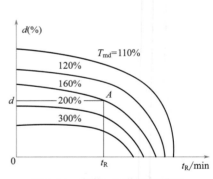

图 8-33　直流伺服电动机工作曲线

Ⅰ—连续工作区；Ⅱ—断续工作区；Ⅲ—加、减速区

图 8-34　负载 - 工作周期曲线

二、SG1731D 在机床直流伺服随动系统中的应用

1. 位置随动系统组成

利用单片机对普通车床进行位置的给定、比较和运算。输出位置给定和反馈的模拟信号，经过 SG1731D 的比较运算，产生 PWM 调制信号，再经过 IGBT 功率放大驱动直流伺服电动机，由增量式光电编码器进行实际位置的反馈，构成半闭环位置伺服控制系统，实现机床进给位置的任意控制。系统具有数控机床的回零功能。该系统用于自动控制原理及系统课程的位置随动系统实验，具有定位精度高、速度调节和快速响应性好等特点。

位置随动系统组成见图 8-35。光电编码器 1024 脉冲 / 转，数控车床的丝杠螺母副螺距为 12mm，电动机和丝杠及编码器采用 1：1 的直接连接或选用同步齿型带连接，脉冲当量为 1.17μm，为保证系统的定位精度，利用编码器的零位信号及回零减速信号可实现返回参考点功能。光电编码器的计数脉冲信号经单片机的计数器统计后，作为实际位置信号，处理后经过 D/A 转换电路作为 SG1731D 的速度反馈信号；由键盘给定的位置信号经过另一路 D/A 转换电路后输出位置给定信号，在 SG1731D 中进行比较和处理控制直流伺服电动机的正、反转，控制工作台移动。

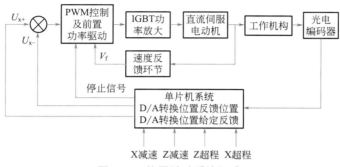

图 8-35　位置随动系统组成

2. SG1731D-PWM 集成电路

（1）电路组成　图 8-36 为 SG1731D、IGBT 和直流伺服电动机的位置伺服系统原理图。图中，SM 为永磁直流伺服电动机。电路由 4 个 IGBT 组成（H）型电路，$VD_1 \sim VD_4$ 为续流二极管。H 型电路可由 ±22V 电源供电，可以直接连接 SG1731D 的 +V0，也可以外接直流电源，根据电动机的功率和额定电压决定。SG1731D 专用集成电路由 +22V、+15V 直流电源供电。位置给定信号由单片机系统的 D/A 转换送到 4 脚；位置反馈信号经单片机处理后经 D/A 转换送到 3 脚。禁止信号输入后禁止 PWM 的输出，电动机停转。

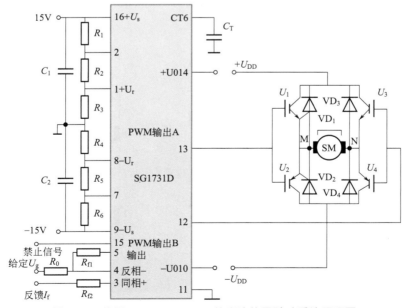

图 8-36　基于 SG1731D-PWM 的直流位置随动系统原理图

（2）系统工作原理　SC1731D-PWM 芯片内部有三角波发生器、偏差信号放大器、比较器和桥式功放电路等。原理是将直流电压信号与三角波电压叠加后形成脉宽调制波，再经桥式功放电路输出。它具有外触发保护、死区调整和 +100mA 的输出能力。振荡频率为 100Hz ～ 350kHz 可调，适用于双极型 PWM 控制，为专用的 PWM 集成电路。

（3）电源及电压信号　SG1731DPWM 集成电路需要两组电源，一组电源 $\pm U_\text{S}$（+3.5 ～ +15V）用于芯片的控制；另一组电源 $\pm U_0$（+2.5 ～ +22V）用于桥式功放电路。此功放电路的输出电流可达 $\pm 100\text{mA}$。

由图 8-36 可见，$\pm 15\text{V}$ 电源分别经电阻 R_1、R_2、R_3 和 R_4、R_5、R_6 分压产生 $2U_\text{A+}$、$2U_\text{A-}$ 和 $\pm U_\text{T}$，适当选择这些电阻的阻值，可得到所需的电压。此外，$\pm 15\text{V}$ 电源经 C_1、C_2 0.1μF 电容接地，以消除电源的高频干扰信号。

（4）偏差放大及 PWM 发生器　图 8-36 内部有 A3 偏差放大器。它的正、反相输入端③、④和输出端⑤均引出片外，因此，通过配置不同的输入电阻 R_e 和反馈电阻 R_f 可构成不同放大倍数的调节器，比例系数 $K=R_f/R_e$。若给定电压为 U_g，反馈电压为 U_f，则此比例调节器的输出电压为 $K(U_\text{g}-U_\text{f})=2U_\text{c}$，$U_\text{c}$ 为经除法器后的控制电压。图 8-37 是由比较器、RS 触发器和电子开关组成的正、反向恒流充电的三角波振荡器和波形图。

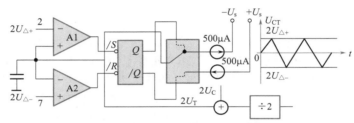

图 8-37　三角波振荡器电路原理图

改变电容 C_T 的值可以改变三角波的频率。控制电压 $2U_\text{c}$ 和三角电压 $2U_\triangle$ 叠加除 2 后在与比较器 A4、A5 的阈值电压 U_T、$-U_\text{T}$ 比较后产生 PWMA 和 PWMB 的输出电压，如图 8-38 所示。

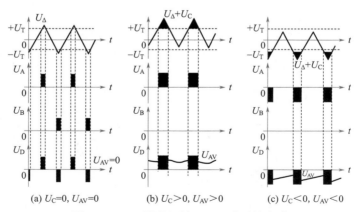

(a) $U_\text{C}=0$, $U_\text{AV}=0$　　(b) $U_\text{C}>0$, $U_\text{AV}>0$　　(c) $U_\text{C}<0$, $U_\text{AV}<0$

图 8-38　无死区单极性 PWM 波形的生成

当单片机给定位置信号经过 D/A 转换后 $U_\text{g}>U_\text{f}$（位置反馈信号），$U_\text{C}>0$，见图 8-38（b）的 PWMA 输出信号，控制电动机正转，$U_\text{g}<U_\text{f}$ 时，见图 8-38（c）PWMA 输出信号，控制电动机反转，当 $U_\text{g}=U_\text{f}$ 时，见图 8-38（a）PWMA、PWMB 输出信号，电动机转子绕组电压

平均电压为 0，电动机处于动态停机状态。

（5）注意事项

❶ $+U_s$ 与 $-U_s$ 的差值不能小于 7.0V，不得超过 30V。

❷ $+U_o$ 与 $-U_o$ 的差值不能小于 5.0V，不得超过 44V。

❸ IGBT 组成的 H 型功放电路的电压应根据直流伺服电动机的要求，既可使用该集成电路的 $\pm U_o$，也可以另外由外部供给电源。

3. 单片机系统的电路组成和作用

单片机系统主要由 MCS-51 系列的 8031、地址锁存器 74LS373 和由 8155 构成的键盘与 LED 显示电路、片选信号的译码器电路 74LS138 和程序存储器 2764 和数据存储器 6264 及两片 D/A 转换电路 DAC0832 等组成，电路原理见图 8-39。单片机系统与机床侧的输入和输出必须经过光电隔离，电平转换等抗干扰措施。

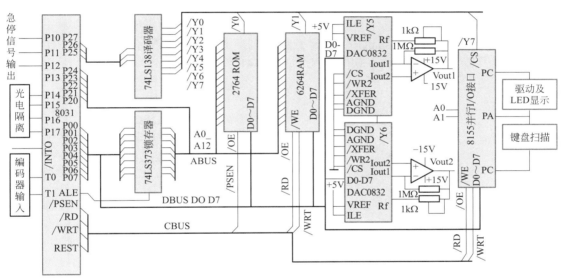

图 8-39　单片机系统电路原理框图

单片机系统软件包括 8155 的初始化、键盘扫描电路、键盘处理程序、动态显示程序、光电编码器的数据处理和 D/A 转换程序及速度处理程序、回零速度给定和方式控制、超程及解除等。

该位置随动伺服控制电路调试简单。由于是实验装置，未采用滚珠丝杠螺母副。由于滚珠丝杠螺母副间隙、导轨的平行度等引起的误差，定位精度达到 2μm，通过进行参数调整后，快速性比较好，无超调，基本满足实验需求。

三、基于 PC + PCI 的直流伺服系统测试平台

1. 系统硬件设计

测试平台硬件由工业控制计算机、具有 D/A 功能的 PCI1721 板卡、具有数据采集功能的 PCI1753 I/O 板卡和待测试的直流伺服系统组成。I/O 板卡采集伺服系统中光电角度传感器输出的角度位置信号，并通过 PCI 总线送给计算机，计算机根据当前的位置与预设定的位置进行比较，然后通过一定的算法计算出相应的控制信号，由 D/A 板卡输出，经伺服电动

机的功放模块放大后，驱动直流伺服电动机运动，直到转到设定的位置为止，系统的原理框图如图 8-40 所示。

本系统采用的 PCI 板卡为研华科技的工业级板卡，适用于各种工业现场的控制与数据采集，可插入工业 PC 机或兼容机 PCI 总线插槽上，在安装了相应板卡的驱动之后，就可以通过板卡的操作函数对板卡进行操作。PCI1721 集成了 4 个通道的模拟输出，每个通道都带有独立的 12 位的 D/A 转换器，并具有最大 10MHz 的数字更新速率，同时可以分别设置每个通道的单极性或双极性的电压输出范围。该板卡还提供了板上 FIFO 存储缓冲，可以为 D/A 转换存储多达 1K 个采样值。此外，PCI1721 还集成了 16 通道的数字 I/O 和一个 10MHz 的 16 位定时器。本系统设计利用该板卡的 4 路独立的 D/A 输出通道，作为计算机输出给电动机功放模块的控制信号输出通道。

PCI1753 是一款 96 通道的 I/O 板卡，具有端口监控和输出状态回读功能。系统选用该卡采集三路角度传感器输出数据。

2. 系统软件设计

本系统计算机软件以 VisualC++6.0 为平台，包括存储模块、控制信号的计算、存储与发送模块，以及板卡的操作模块。软件流程图如图 8-41 所示。

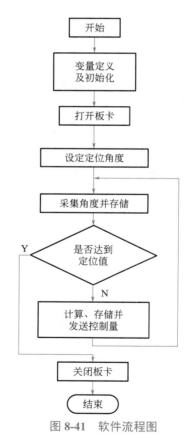

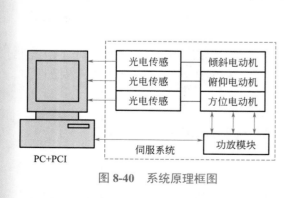

图 8-40　系统原理框图

图 8-41　软件流程图

3. PCI 板卡的编程操作

研华科技的 PCI 板卡都有其相应的板卡驱动，系统用到的 PCI1721 和 PCI1753 板卡在出厂时都提供了相应的驱动。将研华科技公司的设备管理程序 AdvantechDeviceManager

安装到计算机上，再将两个板卡的驱动装到计算机系统中。如果安装正常，打开 AdvantechDeviceManager 程序，就可以对两个板卡的参数进行设置，也可以对两个板卡进行测试。本系统软件编程时，将对板卡的所有的操作封装成了一个单独的 CpciCard 类，该类派生于 CWnd 类。

CpciCard 类中把研华科技提供的对板卡操作时用到的头文件包含进去，如板卡设备的函数声明、数据结构定义和状态代码的头文件 DEVICE.H、事件类型定义的头文件 EVENT.H、驱动函数头文件 DRVER.H 和参数头文件 PARAS.H 等，同时还要把与板卡操作有关的 Adsapi32.lib、adsapi32bcb.lib 和 AdsDEV.lib 等库文件包含进来。具体板卡的编程操作可参考厂家文件，此处不再赘述。

四、基于 DSP 的雕刻机用直流伺服控制器

1. 直流伺服雕刻机系统结构

所研发的直流伺服雕刻机系统结构图如图 8-42 所示。上位机（根据插补算法的复杂程度选用相应的处理芯片，如 51 系列单片机或 DSP）根据雕刻软件生成的轨迹坐标按照一定插补算法给出离散参考速度信号，并通过串口实时传送给直流伺服运动控制器。运动控制器根据给定的 X 轴和 Y 轴参考速度信号（通过离散积分即可得到参考位移信号），结合编码器反馈回的 X 轴和 Y 轴实际位移输出，经 ZPETC 控制器、PD 控制器和干扰观测器于一体的直流电动机伺服控制算法算出 X 轴和 Y 轴两组 PWM 信号。这两组 PWM 信号分别用来触发 X 轴和 Y 轴电动机的功率驱动模块（L6203），控制雕刻机的 X 轴和 Y 轴电动机运行来完成实际加工任务。

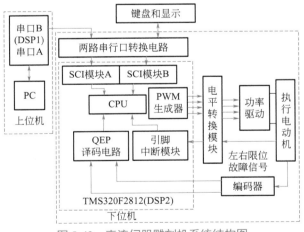

图 8-42 直流伺服雕刻机系统结构图

2. 控制芯片选择

针对二维雕刻机加工平台的特点，上位机一次刻绘复杂图形轮廓经插补算法将生成数据总量达几十兆甚至更多兆的参考速度信号。如果运动控制器一次性接收完所有的参考速度信号再生成 PWM 信号后驱动电动机开始雕刻加工，不但需要外扩相当容量的 RAM 来保存临时数据，而且增加了系统硬件成本和复杂程度，同时，接收数据也会消耗数分钟甚至更长的时间，从而降低了系统的加工效率。

为了降低系统硬件成本，提高加工效率，运动控制芯片必须具备完成实时控制的能力，即在接收参考速度信号的同时就生成 PWM 信号驱动电动机开始雕刻加工任务，这就要求控制芯片在完成复杂运动控制算法的同时还要有足够的时间来接收实时参考速度数据。这里选用 TMS320C2812 型 32 位定点 DSP 作为直流伺服运动控制器的控制芯片。该芯片主频高达 150MHz，内含的 128KB×16 位 Flash 存储器可用来存放运动控制程序。片内的 128KB×16 位的 SRAM 可用来存放少量的实时参考速度信号和控制算法中需要的中间变量。如图 8-42 所示的片上异步串口通信（SCI）模块加上外扩的异步串口收发器（MAX3160）可用来实时接收上位机的参考速度信号，传输速率高达 1Mbps。

事件管理器（EV）模块上的正交编码脉冲单元（QEP）可用来实时接收编码器的反馈位移信号。比较器单元可硬件生成驱动电动机的 PWM 信号。综上所述，一片 TMS320C2812 芯片再加上 3 片外围器件（电源芯片，异步串口收发器，电平转换芯片）就可组成一个完整的直流伺服运动控制器，较好地解决了系统的控制性能与硬件成本及复杂程度之间的矛盾。

3. 反馈位移检测

为实现位置闭环控制算法，运动控制器需实时检测执行电动机输出的实际位移信号。TMS320C2812 每一个事件管理器模块（EVA/EVB）都有一个正交编码脉冲（QEPAVQEPB）电路。选择引脚 CAP1/QEP1 和 CAP2/QEP2 作为 X 轴电动机编码器信号输入口，引脚 CAP3/QEP3 和 CAP4/QEP4 作为 Y 轴电动机编码器信号输入口。正交编码脉冲输入单元（QEP）能对脉冲前后沿进行计数，并可根据两路脉冲的相序关系确定计数方向。内部定时（计数）器 T2、T4 分别用来作为 QEPA 和 QEPB 的计数器。T2 和 T4 的控制寄存器初始值设为 0x1870，即其计数模式为定向增 / 减模式，并由 QEP 电路生成计数方向信号。由于 QEP 逻辑为计数器 2（或 4）产生的时钟频率是每个输入脉冲序列的 4 倍，而系统所选编码器的脉冲当量为 25μm，故本系统中计数器的脉冲当量为 6.25μm。另外，编码器输出的是 5V 电平信号，需要经过 SN74CBTD3384C 芯片转换为 3.3V 电平信号再送到 DSP 的编码器输入引脚。

值得注意的是在系统初始化时或每个控制周期读取计数寄存器（T2CNT 或 T4CNT）值后需要将其复位到 0x7FFF。这样做的目的有两个：一是防止系统启动时计数器溢出（如 T2CNT 设为 0 而计数方向为减），二是防止系统连续单向运行时累计的位移脉冲当量超过计数器计数范围而溢出。将计数器复位到 0x7FFF 后，只需要满足每个控制周期的脉冲增（减）量不超过 0x7FFF 即可保证计数器不溢出，降低了计数器对 X-Y 轴运动范围的限制。系统的当前位移可通过软件将每个控制周期检测出的位移增（减）量累加得到。

4. 功率驱动和保护

雕刻机的直流伺服执行元件选用 9234C130-R5 系列直流伺服电动机，其额定电压为 19.1V，电枢电阻为 1.89Ω，最大转速可达 6000r/min，最大工作电流约为 10A。选用 L6203 作为电动机功率驱动模块，其最大工作电压 48V，峰值电流可达 5A。该芯片及其外围电路图见图 8-43。

L6203 的 5 脚、7 脚分别为 H 桥的两路 PWM 脉冲控制信号的输入接口。两路脉冲信号相互补。即当 5 脚脉冲信号为高电平时，7 脚则为低电平，此时电动机电枢电压为正，反之为负。1 脚为 L6203 使能工作信号。当 1 脚接入逻辑高电平时，L6203 为使能工作状态。为实现该雕刻机控制系统故障保护功能，此系统的复位信号包括手动复位和软件复位且都与 DSP 的复位引脚相连，从而实现对 DSP 的复位操作，保证系统的正常工作。软件复位（通过向特定地址写低电平经译码后送复位端），当系统数据传送错误或雕刻机刀具碰到架台的左右限位器，复位信号以逻辑低电平形式输给 1 脚使得 H 桥置于续流态，执行电动机迅速停机。

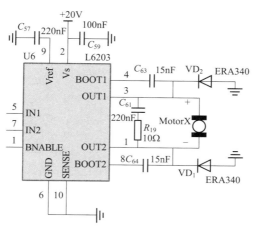

图 8-43　功率驱动芯片 L6203 及外围电路图

五、低成本直流伺服电动机调速系统

1. 调压调速原理

直流电动机的速度与加在电枢上的端电压 U_0 成正比。端电压的计算公式如下：

$$U_0 = \frac{t_1 U_v + 0}{t_1 + t_2} = \frac{t_1}{T} U_v = \alpha U_v \tag{8-1}$$

式中，α 为占空比，$\alpha = \dfrac{t_1}{T}$，占空比 α 表示了一个周期 T 里开关管导通时间与周期的比值。α 的变化范围为 $0 \leqslant \alpha \leqslant 1$。由此式可知，当电源电压 U_v 不变的情况下，电枢端电压 U_0 的平均值取决于占空比 α 的大小，改变 α 值就可以改变端电压的平均值，从而达到调速目的。

2. 直流伺服电动机驱动电路

直流伺服电动机驱动电路有两种基本形式：其一为使用晶闸管构成移相调压；其二为使用大功率管，可以是双极型三极管，可以是功率场效应管，也可以是 IGBT 管（输入端为 MOS 而输出端是双极型管），本系统使用的是第一种。该电路如图 8-44 所示，由以下五部分组成。

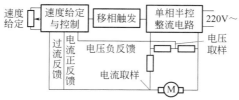

图 8-44　电动机驱动电路示意图

（1）整流电路　整流电路如图 8-45 所示。一条整流电路是由 VD$_8$、VD$_9$、SCRI、SCR2

组成的单相半控桥式可控整流（可自零到最大无级调压，这里是 0 ～ 200V），SCR1 及 SCR2 是由来自"T"可变占空比的方波进行移相触发的。220V，50Hz 的交流电经整流桥整流时，若 4 个桥臂的元件均为二极管，则整流后的直流电压应为 220×0.9=198V，且无法调节。

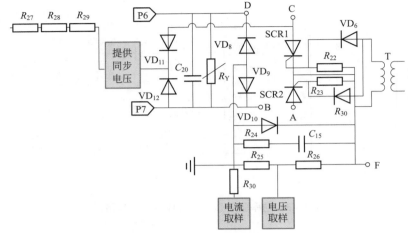

图 8-45　整流电路示意图

当然这种电源驱动直流伺服电动机是不能调速的（这种电动机的转速是与其驱动电压成正比的）。若将桥的 2 个桥臂的元件换为单相晶闸管（即 SCR1 和 SCR2）后，当其控制极加上脉冲电压时，就会随着脉冲电压的早晚改变晶闸管的导通状态。当 G 不加脉冲则 SCR 不导通，桥便不能整流输出电压为 0，电动机停转。若 G 在一个周期开始就加上脉冲，则 SCR 将会在全周期内导通，这时相当于桥使用了 4 个二极管，也就能得到整流的最高电压 198V。如果我们设法控制 SCR 的 G 极在一个周期内加脉冲的早晚，就能得到不同的整流输出电压。如图 8-46 所示。当矩形脉冲的占空比变小时，SCR 导通角变小，此时输出电压变低（矩形波的占空比 = 脉宽 / 周期）。

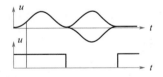

图 8-46　利用占空比调节电压

另一条整流电路是由 VD$_{11}$、VD$_{12}$、VD$_8$、VD$_9$（重复使用）来完成的。整流后得到的 198V 直流脉动电压再经 R$_{27}$、R$_{28}$、R$_{29}$，三个电阻降压和稳压（图 8-45）得到 20V 的稳压脉动电压用来供给 SCR 移相脉冲的同步电压，然后该脉动电压再经滤波后得到较为纯净的直流用作控制电路的电源。

（2）移相脉冲　Q$_3$（PNP）管的基极接到未经滤波的 20V 脉动电压后在 IC4 的反向端产生一组锯齿波。而 IC4 的同相端接入了控制直流电压，这一电压与反向端比较（IC4 实际是一个电压比较器）就可在 IC4 的输入端产生一个与主整流器正弦波同步的可改变脉宽的触发电压。当同相端输入电压越高时，输出端输出的脉宽越高，这就使 SCR 较早导通。相反，同相端输入电压较低，输出端输出脉宽变窄，SCR 导通变晚，当然输出主电压将随之发生改变，从而起到调速作用。电路工作原理如图 8-47 所示。

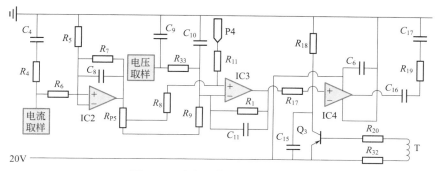

图 8-47　脉宽调节电路工作示意图

（3）速度给定电流正反馈及电压负反馈　若只考虑电动机调速，不考虑电动机的运转特性，只要在 IC4 的同相端加一个可调的直流电压即可。但是这时的给定速度只有在电动机负载是恒定的输入电压（主回路）是稳定的前提条件下才是稳定的，否则电动机转速会随着负载的加大、输入电压的降低而降低，反之会升高。这种情况我们称之为电动机特性太软。而在一般情况下，希望电动机具备硬特性：一旦设定电动机转速后，在电动机允许的最大负荷范围内无论负荷如何变化，或输入电压在允许范围内有所变化，电动机转速均应基本保持不变。要达到此目的，主要靠电路中的电流反馈（使用电流取样电阻），如图 8-47 所示。当电动机负载升高时，电动机电流升高，电阻上的压降升高。取样信号经 R_6 送到 IC2 的同相端进行放大后，传到 IC3 与转速给定信号混合，经过 R_{17} 传给 IC4 的同相端进行前述的移相触发。

IC3 是一个放大器，转送自 P4 接口的给定信号通过 R_{11} 进入 IC3 运放的同相端，即构成了同相放大（即进入的＋信号升高输出信号也升高若干倍）。与此同时，另一路电流信号通过 R_{P5}、R_8 也加到 IC3 的同相端，也就是电流信号与给定信号两者叠加，其中有一个升高输出就会升高。这就起到了正反馈的作用。

当电动机负荷加大时，电流必然加大，取样电阻上的压降随之加大，直到使 IC3 的输出上升、IC4 输出矩形波的占空比变大，使 SCR 在设定不变的情况下导通角提前，也就是使整流桥的输出电压升高，从而能够保持转速不变（准确地说是变化大为减小，此类电路能做到转速保持 ±5%）。当电动机运行中电源电压发生变化时（特别是升高时），必然会使电动机转速升高，为此，该电路设计了电压负反馈用来防止转速度因电源电压的升高而升高。由电压取样分压取得的电压信号经 R_{33} 加到 IC3 反相输入端，当该信号电压升高时会使 IC3 输出端下降，从而稳定了 SCR 的导通时刻，稳定了输出电压，稳定了电动机转速。

（4）过流保护　当负荷因某些原因突然变大超过了电动机的额定值时，电流取样电阻上的压降随之变大，这个信号送入比较器，并与限流设定值进行比较。一旦超过设定值，输出低电平。将 IC4 同相端拉低，也就是使移相脉冲波变窄，主电压降低，电动机速度大幅度降低，起到了保护电动机的作用。

（5）其他辅助电路　如图 8-48 所示。R_{P6}、VD3、C_{12} 组成的缓启动电路，防止开机瞬间电动机突然跳动。C_{13}、Q2、R_{31}、R_{13}、Q1、R_{12} 等组成了对 C_{12} 的放电电路。前述缓冲功能是基于开机瞬间使给定电压经 R_{P6} 和 C_{12} 的延时功能来完成的。当连续开关机时，常由于 C_{12} 的存电尚未放完而失去延时作用，这就不能完成缓启动功能。为此设置了关机放电电路。该电路是在关机瞬间 C_{12} 的存电尚未放完，通过 C_{13} 放电使 Q2 导通，C_{12} 存电放完。

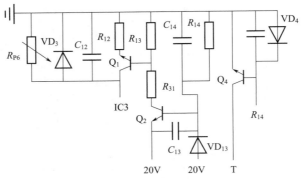

图 8-48　辅助电路

将上述的控制系统及示波器、速度测定仪接入系统中实验，可以观察到电动机的转速在不同负载、不同速度下稳定运行。输出不同的占空比，电动机的输出速度不同，占空比在 0 ～ 1 之间变化，电动机的转速由 0 变化到正向最大。本设计实现的直流电动机控制电路成本低，大大简化了外围电路，而且结构简单控制方便、使用安全。本系统现已制成板卡，可方便地接入调速系统中，已成功用于金相抛光机系列产品中，可使其速度误差在 ±0.3% 以内。现已销售 200 余台，产品质量跟踪结果中没有调速系统的问题，其可靠性现已在生产实践中得到充分验证。

六、大功率直流电动机速度伺服系统的设计

1. 系统整体结构

系统的整体结构框图如图 8-49 所示。

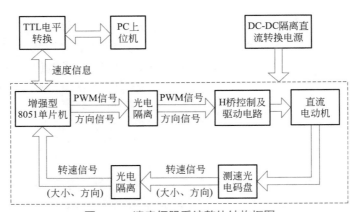

图 8-49　速度伺服系统整体结构框图

从图 8-49 可以看出，单片机一方面接收上位机控制软件发出的速度伺服指令，经过运算处理后输出相应占空比的 PWM 信号及转向信号，经光电隔离后传送至 H 桥控制及驱动电路以控制直流电动机动作；另一方面接收测速光电码盘的转速信号以修正 PWM 信号的占空比，进而形成闭环控制，同时将整个伺服过程经串口回送至上位机并在上位机上进行图形化动态显示。另外，整个系统的硬件电路使用两套电源，并用 DC-DC 直流隔离转换模块实现隔离。

2. 系统硬件电路设计

（1）单片机最小系统与系统电源　现今，单片机最小系统中已经包含了串口通信的硬件电路并且已经足够普及和成熟，这里不再累述，只是介绍一下本系统采用的增强型 8051 单片机 STC12C5A60S2，它是除了具备传统 51 单片机的所有资源外，还集成了 PWM、A/D 转换等多种接口模块的单时钟周期高速单片机。由于系统的硬件电路需要 12V 和 5V 两种电源供电，因此采用 DC-DC 隔离电源转换芯片 B1205S 将 12V 转换为 5V，以形成相互隔离的两套电源供系统使用。

（2）2H 型驱动及控制电路　整个 H 桥驱动及控制电路由三部分构成，分别是 H 桥功率驱动电路、控制 H 桥驱动电路的 L6384 及其周边电路以及控制 L6384 的逻辑门电路，硬件电路构成如图 8-50 所示。

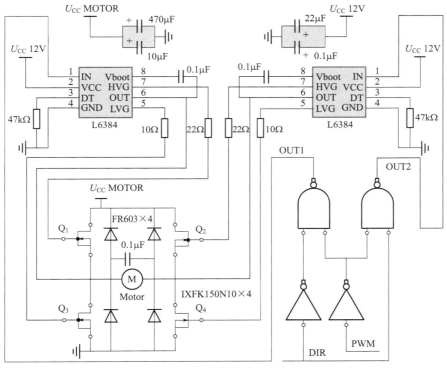

图 8-50　H 桥驱动及控制电路

从图 8-50 可以看出，本系统中的 H 桥功率驱动电路桥电压的大小由其驱动的电动机的电压决定，它采用 4 个耐高压的 N 沟道增强型 MOSFET-IXFK150NlO 作为桥臂，同时配备 4 个快速续流二极管 FR603，以给电动机提供续流回路和释放电动机制动或者转向改变时的感应电动势。其中，IXFK150N10 具有开关速度快（导通和截止延迟时间为 130ns）、导通内阻低、热敏电阻小、无二次击穿等优点，其电压、电流值可以达到 100V 和 150A，完全能满足大功率直流电动机驱动功率的需求。同时，在电动机的两端并联一个频率特性好的独石电容，以防止直流有刷电动机的电刷产生的尖峰电压对其他电路元件产生干扰。

在理论上，对于图 8-50 所示 H 桥驱动电路，其两组 MOS 管 Q_1 和 Q_4 与 Q_2 和 Q_3 的控制信号必须完全互补，但是由于 MOS 管自身都具有开关延时时间，完全互补控制将会出现同一个桥臂上的两个 MOS 同时导通而导致短路（即共态导通），因此，在实际中，必须在同一桥臂两个 MOS 管导通状态与截止状态之间增加一个低电平延迟，称为死区时间 J，死区时间的设置可以通过软件编程或硬件电路实现，本节就是通过半桥驱动控制芯片 L6384 的硬件电路实现的。

L6384 是能驱动 MOS 管或者 IGBT、具备施密特触发器输入和死区时间设置、驱动能力强、频率特性好的高电压半桥驱动控制芯片，其引脚功能定义如表 8-3 所示。

表 8-3　L6384 引脚说明

编号	名称	功能
1	IN	逻辑输入端。该端输入信号在 5 脚（LVG）和 7 脚（HVG）互补输出
2	VCC	电源端
3	DT/SD	死区时间设置端。通过外接电阻阻值的不同，可以设置死区时间范围 0.4～3.1μs
4	GND	接地端
5	HVG	高相位驱动输出端
6	VOUT	电压参考端。与 8 脚跨接自举电容以提供自举升压电压
7	LVG	低相位驱动输出端
8	Vboot	电压参考端。与 6 脚跨接自举电容以提供自举升压电压

由于 L6384 为半桥驱动控制芯片，因此，图 8-50 所示电路采用两片 L6384 来控制 H 型全桥电路，其硬件电路完全对称，周边电路的设置可以参照表 8-3，它们工作的协调性则是通过逻辑门电路实现的。由图 8-50 可知，单片机提供的电动机的方向控制信号和脉宽调制信号经过光电隔离后进入逻辑门电路，其输出 OUT1 和 OUT2 分别与 L6384 的信号输入端 1 脚相连，其真值表如表 8-4 所示。

表 8-4　逻辑门电路真值表

输入		输出	
方向控制信号 DIR	PWM 信号	OUT1	OUT2
1	PWM	1	PWM
0	PWM	PWM	1

若规定图 8-50 中 MOS 管 Q_1 与 Q_4 导通时，电动机两端的电压为正向电压，则从表 8-4 中可以看出，当逻辑门电路的输入为 PWM 信号和逻辑高电平的 DIR 信号时，输出端 0UT1 为高电平，0UT2 输出 PWM 调制信号，此时 U1 控制的 MOS 管 Q_1 导通、Q_3 截止，U2 则按照 PWM 信号控制 MOS 管 Q_2 和 Q_4 的交替导通，当 Q_4 导通时，电动机两端便施加正向电压；反之，当 DIR 信号为低电平时，电动机两端则施加反向电压。

（3）光电隔离及鉴相电路　系统在电源隔离的基础上结合光电隔离，以防止系统各级电路之间的干扰，由于系统中需要进行光电隔离的 PWM 调制信号和测速单元输出的转速信号的频率较高，因此光电隔离芯片采用高速光耦 6N137，具体的光电隔离电路比较简单，这里不再累述。

系统反馈测速单元需要完成对电动机转速大小和方向的测量，因此选用输出为两相正交矩形脉冲的 400 线（即编码器旋转一周输出两个数目为 400 的相位相差 90° 的矩形脉冲信号）光电增量式编码器，编码器与电动机通过齿轮连接，将其产生的两相脉冲经光电隔离后接上拉电阻与单片机的外部中断端相连，则可以通过外部中断发生的先后顺序判断电动机的转向，通过对中断脉冲计数，便能获知转速。

3. 系统软件设计

（1）单片机控制软件设计　单片机控制程序的流程图如图 8-51 所示。单片机作为本系统的控制核心，主要完成与上位机通信、根据上位机速度控制命令输出相应的占空比位于 [0, 1] 范围的 PWM 脉宽调制信号，处理反馈单元的测量信号并完成 PWM 信号占空比的误差修正。

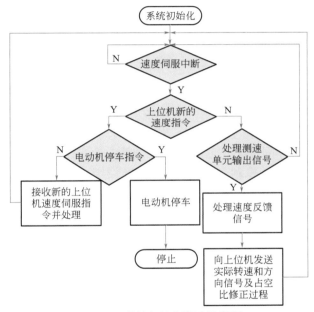

图 8-51　单片机控制程序流程图

（2）上位机控制软件设计　上位机控制软件基于 VC++6.0 平台编写，通过串口与单片机进行通信，上位机控制软件主要完成串口通信参数的设定、电动机运动方式及方向的设定、速度伺服过程的动态显示等功能，电动机的运动方式包括阶跃速度的追踪、任意速度曲线的追踪。

七、无刷直流电动机驱动控制

1. 软件设计总述

无刷直流电动机控制系统软件设计要求根据从霍尔传感器输出的实时速度信号以及手动设定的固定速度值，为产生电动机的转速控制量，将二者的差量进行积分分离 PID 处理，根据转速控制量和电动机的实时转速，DSP 产生新的 PWM 占空比，使得电动机跟随转速设定值运转。

系统采用模块化设计方法。按要求实现：

❶ 主程序中的子程序初始化、程序启动；

❷ 中断服务子程序模块包括捕捉中断模块（实现换相、计算速度等）、PWM 比较生成模块、定时器 1 中断模块（实现 PID 双闭环控制）、电动机保护模块等。

2. 主程序设计

初始化子程序：主程序主要完成程序变量的赋初值、系统初始化、I/O 口设置、设置中断逻辑、EVA、ADC 及捕捉单元模块设定等。流程图如图 8-52、图 8-53 所示。

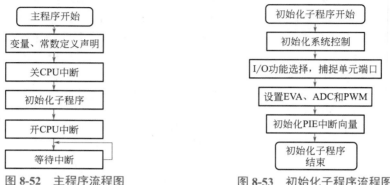

图 8-52　主程序流程图　　　　图 8-53　初始化子程序流程图

初始化系统寄存器是主程序的核心部分，本设计为了防止中断意外产生，将在初始化开始关闭 CPU 中断，结束时再重新打开，确保设计的稳定性。初始化主要包括：初始化锁相环控制寄存器 PLLCR、外设时钟控制寄存器 PCLKCR。设定 GPIO，将 IOPA6 ～ I/OPB3 设置为将 PWM1 ～ PWM6 的外设输出，将 IOPA3 ～ IOPA5 设定为 CAP1 ～ CAP3 霍尔信号输入端。同时，为了中断响应能准确地进入中断服务子程序，需要在初始化过程中设定 PIE 向量表。

3. 中断服务程序设计

捕捉中断模块：通过采样信号电路介绍，利用比较方式寄存器 ACTRA 的换相控制字结合 CAP1 ～ CAP3 口信号能够进行准确换相。为了获得电动机实时速度，我们需要通过读取定时器 2 的 T2CNT 寄存器获得换相间隔时间 s_1。上述捕捉中断流程图如图 8-54 所示。

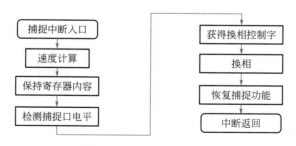

图 8-54　捕捉中断流程图

该设计中，利用比较方式寄存器 ACTRA 的 0 ～ 11 位。第 0 位和第 1 位控制 PWM1 的输出方式；第 2 位和第 3 位控制 PWM2 的输出方式；第 4 位和第 5 位控制 PWM3 的输出方式；…依次延续下去。PWM1，PWM2 控制第一对上下桥臂 V1，V4；PWM3，PWM4 控制第二对上下桥臂 V3，V6；PWM5，PWM6 控制第三对上下桥臂 V5，V2。

同时 ACTR 寄存器常用的四种触发信号状态为：强制高（11 输出高电平），强制低（00

输出低电平），高有效（10 为高电平），低有效（01 为低电平），特别说明：强制高和强制低两种方式产生的是 "0" 或 "1" 的静态电平，其适合用于触发下桥臂 MOS 管。

4. PWM 波形比较生成模块

下面详细讨论如何利用定时器、比较寄存器、逻辑控制系统产生 PWM 波。

TMS320LF 2407 中事件管理器 EVA 和 EVB 功能相同，下面以 EVA 为例。其内置的 3 路普通目的定时器可以完成第一方面的工作。TMS320LF 2407 可以产生对称及非对称两种 PWM 信号。非对称 PWM 信号借助定时器的连续增计数模式；而对称 PWM 信号则借助连续增减技术模式。由于非对称计数模式只是单边脉宽变化，这会导致系统脉冲转矩大，运行不稳定，因此我们一般采用对称 PWM 信号。为产生对称的 PWN 波形，我们采用连续增减计数模式，如图 8-55 所示。

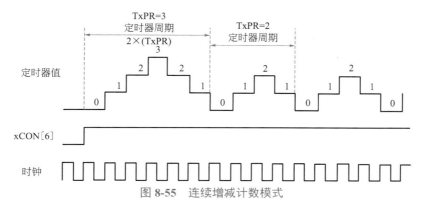

图 8-55　连续增减计数模式

通过改变定时器 1 的周期可以方便地改变计数周期（与 PWM 周期相同的计数周期），同时用比较寄存器 CMPRx 保存调制值（预设比较值，有电流控制器计算得出），这样可以方便地改变 PWM 波形的频率。

$$f_{\text{PWM}} = \frac{f}{2p(1 + \text{T1PR})}$$

式中，f 为系统时钟频率；p 为分频系数；T1PR 为定时器 1 的周期。

全比较单元完成第二方面的工作，将计数寄存器的值不断和各个 CMPRx 的预设值进行匹配。所以为了产生符合要求的 PWM 波，只需要改变寄存器的值，从而能改变匹配发生的时间，最终实现对单位周期内脉宽进行调制。图 8-56 为对称 PWM 信号产生。

占空比为：
$$\alpha = \frac{\text{CMPRx}}{\text{T1PR}}$$

第三个输出逻辑控制单元的目标的完成借助动作控制寄存器的位定义来实现，有如下四种定义：事件发生时上跳、下跳，强制高、低电平。

每 1 个比较单元和 2 个 PWM 引脚相对应，那么 3 个全比较单元就对应产生 6 路 PWM 信号。根据控制时序，从而产生准确的换相 PWM 信号。

本设计中，TMS320LF 2407 自身频率为 20MHz，计数器每计数一次的时间为 5×10^{-8}s，为了得到周期为 100μs 的 PWM 周期，将周期寄存器 T1PR 设为 1000，设置定时器 1 计数器开始计数（其值范围 0 ～ 1000）。

整个 PWM 产生步骤：

❶ 初始化比较寄存器 ACTRA、定时器 1 计数器；

❷ 设置 T1PR 确定 PWM 周期，初始化 CMPR，确定占空比；

❸ 死区设置，设置 DBTCONA 寄存器；

❹ 设置 COMCONA，使能 PWM 比较模式；

❺ 设置 T1CON，设定计数模式，启动比较操作。当速度变化需要改变 PWM 占空比时，只需对 CMPRx 值进行更新即可。

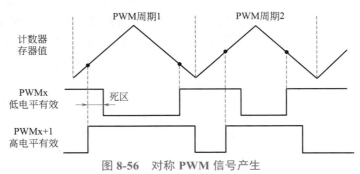

图 8-56　对称 PWM 信号产生

5. 定时器中断模块

本设计转速和电流的采样是利用定时器 1 周期匹配终端服务程序。根据 PWM 周期设定电流采样环的周期为 100μs，外环周期为电流环的 10 倍（1ms），这样能方便地进行内、外环采样。这里用到全局变量 Count 来实现，流程图如图 8-57 所示。

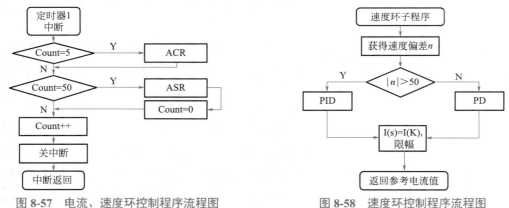

图 8-57　电流、速度环控制程序流程图　　　　图 8-58　速度环控制程序流程图

电流环控制子程序中，电动机相电流通过电流采样电路经 ADCIN00 口进入 A/D 转换模块，和 ASR 环节传递过来的参考电流比较产生电流差值，进行 PI 调节，最终控制 PWM 占空比。

速度环控制程序流程图如图 8-58 所示，当速度偏差大于一定阈值时使用 PD 控制，小于时采用 PID 控制。为了方便理解设定该阈值为 50。

6. 电动机保护中断模块

过流保护除了借助 IR2130 自带模块，很多时候为了使设计更加稳定，还需要利用 TMS320LF 2407 的保护中断来进一步完善。当系统发生故障时，保护中断及时响应，使得工作系统停止工作，保护电路。故障发生时，ACTRA 设置为 0xFFFF 使得 6 路信号全为低，从而使逆变桥停止工作完成保护功能。如图 8-59 所示。

图 8-59　保护中断

八、高压断路器永磁无刷直流电动机机构伺服控制系统

永磁无刷直流电动机的操动机构、伺服控制系统电路设计方法、控制系统软件设计等内容为方便读者下载，做成了二维码，读者可以扫描二维码随时学习。

高压伺服控制系统

九、三相无刷直流伺服电动机控制系统在石油钻井中的应用

1. 钻井平台控制电动机系统的整体结构

控制模块由无刷直流电动机、旋转变压器 DC/DC 电源控制电路、功率开关电路、RDC 接口电路、DSP 单片机控制单元以及智能管理单元组成。其结构框图如图 8-60 所示。

按照电路组成框架，连接各部分电路模块以 CAN 总线连接 RDC、PWM 驱动板、AD 采集板、定向管理板、DC/DC 整流电源模块。直流无刷伺服电动机挖制模块采用主从式双层结构，定向管理模块和采集解算单元作为上层管理单元，进行命令的发送并对运行状况进行实时监控。以 DSP 芯片 TMS320F2812 为核心构成的无刷直流电动机控制模块作为下层单元。伺服控制模块采用 PWM 脉冲调

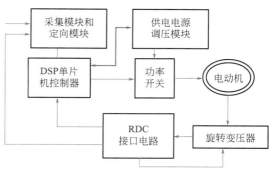

图 8-60　三相无刷直流电动机控制系统结构框图

制，调整无刷直流电动机的功率开关，控制无刷电动机各个绕组的导通与关断状态以及转子的位置、转速；无刷直流电动机的转子角位置信号通过旋转变压器测得。RDC（Resolver-to-DigitalConverters）接口电路芯片将旋转变压器角度位置信号变换成数字信号，直接送入 DSP 芯片 TMS320F2812 作为闭环控制系统的反馈信号。

电动机驱动电压变化成因及补偿控制在自动钻井控制中，为驱动电动机的电源由自身系统的发电动机提供，而驱动发电动机涡轮的动力是钻井过程中的泥浆流动。在钻井中，泥浆压力经常发生变化，直接影响到给伺服电脑提供的电源电压发生变化，也就使得电动机转速发生改变，影响到控制精度和动态调整时间。为了克服这些影响，在控制器中加入前馈补偿策略，直接对功率模块的占空比进行调整，完全或部分消除电压突变对电动机工作状态的扰动，减低过渡过程时间。第一时间调整 PWM 的脉冲宽度应对电源电压变化的影响，而不用等到转速和电枢电流已经发生变化再进行抗干扰控制，提高了控制精度，降低了动态过程时间。其控制策略框图如图 8-61 所示。

2. 电动机电压驱动补偿策略设计

电动机电压驱动补偿策略流程如图 8-62 所示。首先，监测主回路电源电压，判断在 $\bigtriangledown_t$ 时间内，电压波动 U_b 是否大于设定的幅度值。U_b 如果大于 U_0，则通过监测的速度 n 和电压波动 U_b 计算力矩的变化；通过计算力矩的大小，计算 PWM 需要的占空比大小，控制器通过 PWM 占空比的要求，输出 PWM 波形。最后，通过 PWM 波形的隔离放大驱动 IPM 功率模块，实现对电动机驱动的电压调整。

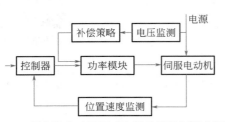

图 8-61　无刷直流电动机驱动电压补偿控制策略框图

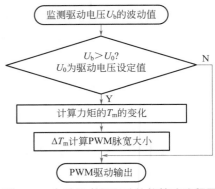

图 8-62　电动机电压驱动补偿策略流程图

3. PWM 驱动隔离放大电路的设计

DSP 控制模块输出的 PWM 波电压只有 5V，其驱动能力十分有限，不能满足 IPM15V 输入电压的要求，而且易受电动机驱动的电压变化的干扰，造成 PWM 波形失真，使控制电动机的控制能力受限。因此有必要设计使用 PWM 驱动隔离电路，三相 6 路 PWM 隔离电路经过测试，能够满足 IPM 的输入要求，能够提高电动机的驱动电压变化的干扰。

十、基于 CAN 总线的小型飞行器伺服系统

1. CAN 总线伺服系统设计

在小型飞行器中，飞行控制系统要求机载伺服系统能够实时接收飞控计算机给定的舵面偏角信号，保证舵面在规定的响应时间内以一定的精度趋近给定偏角，并将当前舵面的实际偏转角反馈给飞控计算机。

为了使开发的伺服系统有良好的通用性，将伺服系统设计为分布式系统，每个控制器控制一台舵机运行。飞行控制计算机与伺服控制器使用 CAN 总线通信，由于小型飞行器内部数据传输距离短（一般不大于 30m），数据传输速度可达到 1Mbps。分布式伺服系统使用灵活，可以很方便地应用于各种提供 CAN 总线接口的飞行器上，容易维护和检测，并且不会因为单个控制器失效而导致整个伺服系统的失效。

2. 数字化伺服单元构成

文中介绍的伺服单元主要由 DC/DC 电源、DSP、无刷电动机驱动模块、信号电平转换电路、无刷电动机以及谐波减速器等部分组成。

为了保证伺服系统技术指标，完成实时数据通信和数据处理以及电路保护功能，并考虑到系统的扩展性，控制器件选用了的 TI 公司高性能 DSP 芯片 TMS302LF2403A。其运算速度为 40MIP，片内主要包含了一个事件管理器 EVA、一个 10 位的 A/D、一个串行通信接口模块 SCI、一个 16 位的串行外设接口模块 SPI 和一个 CAN 总线收发器，适合应用于数字伺服系统控制。

在系统中 TMS302LF2403A 通过其自身的 CAN 总线控制器与飞控计算机进行数据传输，并使用 A/D 转换模块实时监测舵机位置、电流等参数。控制器根据内置的控制算法产生控制数据，控制数据通过转换算法产生控制量（PWM 信号和 DIR 信号），控制量进入逻辑阵列与无刷电动机位置传感器信号进行逻辑综合后，输出电动机控制信号。电动机控制信号经

光耦隔离后控制电动机驱动模块 MSK4301 驱动无刷电动机运行。伺服系统结构见图 8-63。

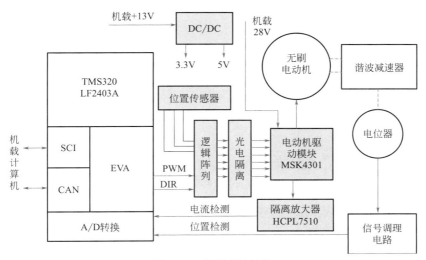

图 8-63　伺服系统结构

为了减小电动机驱动电路对控制电路的干扰，不但使用光电耦合器将电动机控制电路和驱动模块进行了隔离，还在电流检测部分使用了专为电流检测开发的线性隔离放大器 HCPL-7510，做到了电路中功率地和模拟地完全的隔离，保证了系统稳定运行。

3. 伺服系统 CAN 总线接口设计

TMS320LF2403A 的 CAN 模块共有 6 个邮箱，每次可以传送 0 ～ 8 个字节的数据。参考控制器连接的 CAN 网络，对发送邮箱和接收邮箱进行初始化后，控制器就可以在 CAN 网络上收发信息。

CAN 模块在发送数据时，应先将数据写入发送邮箱的数据寄存器，再设置发送控制寄存器 TCR 中的发送请求位 TRSn，当发送应答位 TA 置位后表示信息帧发送成功。CAN 模块在有数据需要接收时，接收信息悬挂位 RMPn 和接收中断标志位 MIFn 置位，程序进入接收中断子程序。在对接收的信息处理后，向 RCR 寄存器接收信息悬挂位 RMPn 写 1 清除接收中断标志位和接收信息悬挂位，退出中断程序。发送和接收流程如图 8-64 所示。

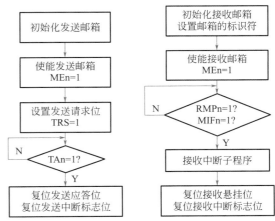

图 8-64　发送和接收流程图

4. CAN 总线伺服系统的实时性分析

在小型飞行器航空电子系统中，各个舵面的控制指令是由飞控计算机通过机载通信网络发出的，伺服系统在接收到控制指令后驱动舵面偏转。由于在飞行控制回路中存在的数据传输延时对飞控系统总体性能有一定的影响，因此数据传输的实时性是航空电子系统在设计时着重考虑的问题，要尽量减小数据传输延时，确保指令信息在限定的时间内成功地传输。

CAN 总线具有通信方式灵活、实时性好、可靠性高、通信距离远、传输速度快等优点，在汽车和工业生产上有较广泛的应用。目前，国外已在 CAN 总线的基础上发展出了专门用于航空航天领域的较高层协议 CANaerospace，此协议已被 NASA 采用，并定为一种下一代通用航空总线协议。

十一、直流伺服系统常见故障与维修

1. 直流伺服电动机的结构

直流伺服电动机常采用永磁体励磁，定子使用数块磁铁粘在铝壳内，转子和直流电动机的结构相同，但使用的导线较粗，电流通过电刷、换向器接入转子，使电动机旋转。换向器（整流子）大多使用较常见的圆周接触，但也有使用端面接触的。在电动机上另外还装有速度和位置反馈检测元件，用于对电动机的转速控制。

2. 主要的特性及在故障判断中的应用

❶ 转速和端电压的关系　电动机的转速和端电压成正比，该参数在设计时已确定。电动机在磁体励磁正常的情况下，转速和加在电动机转子上的电压成正比，根据这一特性，可判断电动机是否退磁，如果电动机的转速已达到额定值而端电压低于额定值，在这种情况下，说明电动机有退磁现象，检查时可分别测量电动机和测速机上的电压进行判断。

❷ 电枢电流和输出转矩的关系　电动机的输出转矩和电枢电流成正比，根据这一特性，可以用来确定故障是在电动机还是在控制器。在对电动机进行检查时，需将电动机和机械部分分离，检查空载和有载时的电流值，以确定故障点。

❸ 电动机的空载电流　电动机的空载电流是由机械部分如轴承、电刷和空气阻力引起的损耗，一般很小。在不带负载的情况下，电动机转速增加，但电流不会增加，但若电动机的电流随转速的增加而增加，电动机内大多有短路故障点存在。

❹ 温度对电动机性能的影响　因电流过大和过载会造成电动机的温度上升，经常在过电流状态下使用会使磁体退磁，使电动机运行时出现转矩下降。因此要经常检查热保护，对电动机使用中出现过热报警要检查其原因，如保护动作属正常要查出并排除故障。

3. 直流伺服电动机使用时的常见故障

（1）过流和过载。在正常使用的电动机突然出现该故障时有以下一些原因：

❶ 机械负载过大，是机械上原因造成的，在排除故障后对电动机不会有影响，但电动机经常在过流状况下运行，会造成电动机损坏。

❷ 电动机电刷和其他部分对地短路或绝缘不良。

❸ 控制器的输出功率元件和相关部分有故障。

（2）转矩减小，无力，稍加阻力就有报警。该类故障的原因为：电动机有退磁可能；电刷接触电阻过大，或接触不良；电刷弹簧烧坏，压力变小，造成电刷下火花过大；控制器有故障。

（3）电动机旋转有噪声或异常声。该类故障的原因为：电动机内有异物或磁体脱开；机械连接部分安装不正确；换向器粗糙或已烧毛；轴承损坏或其他机械故障。

（4）电动机旋转时振动。该类故障的原因有：换向器有短路；换向器表面烧坏，高低不平；油渗入了电刷或在换向器表面粘有油污。

4. 常见的直流伺服电动机故障处理

❶ 在使用中有时出现尺寸不准，并有"过流"报警出现。

分析：尺寸不准的原因有间隙过大、导轨无润滑等因素，但有时还出现"过流"，则与电动机有关。用摇表测量电动机的绝缘，电动机有短路现象。

处理：拆开电动机检查，发现因电刷磨损过度，碳粉堆积，造成对外壳无规则短路，清除干净并修理后，测量绝缘符合要求，装上后使用正常。

该故障在换向器端面结构并垂直安装时出现的机会较多，电刷过软和换向器表面粗糙极易出现，因此对电动机最好能定时保养，或定时用干净的压缩空气将电刷粉吹去。

❷ 加工中心的 X 轴在移动中有时出现冲击，并发出较大的声响，随即出现驱动报警。

分析：移动时产生振动或冲击是由控制器或电动机引起的。检查 X 轴在快速移动时故障频繁，经更换控制板故障仍时有发生，所以确定故障在电动机中。

处理：开始仅将电刷拆开检查，电刷、换向器表面较光滑，因此认为无故障，但装上后开机故障仍有，所以将整个电动机拆开检查，发现在换向器两边部分表面上有被硬擦过的痕迹。仔细查看，认为是因安装不正确造成电刷座与换向器相擦，引起短路，当电动机转速高时引起转速失控。将电刷高起部分锉去，修理换向器上的短路点，故障排除。

❸ 加工中心在使用中出现"误差"报警，经检查驱动器已跳开。查看控制器上有"过流"报警指示。

分析：出现"误差"报警是给旋转指令，但电动机不转，有"过流"报警时，故障大多在电动机内部。

处理：将电动机电刷拆下检查，发现电刷的弹簧已烧坏，由于电刷的压力不够，引起火花增大，并将换向器上的部分换向片烧伤。弹簧烧坏的原因是电刷连接片和刷座接触不好，使电流从弹簧上通过发热烧坏。根据故障情况将烧伤的换向器进行车削修理，同时改善电刷与刷座的接触面。按以上处理后试车，但电动机出现抖动现象，再次检查，原来是因车削时方法不对，造成换向器表现粗糙，因此重新修去换向片毛刺和下刻云母片，并经打磨光滑后使用正常。

在对电动机的换向器进行车削修理时要注意方法，一般的原则是光出即可，车削时吃刀深度和进刀量不要过大，进刀量在 0.05 ~ 0.1mm/r 较好，吃刀深度在 0.1mm 以下，速度采用 250 ~ 300m/r，分几次切削，并使用相应的刀具。换向器的车削修理有一定的限度，大部分单边最多不要超过 2mm，车掉过多会影响使用性能，最好查看一下所用电动机的说明书。

❹ 转台在回转时有"过流"报警。

分析：有"过流"报警故障先检查电动机，用万用表测量绕组对地电阻已很小，判定是电动机故障。

处理：拆开电动机检查，因冷却水流入，造成短路过流。检查电动机磁体有退磁现象，更换 1 台电动机后正常。

直流伺服电动机在使用中出现故障是比较多的，大部分在电刷和换向器上，所以，如有条件，进行及时的保养和维护是减少故障的唯一办法。在对直流伺服电动机进行检查时，测量电流是常用的检查方法，由于使用一般的电流表测量很麻烦，因此最好使用直流钳形表。

第五节　交流伺服控制

交流伺服电机的特点与参数、基于 IRM CK201 芯片的交流伺服控制系统的电路设计与软件设计方法、基于 PCI 总线的全闭环交流伺服控制系统的设计方法、大功率 PMSM 伺服系统、基于 PLC 伺服驱动的位置控制系统以及数控冲床送料机构交流伺服控制系统实例等内容为方便读者阅读，做成了电子版，读者可以随时扫描二维码学习。

交流伺服系统

参 考 文 献

[1] 张伯龙 . 电气控制入门及应用 . 北京：化学工业出版社，2020.

[2] 宋宁 . 变频器应用与维修实战精讲 . 北京：中国电力出版社，2017.

[3] 曹祥 . 电动机原理维修与控制电路 . 北京：电子工业出版社，2010.

[4] 杨扬 . 电动机维修技术 . 北京：国防工业出版社，2012.

[5] 王永华 . 现代电气控制及 PLC 应用技术 . 北京：北京航空航天大学出版社，2006.

[6] 靳哲，徐桂岩 . 可编程序控制器原理及应用 . 北京：北京师范大学出版社，2008.

[7] 机械工业技师考评培训教材编审委员会 . 维修电工技师培训教材 . 北京：机械工业出版社，2002.

[8] 崔坚 . 西门子工业网络通信指南：上册 . 北京：机械工业出版社，2005.

[9] 崔坚 . 西门子工业网络通信指南：上册 . 北京：机械工业出版社，2005.

[10] 胡学林 . 可编程控制器教程：提高篇 . 北京：电子工业出版社，2005.

[11] 阳鸿钧 . 伺服驱动器一线维修速查手册 . 北京：机械工业出版社，2017.

[12] 向晓汉，宋昕 . 变频器与步进 / 伺服驱动技术完全精通教程 . 北京：化学工业出版社，2015.

[13] 杜增辉，孙克军 . 步进电机和伺服电机的应用与维修 . 北京：化学工业出版社，2012.

[14] 麻玉川 . 工业电气设备维修教程 . 北京：国防工业出版社，2009 .